Sven Kohoutek

Wirkungen des Straßenverkehrs auf Partikel- und Stickoxid-Immissionen

Sven Kohoutek

Wirkungen des Straßenverkehrs auf Partikel- und Stickoxid-Immissionen

Südwestdeutscher Verlag für Hochschulschriften

Imprint

Any brand names and product names mentioned in this book are subject to trademark, brand or patent protection and are trademarks or registered trademarks of their respective holders. The use of brand names, product names, common names, trade names, product descriptions etc. even without a particular marking in this work is in no way to be construed to mean that such names may be regarded as unrestricted in respect of trademark and brand protection legislation and could thus be used by anyone.

Publisher:
Südwestdeutscher Verlag für Hochschulschriften
is a trademark of
Dodo Books Indian Ocean Ltd., member of the OmniScriptum S.R.L Publishing group
str. A.Russo 15, of. 61, Chisinau-2068, Republic of Moldova Europe
Printed at: see last page
ISBN: 978-3-8381-2653-1

Zugl. / Approved by: Darmstadt, TU, Diss., 2010

Copyright © Sven Kohoutek
Copyright © 2011 Dodo Books Indian Ocean Ltd., member of the OmniScriptum S.R.L Publishing group

Inhaltsverzeichnis

1.	**Einleitung**	1
1.1.	Anlass	1
1.2.	Zielsetzung und Abgrenzung	4
1.3.	Vorgehensweise und Aufbau	4
2.	**Grundlagen für die Quantifizierung der Wirkungen**	6
2.1.	Eigenschaften der untersuchten Schadstoffe	6
2.2.	Rechtliche Aspekte der Luftreinhaltung	10
2.3.	Einflussgrößen auf die Luftschadstoff-Immissionen in Städten	13
2.4.	Einflussgrößen auf die verkehrlichen Kenngrößen in einer lichtsignalgesteuerten Knotenpunktszufahrt	24
2.5.	Erfassung verkehrlicher Einflussgrößen	26
2.6.	Erfassung emissions- und immissionsbezogener Kenngrößen	32
2.7.	Zwischenfazit	42
3.	**Verfahrensentwicklung**	44
3.1.	Überblick	44
3.2.	Datenerhebung und Datenaufbereitung	46
3.3.	Datenanalyse	57
3.4.	Quantifizierung der Wirkungen verkehrlicher Kenngrößen	66
3.5.	Bewertung der Aussagekraft der Ergebnisse	68
3.6.	Zwischenfazit	72
4.	**Verfahrensanwendung**	73
4.1.	Datenerhebung und Datenaufbereitung	73
4.2.	Datenanalyse	77
4.3.	Sensitivität und Übertragbarkeit der Ergebnisse	101
4.4.	Zwischenfazit	105
5.	**Bewertung des Verfahrens hinsichtlich seiner weiteren Verwendbarkeit**	108
5.1.	Allgemeines	108
5.2.	Bewertung der Eignung	112
5.3.	Zwischenfazit	116
6.	**Fazit und weiterer Forschungsbedarf**	118
6.1.	Fazit	118
6.2.	Weiterer Forschungsbedarf	120
Bildverzeichnis		122
Tabellenverzeichnis		125
Literaturverzeichnis		127
Anhang		139

1. Einleitung

1.1. Anlass

Bedingt durch die Umsetzung der Rahmenrichtlinie Luftqualität (96/62/EG) und insbesondere ihrer Tochterrichtlinie (1999/30/EG) in die nationale Gesetzgebung sind die Umweltwirkungen des Verkehrs in den vergangenen Jahren stärker in das Bewusstsein von Öffentlichkeit und Verkehrsplanung gerückt. Vor allem die Grenzwerte für Partikel und für Stickstoffdioxid wurden und werden in Städten und Ballungsräumen häufig überschritten[1]. Der städtische Verkehr gilt dabei als einer der Hauptemittenten von Partikeln und Stickstoffdioxid. Beispielsweise gibt der Luftreinhalteplan für den Ballungsraum Rhein-Main (HMULV [2002]) einen Anteil des Straßenverkehrs von 53 % an den PM_{10}-Emissionen[2] und von 62 % an den NO_X-Emissionen in Darmstadt an. Als Folge ist der Straßenverkehr von einer großen Bandbreite von Maßnahmen mit dem Ziel der Minderung der Schadstoffbelastung betroffen. Neben fahrzeugtechnischen, bewusstseinsbildenden und infrastrukturellen Maßnahmen werden häufig Maßnahmen zur besseren Steuerung des Verkehrs geplant und umgesetzt. Mit letzteren können kurzzeitig und dauerhaft der Verkehrsablauf, die Verkehrsnachfrage und die Verkehrszusammensetzung am Knotenpunkt, im Streckenzug oder im gesamten Netz beeinflusst werden.

Zunehmend bildet sich in Fachkreisen das Bewusstsein, dass verkehrliche Maßnahmen zur Minimierung von Umweltbelastungen nicht dauerhaft und statisch eingesetzt werden sollten, sondern als situationsangepasste, dynamische Ansätze erheblich zur Lösung verschiedener Zielkonflikte beitragen können (ALTHEN [2010], BOLTZE [2007], DIEGMANN, GÄßLER, PFÄFFLIN [2009], FRIEDRICH [2008]). Beispielhaft sei hier der grundlegende Zielkonflikt „Minimierung der Umweltwirkungen" versus „Sicherung der Mobilität" genannt. Für situationsangepasste Lösungen, die aus einem Bündel von sich ergänzenden Maßnahmen auf unterschiedlichen räumlichen und zeitlichen Ebenen bestehen können,

- sind zum einen genaue Kenntnisse der Wirkungen der beeinflussten verkehrlichen Kenngrößen auf die Luftschadstoff-Immissionen erforderlich, damit eine optimale Maßnahmenauswahl getroffen werden kann,
- und zum anderen sind diese Kenntnisse vor dem Hintergrund einer hohen Varianz der Verkehrskenngrößen kurzfristig von einer dynamischen Verkehrssteuerung zu verarbeiten und in Steuerungsentscheidungen umzusetzen.

---

[1] Nach Auswertungen des Umweltbundesamtes (UMWELTBUNDESAMT [2010]) wurden im Jahr 2009 an 23 der 408 PM_{10}-Messstationen in Deutschland die erlaubten 35 Überschreitungstage des PM_{10}-Tagesmittelwertes nicht eingehalten; der zulässige Jahresmittelwert wurde an einer Station überschritten. Der ab 2010 zulässige NO_2 Jahresgrenzwert wurde an 55 % der verkehrsnahen Stationen überschritten, die erlaubten Überschreitungen des Stundenmittelwertes wurden an sechs Stationen nicht eingehalten.

[2] Emissionen sind die von einer Anlage ausgehenden Luftverunreinigungen, Geräusche, Erschütterungen, Licht, Wärme, Strahlen und ähnliche Erscheinungen. Immissionen sind auf Menschen, Tiere und Pflanzen, den Boden, das Wasser, die Atmosphäre sowie Kultur- und sonstige Sachgüter einwirkende Luftverunreinigungen, Geräusche, Erschütterungen, Licht, Wärme, Strahlen und ähnliche Umwelteinwirkungen (BImSchG).

Die Quantifizierung der immissionsbezogenen Wirkungen von beeinflussten verkehrlichen Kenngrößen gestaltet sich jedoch schwierig: So lassen sich mittels Immissionsmessungen die Einflüsse des Verkehrs nicht isoliert, sondern nur in Kombination mit einer Vielzahl weiterer Einflussgrößen, die zum Teil ebenfalls in Wechselwirkung miteinander stehen, erfassen (Bild 1). Beispielhaft seien hier die Wechselwirkungen zwischen der Temperatur und den Kaltstart-Emissionen des Verkehrs oder zwischen der Temperatur und der Luftfeuchte genannt.

Die Quantifizierung des Einflusses einzelner Einflussgrößen ist somit nur unter Einsatz modellierter Wirkungsmechanismen möglich. Neben günstigeren Betriebskosten und der meist höheren Transparenz ihrer Ergebnisse bieten Modelle gegenüber Messungen den Vorteil, dass nicht nur punktuelle, sondern auch flächendeckende Aussagen bezogen auf ein ganzes Straßennetz möglich sind. Allerdings weisen die heutigen Modelle aufgrund der komplexen Wirkungszusammenhänge, aber auch aufgrund ungenauer sowie zeitlich und/oder räumlich stark aggregierter Eingangsgrößen häufig Abweichungen zu gemessenen Werten in einer Größenordnung von 20 % bis 40 % auf (vgl. Abschnitt 2.6.4). Bei einem voraussichtlichen Reduktionspotenzial einzelner Maßnahmen von etwa 10 %[3] erscheint vor diesem Hintergrund eine optimale Maßnahmenauswahl durch eine dynamische Verkehrssteuerung nicht möglich.

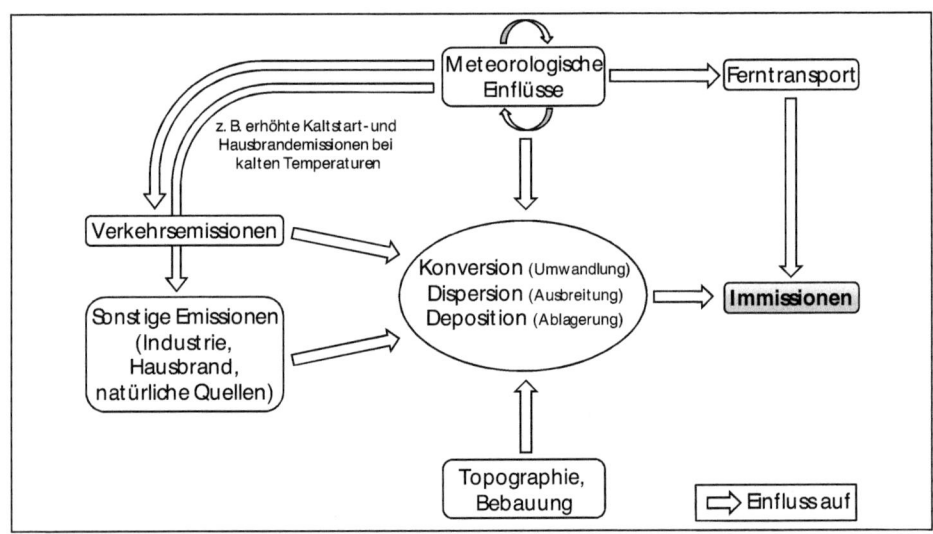

Bild 1: Vereinfachte Darstellung der Einflüsse auf die Immissionsbelastung mit Luftschadstoffen.

Zudem werden bis auf wenige Ausnahmen immissionsbezogene Auswertungen mit einer zeitlichen Auflösung von Stunden- oder Tagesmittelwerten durchgeführt, so dass die hohe Varianz der verkehrlichen und immissionsbezogenen Kenngrößen nicht ausreichend berücksichtigt wird. Die

---

[3] Untersuchungen von HIRSCHMANN, FELLENDORF [2009] zur Reduzierung von Emissionen durch eine verbesserte Koordinierung von Lichtsignalanlagen zeigen z. B. ein Reduktionspotenzial von 14 % für motorbedingte PM_{10} und 11% für NO_X Emissionen.

oben geforderte unmittelbare Reaktion einer dynamischen Verkehrssteuerung ist zumindest in Bezug auf kurzzeitige Schwankungen nicht möglich.

Die Möglichkeit zur vertieften Untersuchung der genannten Sachverhalte und zur Entwicklung eines eigenen Ansatzes zur Quantifizierung ergab sich durch das Forschungsprojekt „AMONES - Anwendung und Analyse modellbasierter Netzsteuerungsverfahren in städtischen Straßennetzen", welches mit Mitteln des Bundesministeriums für Verkehr, Bau und Stadtentwicklung (BMVBS) im Rahmen der Förderinitiative Mobilität 21 in den Jahren 2007 bis 2009 gefördert wurde.

Die wesentliche Aufgabe in AMONES bestand in der Analyse modellbasierter LSA-Steuerungsverfahren. Im Gegensatz zu regelbasierten LSA-Steuerungsverfahren, die ein Signalprogramm anhand aktueller Messwerte und einer vom Verkehrsingenieur vorgegebenen Logik modifizieren und teils auch dynamisch zusammenstellen, nutzen modellbasierte LSA-Steuerungsverfahren die erhobenen Messwerte nicht direkt für die Anpassung der Steuerung. Stattdessen dienen die Messwerte als Eingabegrößen für ein Verkehrsnachfragemodell, welches die Verkehrsstärke in den Zuflüssen beschreibt. Die Zuflüsse werden in ein Verkehrsflussmodell eingespeist, welches den aktuellen Verkehrszustand ermittelt. Ein Algorithmus optimiert schließlich die Steuerungsvariablen anhand einer definierten Zielfunktion. Durch empirische Untersuchungen und Simulationen sollten in den Testfeldern Bremerhaven und Hamburg, die ihre modellbasierten Steuerungsverfahren im Messzeitraum tageweise ein- und ausgeschaltet haben, folgende Fragen beantwortet werden:

- Welche verkehrlichen Vorteile erzielen modellbasierte Steuerungsverfahren gegenüber herkömmlichen verkehrsabhängigen Steuerungsverfahren insbesondere durch eine gute Koordinierung der Lichtsignalanlagen im Netz?
- Welche umweltbezogenen Wirkungen sind mit modellbasierten Steuerungsverfahren erreichbar? Welche Beiträge können zur Reduzierung von Luftschadstoffen und damit zur Einhaltung von Immissionsgrenzwerten in städtischen Straßennetzen geleistet werden?
- Welche Kenngrößen muss man in welchem Umfang erfassen, um zuverlässige Aussagen über die verkehrlichen und umweltbezogenen Wirkungen einer Steuerung zu machen?

Das Forschungsprojekt AMONES wurde gemeinsam vom Lehrstuhl für Verkehrsplanung und Verkehrsleittechnik der Universität Stuttgart sowie vom Institut für Verkehr und Stadtbauwesen der TU Braunschweig, vom Lehrstuhl für Verkehrstechnik der TU München und vom Fachgebiet Verkehrsplanung und Verkehrstechnik (FGVV) der TU Darmstadt bearbeitet. Das FGVV hat sich hierbei vor allem mit den Fragen der umweltbezogenen Wirkungen auseinandergesetzt.

1.2. Zielsetzung und Abgrenzung

Zielsetzung

Ziel ist es, *ein neues Verfahren zur Quantifizierung der Wirkungen des Straßenverkehrs* an innerstädtischen Knotenpunkten auf Partikel- sowie Stickoxid-Immissionen unter besonderer Berücksichtigung von *kurzzeitigen Schwankungen verkehrlicher Kenngrößen* zu entwickeln. Unter Anwendung des Verfahrens sollen die *immissionsbezogenen Reduktionspotenziale* bei einer Beeinflussung des Verkehrsablaufs, der Verkehrsnachfrage und der Verkehrszusammensetzung exemplarisch ermittelt werden.

Als Voraussetzung für die Quantifizierung, aber auch als gesondertes Ziel soll ein *Erklärungsmodell für lokale Immissionen* entwickelt werden, welches gemessene Immissionen und insbesondere die Wirkungen einzelner verkehrlicher Kenngrößen auf die Immissionen möglichst präzise beschreibt. Das Erklärungsmodell soll die Grundlage für weiterführende Arbeiten zur Entwicklung eines Prognosemodells für lokale Immissionen bilden.

Das zu entwickelnde Verfahren ist auf seine Verallgemeinerbarkeit und seine mögliche Eignung als *ergänzendes Modul in einem bestehenden Immissionsmodell* und die Möglichkeit zur *Implementierung in eine umweltadaptive Verkehrssteuerung* zu prüfen. Es sollen Hinweise zu den zukünftig zu erfassenden *immissionsrelevanten verkehrlichen Kenngrößen* gegeben werden.

Abgrenzung

Gemäß der formulierten Zielsetzung sollen die Ursache-Wirkungszusammenhänge zwischen verkehrlichen Kenngrößen und Luftschadstoff-Immissionen untersucht werden. An einem innerstädtischen Knotenpunkt wird ein Großteil dieser Kenngrößen maßgeblich von der LSA-Steuerung beeinflusst. Rückschlüsse von den Wirkungen der untersuchten Kenngrößen auf die Wirkungen der LSA-Steuerung sind daher möglich und sinnvoll. Die eigentlichen LSA-Steuerungsverfahren sind jedoch, ebenso wie konkrete Wirkungsanalysen in Bezug auf einzelne veränderbare Elemente der Signalprogramme, nicht Bestandteil der Aufgabenstellung. Dies sollte in weiteren Forschungsvorhaben am FGVV behandelt werden.

1.3. Vorgehensweise und Aufbau

Nach einer Einführung in das Thema in Kapitel 1 werden in Kapitel 2 anhand einer Literaturrecherche die Grundlagen für die Ermittlung der immissionsbezogenen Wirkungen von verkehrlichen Kenngrößen dargestellt. Wesentliche Elemente der Literaturrecherche sind die Eigenschaften der untersuchten Luftschadstoffe sowie der Bezug dieser Untersuchung zu den rechtlichen Vorgaben zur Überwachung der Luftqualität. Weiter wird der gegenwärtige Wissensstand zu den Einflüssen aus baulichen, meteorologischen und verkehrlichen Randbedingungen auf die innerstädtischen Luftschadstoff-Emissionen und -Immissionen beschrieben. Darauf aufbauend wird die gängige Praxis zur direkten Erfassung (Messung) und zur indirekten Erfassung (Modellierung) von Einflussgrößen und von Emissionen sowie Immissionen dargestellt.

In Kapitel 3 wird ein Verfahren zur Wirkungsermittlung entwickelt, in dem einige der im Rahmen der Literaturrecherche festgestellten Unsicherheiten behoben werden. Zunächst wird der grundlegende methodische Ansatz dargelegt und von bereits bestehenden Verfahren zur Wirkungsermittlung abgegrenzt. Anschließend werden die eingesetzten Erhebungsmethoden und Verfahren zur Datenvalidierung sowie Datenaufbereitung beschrieben sowie die verwendeten Verfahren zur Untersuchung der Wirkungsmechanismen vorgestellt. Das Ergebnis bildet ein Erklärungsmodell für lokal gemessene Immissionskenngrößen, anhand dessen die Quantifizierung der Wirkungen einzelner Einflussgrößen auf die Immissionen möglich ist. Der letzte Abschnitt des dritten Kapitels legt die Vorgehensweise zur Bewertung der Aussagekraft der Ergebnisse des Verfahrens dar.

In Kapitel 4 wird das entwickelte Verfahren angewendet. Hierzu werden Luftqualitätsmessungen und Verkehrserhebungen, die im Rahmen von AMONES in der Freien und Hansestadt Hamburg sowie in der Seestadt Bremerhaven in einem Zeitraum von jeweils zwei Wochen durchgeführt wurden, nach dem entwickelten Verfahren ausgewertet. Die in diesem Zusammenhang entwickelten Erklärungsmodelle für die Partikel- und Stickoxidkonzentration werden fachlich interpretiert und hinsichtlich ihrer Güte bewertet. Anhand der Erklärungsmodelle werden die maximalen Erklärungsanteile und damit die Reduktionspotenziale beeinflusster verkehrlicher Kenngrößen in Bezug auf die gemessenen Immissionskonzentrationen quantifiziert. Die Güte, die Sensitivität und die Übertragbarkeit der ermittelten Erklärungsanteile werden abschließend kritisch hinterfragt.

In Kapitel 5 wird die Eignung des entwickelten Verfahrens für verschiedene Anwendungsfelder bewertet. Die Bewertungskriterien sind neben der Güte und Stabilität der Ergebnisse auch der Aufwand und die Fehleranfälligkeit bei der Anwendung des Verfahrens.

Abschließend fasst Kapitel 6 die wesentlichen Ergebnisse zusammen und stellt den Handlungsbedarf für die weitere Forschung und Entwicklung sowie die Möglichkeiten für die Verwendung des Verfahrens dar.

2. Grundlagen für die Quantifizierung der Wirkungen

2.1. Eigenschaften der untersuchten Schadstoffe

2.1.1. Partikel

Neben der Gasphase enthält die Umgebungsluft Anteile von Aerosolen. Die Aerosole setzen sich aus Bodenpartikeln, Mineralstaub, organischen Partikeln, Ruß und Industriesmog zusammen. Die Partikel unterscheiden sich in Form, Größe und in ihren Bestandteilen. Partikel können als primäre (direkt emittierte) und sekundäre (aus Vorläufergasen gebildete) Partikel in die Atmosphäre gelangen. Die Partikel können anthropogenen oder natürlichen Ursprungs sein (MATSCHULLAT, TOBSCHALL, VOIGT [1997]).

Eingeatmete Partikel können in Abhängigkeit der Eindringtiefe und der Verweildauer im Atemtrakt schädliche Wirkungen auf die menschliche Gesundheit haben. Während grobe Partikel in den oberen Atemwegen zurückgehalten werden, können kleine Partikel über das Alveolargewebe[4] der Lunge in den Blutkreislauf eintreten. Schwermetalle oder krebserzeugende Stoffe, die kleinen Partikeln anhaften, können entsprechend tief in die Atemwege eindringen (UMWELTBUNDESAMT 2009b). Die negativen gesundheitlichen Wirkungen stehen in einem Zusammenhang mit der Partikelkonzentration, jedoch *ohne einen Schwellenwert unterhalb dem keine schädlichen Wirkungen zu erwarten sind* (SCHWARTZ [2000], DANIELS ET AL. [2000] zitiert in VESTER [2006]). Folglich ist eine Erhöhung der Partikelbelastung unabhängig vom Ausgangsniveau als schädlich anzusehen.

Die gesundheitlichen Wirkungen sowie die Koagulations-[5] und Depositionsprozesse[6] von Partikeln hängen maßgeblich von ihrem aerodynamischen Durchmesser[7] ab (BAFU [2006]). Eine Klassifizierung nach dieser Größe bietet sich demnach an. Folgende Größenkategorien werden üblicherweise verwendet:

- *TSP* (Totaly suspended particulate matter): Partikel mit einem aerodynamischen Durchmesser kleiner als 57 µm.
- *PM_{10}* (Particulate matter): Partikel, die einen größenselektierenden Lufteinlass passieren, der für einen aerodynamischen Durchmesser von 10 µm eine Abscheideeffizienz von 50 % erreicht.
- *$PM_{2,5}$* („feine Partikel"): Partikel, die einen größenselektierenden Lufteinlass passieren, der für einen aerodynamischen Durchmesser von 2,5 µm eine Abscheideeffizienz von 50 % erreicht.

---

[4] Alveole: Lungenbläschen (PSCHYREMBEL, DORNBLÜTH [2004]).

[5] Koagulation: Die Zusammenballung von zwei oder mehr Partikeln zu einem größeren Partikel (WHO [2005]).

[6] (atmosphärische) Deposition: Ablagerung (BAUMBACH [1994]).

[7] Der aerodynamische Durchmesser entspricht dem Durchmesser, den ein kugelförmiges Teilchen der Dichte 1 g/m³ haben müsste, um in der Luft die gleiche Sinkgeschwindigkeit aufzuweisen wie das betrachtete Teilchen (BAFU [2006]).

- $PM_{10\text{-}2,5}$ („grobe Partikel"): Differenz zwischen PM_{10} und $PM_{2,5}$.
- $PM_{0,1}$ oder *UFP* („Ultrafeine Partikel"): Partikel mit einem aerodynamischen Durchmesser unter 0,1 µm.

Bild 2 zeigt den Anteil der verschiedenen Größenfraktionen an der derzeit rechtlich vorgeschriebenen *Messgröße Massenkonzentration*. Demnach haben die Fraktionen der mittleren und groben Partikel den größten Anteil an der Partikelmasse. Für straßennahe Messungen liegt der Massenanteil der $PM_{2,5}$-Fraktion an der PM_{10}-Fraktion bei 55 % bis 65 % (BAFU [2006]).

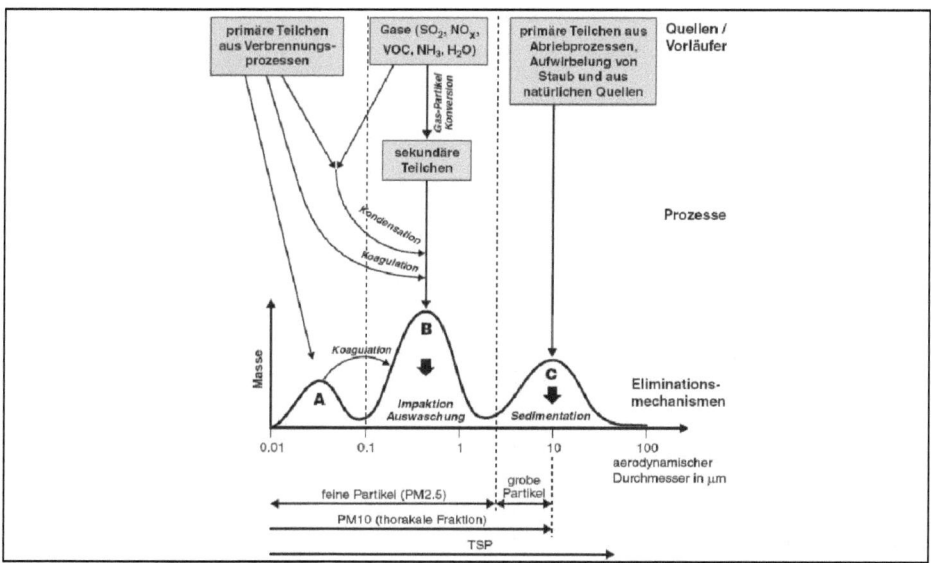

Bild 2: Vereinfachte schematische Darstellung der Größenverteilung des atmosphärischen Aerosols in Quellennähe und der Anteile der Größenfraktionen an der Partikelmasse. A: ultrafeine Partikel, B: Akkumulationsmodus, C: grobe Partikel (BAFU [2006]).

Für die *Messgröße Anzahlkonzentration* ergibt sich eine deutlich abweichende Größenverteilung: So ist hier die Fraktion kleiner 0,1 µm klar dominierend, während die größeren Partikel, die das Volumen und damit auch die Masse einer Probe bestimmen, nur in einer sehr geringen Anzahl auftreten. Eine Studie von TUCH ET AL. [1997] mit Messungen an einem belasteten Stadtstandort in Erfurt ergab die Resultate in Tabelle 1.

Größenklasse	Anteil an Partikelzahl	Anteil an Partikelmasse
0,01 bis 0,1 µm	72 %	1 %
0,1 bis 0,5 µm	27 %	83 %
>0,5 µm	0,3 %	16 %

Tabelle 1: Anteile bestimmter Größenfraktionen an der Partilanzahl und der Partikelmasse (Daten entnommen aus TUCH ET AL. [1997]).

Im urbanen Aerosol haben die primären Teilchen aus unvollständigen Verbrennungsprozessen einen großen Anteil an den *feinen und ultrafeinen Partikeln* mit einem Durchmesser von zumeist unter 0,3 µm. *Partikel im mittleren Größenbereich* sind überwiegend sekundären Ursprungs und bilden sich primär durch Gas-Partikelkonversion aus verschiedenen Vorläufergasen, unter anderem aus Stickstoffoxid, Schwefeldioxid und flüchtigen organischen Kohlenwasserstoffverbindungen. Den *groben Partikeln* können zumeist Teilchen aus Aufwirbelung und Abrieb zugeordnet werden. Anthropogene Quellen für die groben Partikel sind beispielsweise Reifen-, Brems- oder Fahrbahnabrieb. Bild 3 zeigt die Zusammensetzung des urbanen Aerosols, erhoben am Beispiel der Region Frankfurt RheinMain, differenziert nach verschiedenen Größenkategorien.

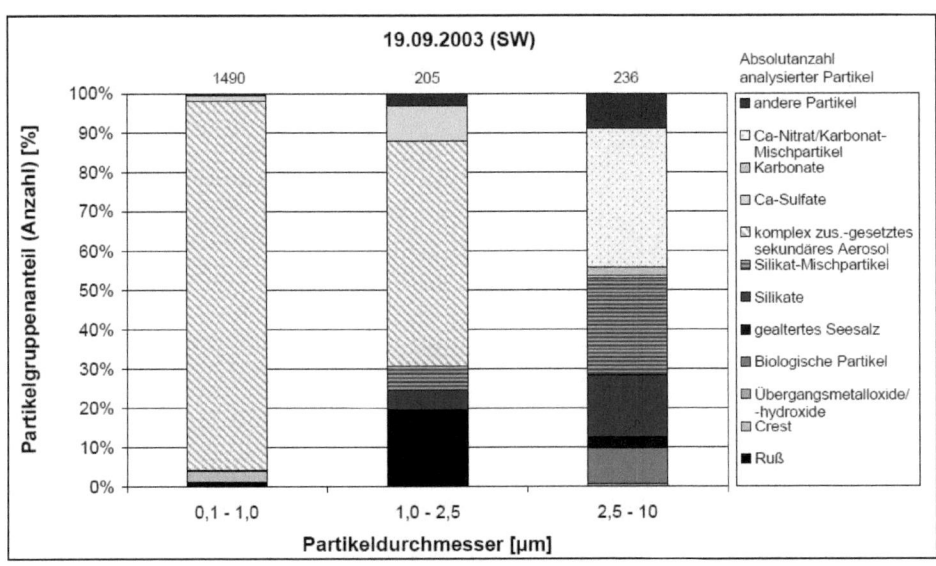

Bild 3: Relative Anzahlhäufigkeit der verschiedenen Partikelgruppen in Abhängigkeit der Größe (VESTER [2006]).

Hierzu ist festzuhalten, dass einige der Vorläufergase der genannten Salze, zum Beispiel Schwefeldioxid, bereits als gesundheitsschädigende Stoffe von der EU-Luftqualitätsrichtlinie erfasst sind, die hierfür erfassten spezifischen Grenzwerte jedoch keinen unmittelbaren Handlungsbedarf aufzeigen (UMWELTBUNDESAMT [2009a], UMWELTBUNDESAMT [2010]).

Für die hier untersuchten kurzfristigen lokalen Ursache-Wirkungs-Zusammenhänge ist die Zeitspanne *von der Emission bis zur Messung* als Partikel im Straßenraum relevant. Als ein Indiz für die Erkennbarkeit kurzfristiger Zusammenhänge wird die Verweildauer von Partikeln in der Atmosphäre angesehen. Eine lange Verweildauer deutet auf lange Transportwege der Partikel und damit eher regionale Zusammenhänge hin. Die Verweildauer von Partikeln hängt nach VESTER [2006] ebenfalls von ihrer Größe ab: Für Partikel im mittleren Größenbereich (feine Partikel) werden lange Verweildauern festgestellt. Kurze Verweildauern können hingegen für ultrafeine und für grobe Partikel festgestellt werden. Die ultrafeinen Partikel koagulieren schnell und werden zu größeren Partikeln. Diese Teilchen, zumindest sofern sie noch der ultrafeinen Fraktion zugeordnet werden können, haben allerdings nur einen geringen Anteil an der Massenkonzentration. Die groben Partikel setzen sich gravitationsbedingt schnell ab und tragen zum Aufwirbelungspotenzial einer Straße bei. Diese Partikelfraktion dominiert zwar die Partikelmasse, zeigt allerdings abweichende Ursache-Wirkungs-Zusammenhänge im Vergleich zu den anderen Partikelfraktionen (vgl. Unterkapitel 0). *Es wird davon ausgegangen, dass diese Sachverhalte ein wesentliches Hemmnis bei der Quantifizierung der Wirkungen verkehrlicher Maßnahmen auf die Partikelmassenkonzentration darstellt.*

Nach Darstellungen in UMWELTBUNDESAMT [2009c] liegt der Verursacheranteil des Verkehrs an den PM_{10}-Emissionen im Bundesdurchschnitt bei 20 %. Nach Untersuchungen von DIEGMANN, WIEGAND [2007] und kongruent zur Darstellung in Bild 2 ist hiervon jedoch nur etwa die Hälfte den motorbedingten Emissionen zuzuordnen. Die andere Hälfte sind nicht-motorbedingte Emissionen aus Aufwirbelungs- und Abriebsprozessen..

Für die untersuchte Fragestellung kann festgehalten werden:

Für eine Ursache-Wirkungs-Analyse zwischen Partikel-Immissionen und Verkehrskenngrößen mit dem Fokus auf kurzfristige Effekte sind primär die groben und die ultrafeinen Partikel relevant. Eine Analyse der Massenkonzentration der groben Partikel ist eher aus Sicht der gesetzlich festgelegten Grenzwerte sinnvoll; aus gesundheitlicher Sicht ist dagegen die Untersuchung der Anzahlkonzentration der ultrafeinen Partikel wichtiger. Aufgrund des relativ geringen Anteils der primären motorbedingten Partikel-Emissionen an den Gesamt-Emissionen ist es fraglich, ob Wirkungen aus Änderungen des Verkehrsablaufs für die Messgrößen PM_{10}- und $PM_{2,5}$-Massenkonzentration oberhalb der Messschwelle der verfügbaren Messtechnik liegen.

2.1.2. Stickoxide

Stickoxide oder Stickstoffoxide oder NO_X sind Sammelbezeichnungen für die gasförmigen Oxide des Stickstoffs. Stickoxide entstehen unter anderem bei der Verbrennung fossiler Brennstoffe. Stickstoffdioxid (NO_2) wird nur in geringen Mengen direkt freigesetzt. In den meisten Fällen wird beim Verbrennungsvorgang zunächst Stickstoffmonoxid (NO) emittiert, welches in der Atmosphäre mit Luftsauerstoff (O_2) zu NO_2 reagiert (Reaktionsgleichung 1). Der maßgebende Bildungsprozess von NO_2 ist aber die Oxidation mit Ozon (O_3, Reaktionsgleichung 2). Diese Reaktion läuft sehr schnell (Sekunden bis wenige Minuten) ab, wobei der im Unterschuss vorhandene Reaktionspartner vollständig verbraucht wird. Hierdurch ergibt sich ein wesentlicher Unterschied zwischen verkehrsnahen und verkehrsfernen Messungen: Bei ersteren werden meist niedrige O_3-Konzentrationen festgestellt, da NO durch die Verbrennungsvorgänge des Straßenverkehrs ständig nachgeliefert wird. Bei letzteren hingegen, z. B. in Waldgebieten, findet sich fast kein NO, dafür aber viel O_3. Unter Sonneneinstrahlung kann sich zudem NO_2 aus NO und reaktiven gasförmigen Peroxidradikalen, die aus Abbauprozessen flüchtiger organischer Kohlenwasserstoffverbindungen entstanden sind, bilden (Reaktionsgleichung 3). Unter Sonneneinstrahlung und O_2 erfolgt wiederum eine wichtige Abbaureaktion von NO_2 zu NO und O_3 (Reaktionsgleichung 4).

$$2\ NO + O_2 \Rightarrow 2NO_2 \tag{1}$$

$$NO + O_3 \Rightarrow NO_2 + O_2 \tag{2}$$

$$NO + Peroxidradikale \Rightarrow NO_2 + Radikale \qquad (3)$$

$$NO_2 + O_2 + Sonnenlicht \Rightarrow NO + O_3 \qquad (4)$$

Die Bildung und der Abbau von NO_2 konkurrieren folglich miteinander, so dass ein photostationäres Gleichgewicht in Abhängigkeit von der Strahlungsintensität und von den Konzentrationen der Reaktionspartner entsteht (BAUMBACH [1994]).

Wegen der hohen Reaktivität zwischen NO und NO_2 wird bei verkehrsbezogenen Untersuchungen häufig NO_X als Summe aus NO und NO_2 betrachtet und als NO_2 ausgewiesen. Die am Verkehrs-HotSpot[8] gemessenen NO_X-Konzentrationen weisen in der Regel einen hohen Anteil an NO auf, weil die Transportzeit zum verkehrsnahen Messort meist kürzer ist als die Reaktionszeit von NO zu NO_2 (UMWELTBUNDESAMT [2009c]).

Stickstoffdioxid hat negative Wirkungen auf die menschliche Gesundheit und auf das Ökosystem. Beim Menschen bewirken hohe Stickstoffdioxidkonzentrationen eine Reizung der Augen und der Atemwege. Stickstoffdioxid kann tief in die Atemwege und über die Alveolen in den Blutkreislauf eindringen. Schädliche Wirkungen von Stickstoffdioxid können bereits bei kurzfristiger Exposition und bei Konzentrationen unterhalb der gesetzlichen Grenzwerte auftreten Hierbei ist jedoch festzuhalten, dass die Wirkungen von Stickstoffdioxid meist in Zusammenhang mit der Belastung durch andere Schadstoffe erfasst werden und eine isolierte Wirkungsermittlung schwierig ist (WHO [2006]).

Der Verursacheranteil des Verkehrs an den NO_X-Emissionen liegt im Bundesdurchschnitt bei 45 % (UMWELTBUNDESAMT [2009c]).

Für die untersuchte Fragestellung kann festgehalten werden:

Die Abhängigkeit der NO_2-Konversion von dem Vorhandensein weiterer Reagenzien und auch der Zeit, lassen für zeitlich hochaufgelöste Betrachtungen eine Untersuchung von NO_X als Summe aus NO und NO_2 sinnvoll erscheinen. Aufgrund des hohen Verursacheranteils des Straßenverkehrs ist davon auszugehen, dass Schwankungen der Verkehrsnachfrage und des Verkehrsablaufs physikalisch messbare Wirkungen in der NO_X-Konzentration aufweisen.

2.2. Rechtliche Aspekte der Luftreinhaltung

Luftschadstoffgrenzwerte

Die EG-Tochterrichtlinie 1999/30/EG zur Rahmenrichtlinie Luftqualität (96/62/EG) wurde über das siebte Gesetz zur Änderung des Bundes-Immissionsschutzgesetzes (BIMSCHG) im September 2002 in nationales Recht umgesetzt. Dies führte zur Novellierung der Technischen Anleitung zur Reinhaltung der Luft (TA LUFT [2002]) und der Neufassung der 22. Bundes-Immissionsschutzverordnung (22. BIMSCHV). Zum 21.05.2008 wurde eine Überarbeitung der oben genannten

---

[8] Unter HotSpot oder Umwelt-HotSpot wird im Rahmen dieser Arbeit ein Ort mit hohem Überschreitungsrisiko der rechtlich vorgegebenen Luftqualitätsgrenzwerte verstanden.

EU-Luftqualitätsrichtlinie 1999/30/EG als neue Luftqualitätsrichtlinie 2008/50/EG verabschiedet, deren Änderungen am 02.08.2010 als 39. Bundes-Immisionsschutzverordnung (39. BImSchV) in nationales Recht umgesetzt wurden. Die wesentlichen Änderungen der neuen Richtlinie betreffen die folgenden Punkte:

- Zusammenführung der ursprünglichen Rahmenrichtlinie sowie ihrer drei Tochterrichtlinien zu einer einzigen Richtlinie,
- Einführung von Regelungen zu $PM_{2,5}$,
- Ausnahmen zur Anwendung bestehender PM_{10}- und NO_2-Grenzwerte und
- Aufhebung der in 1999/30/EG für 2010 vorgesehenen zweiten Stufe für PM_{10}-Grenzwerte.

Tabelle 2 zeigt die nach 39. BImSchV bundesweit gültigen Grenzwerte für Stickstoffoxide und Partikel zur Vermeidung schädlicher Auswirkungen auf die menschliche Gesundheit, die als Kenngrößen zur Beurteilung der Luftqualität herangezogen werden können.

Kenngröße	Grenzwerte und Zielwerte nach 39. BImSchV	
PM_{10}	Seit 2005 Jahresmittelgrenzwert:	40 µg/m³
	Seit 2005 Tagesmittelgrenzwert:	50 µg/m³ bei 35 erlaubten Überschreitungen pro Jahr
$PM_{2,5}$	Seit 2010 Jahresmittelzielwert: 25 µg/m³	
	Ab 2015 Jahresmittelgrenzwert: 25 µg/m³	
	Ab 2015 3-Jahresmittelgrenzwert:	20 µg/m³ (Expositionskonzentration)
	Ab 2020 Reduktionsziel Jahresmittel in Abhängigkeit der Ausgangskonzentration:	
	< 8,5 µg/m³:	– 0 %
	8,5 - < 13 µg/m³:	– 10 %
	13 - < 18 µg/m³:	– 15 %
	18 - < 22 µg/m³:	– 20 %
	> 22 µg/m³:	Alle angemessenen Maßnahmen, um den Zielwert 18 µg/m³ zu erreichen.
	Ab 2020 Jahresmittelgrenzwert: 20 µg/m³	
NO_2	Seit 2010 Jahresmittelgrenzwert:	40 µg/m³
	Seit 2010 Stundenmittelgrenzwert:	200 µg/m³ bei 18 erlaubten Überschreitungen pro Jahr
	Seit 2001 Alarmschwelle:	400 µg/m³ in drei aufeinanderfolgenden Stunden

Tabelle 2: Grenzwerte und Zielwerte für die Belastung mit Partikeln und Stickoxiden nach 39. BImSchV.

Einzuhaltende Randbedingungen zur Überwachung der Luftqualität

Die Mitgliedstaaten müssen die Luftqualität in ihren Ballungsräumen und Gebieten überwachen. Ein Ballungsraum ist definiert als ein städtisches Gebiet mit einer Bevölkerung von mindestens 250.000 Einwohnern oder einem Gebiet mit einer Bevölkerungsdichte von mindestens 1.000 Einwohnern pro km² auf einer Fläche von mindestens 100 km². Ein Gebiet ist ein Teil der Fläche eines Mitgliedsstaats, das dieser für die Beurteilung und Kontrolle der Luftqualität abgegrenzt hat.

Sofern die Luftschadstoffbelastung *unter einer festgelegten unteren Beurteilungsschwelle* liegt, kann die Luftqualität mittels Modellrechnungen oder objektiven Schätzungen beurteilt werden. Sofern die Belastung *zwischen der festgelegten oberen und unteren Beurteilungsschwelle* liegt, kann die Luftqualität mittels einer Kombination von Messungen und Modellrechnungen und/oder orientierenden Messungen beurteilt werden. Bei einer Belastung *oberhalb der festgelegten oberen*

Beurteilungsschwelle ist die Durchführung von stationären Messungen erforderlich. Zusätzlich sind Hintergrundmessungen durchzuführen, um Informationen über Gesamtmassenkonzentration und die Konzentration von Staubinhaltsstoffen von Partikeln im Jahresdurchschnitt zu erhalten. Die Einstufung eines Gebietes ist spätestens alle fünf Jahre zu überprüfen.

Anforderungen an Messungen und Modellrechnungen

Tabelle 3 zeigt die in der 39. BIMSCHV definierten Anforderungen an die *Genauigkeit bei der Messung und Modellierung* der Luftqualität.

Schadstoff	zulässige Unsicherheit bei Messungen		zulässige Unsicherheit bei Modellrechnungen		
	orientierend	kontinuierlich	Jahresmittelwerte	Tagesmittelwerte	Stundenmittelwerte
PM_{10} und $PM_{2,5}$	50 %	25 %	50 %	-	-
NO_2	25 %	15 %	30 %	50 %	50 %

Tabelle 3: Datenqualitätsziele für die Beurteilung der Luftqualität nach 39. BIMSCHV.

Sowohl für NO_2 als auch für PM_{10} müssen mindestens 90 % der Daten des Beurteilungszeitraumes erfasst werden. Stichprobenartige Messungen können durchgeführt werden, sofern die Abweichung der Messung im Vergleich zu den Daten einer kontinuierlichen Messung mit einer 95 %igen Sicherheit unter 10 % liegt.

Sofern Messungen durchzuführen sind, sollen die *Probenahmestellen* so gelegt werden, dass Daten von den Bereichen gewonnen werden, in denen die höchsten Konzentrationen auftreten, denen die Bevölkerung über einen längeren Zeitraum ausgesetzt ist. Die Probenahmestellen an Straßen sollten für einen Straßenabschnitt von mindestens 100 m Länge repräsentativ sein. Die Probenahme sollte mindestens 25 m von großen Kreuzungen und höchstens 10 m vom Fahrbahnrand entfernt sein. Der lokale Standort einer Probenahmestelle sollte einige Meter von Gebäuden und anderen Hindernissen entfernt und in einer Höhe zwischen 1,5 m und 4 m angeordnet sein. Die Anzahl der Probenahmestellen in Ballungsräumen ist abhängig von der Bevölkerung des Ballungsraums und den Beurteilungsschwellen des Schadstoffs.

Für die untersuchte Fragestellung kann festgehalten werden:

Die Anforderungen an die Genauigkeit von Immissionsmodellen erscheinen für eine präzise Bewertung von Minderungsmaßnahmen zunächst nicht ausreichend. Sofern die absoluten oder relativen Abweichungen von Messungen und Modellen zu den tatsächlichen Immissionskonzentrationen weitgehend konstant sind, sollte eine Bewertung dennoch möglich sein. Dieser Sachverhalt ist eingehend zu prüfen und wird im Abschnitt 2.6.4 aufgegriffen.

2.3. Einflussgrößen auf die Luftschadstoff-Immissionen in Städten

2.3.1. Bauliche Einflussgrößen

2.3.1.1. Randbebauung

In Straßenschluchten mit hoher und beidseitig geschlossener Randbebauung treten wegen geringer Durchlüftung häufig höhere Luftschadstoff-Immissionen auf (Bild 4). Die Stärke des Einflusses einer Straßenschlucht hängt erheblich von

- der Anströmrichtung der Luftmasse,
- von lokalen Durchlüftungsmöglichkeiten („Porosität") und
- vom Verhältnis zwischen Schluchthöhe und Schluchtbreite ab (Flassak et al. 1996]).

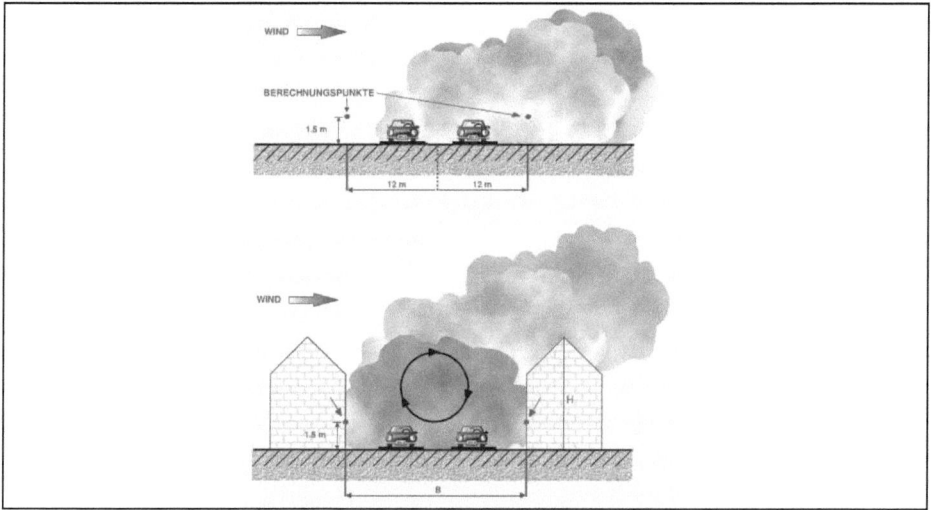

Bild 4: Einfluss der Bebauung auf die Schadstoffbelastung (DÜRING [2006]).

Detaillierte Untersuchungen zu den aufgeführten Zusammenhängen zwischen Immissionsbelastung und der Bebauung in Kombination mit den genannten Parametern wurden von SCHATZMANN ET AL. [1999] und FLASSAK ET AL. [1996] durchgeführt.

2.3.1.2. Straßenlängsneigung

Die Straßenlängsneigung hat Einfluss auf die PM_x- und NO_x-Emissionen. Bild 5 zeigt die motorbedingten Emissionen in Abhängigkeit der Längsneigung, die nach dem Handbuch für Emissionsfaktoren des Straßenverkehrs (HBEFA, INFRAS [2010]) ermittelt wurde. Eine größere Steigung bewirkt demnach einen überproportional hohen Anstieg der Emissionen.

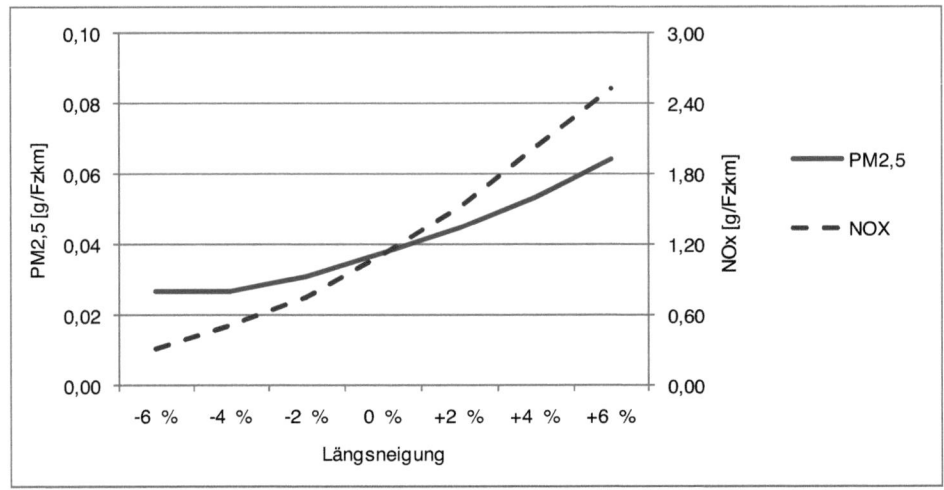

Bild 5: PM$_{2,5}$ und NO$_X$-Emissionen in Abhängigkeit der Längsneigung (nach HBEFA (INFRAS [2010]), SV-Anteil 10 %, Flottenzusammensetzung Basisentwicklung 1994-2020, Bezugsjahr 2005, Verkehrssituation IO LSA2).

2.3.1.3. Zustand und Material der Fahrbahnoberfläche

Ein guter Fahrbahnzustand und eine offenporige Fahrbahndeckschicht führen zu niedrigeren nicht-motorbedingten Partikel-Emissionen. Die Beschichtung der Fahrbahndeckschicht kann zudem einen Einfluss auf die photochemischen Reaktionen im Zusammenhang mit der NO$_2$-Bildung und dem NO$_2$-Abbau haben.

Der *Zustand der Fahrbahnoberfläche* beeinflusst vor allem die nicht motorbedingen Partikel-Emissionen durch Straßenabrieb und durch aufgewirbeltes Material. Auswertungen von DÜRING ET AL. [2008] wurden für einen schlechten Fahrbahnzustand[9] in der Lützner Straße, Dresden, um den Faktor 1,4 höhere PM$_{10-2,5}$-Emissionen im Vergleich zu einem guten Straßenzustand festgestellt. Für die Berliner Straße in Nauen wurden für einen schlechten Fahrbahnzustand 3,6 mal höhere PM$_{10-2,5}$-Emissionen festgestellt. Für die Bergstraße in Erfurt mit einem geringfügig besseren Schadenswert als in Dresden und Nauen liegt der ermittelte Faktor bei 1 bis 1,4. Die Autoren der Untersuchungen empfehlen wegen der hohen Bandbreite der festgestellten Wirkungen weitere Untersuchungen hinsichtlich Kenngrößen wie Fahrzeuggeschwindigkeit, Längsneigung etc., die ebenso wie der Fahrbahnzustand die nicht-motorbedingten Partikel-Emissionen beeinflussen.

Das *Fahrbahnmaterial* wird, wie oben geschildert, zur Bewertung des Fahrbahnzustands (im Sinne der Abriebsfestigkeit) herangezogen und hat damit ebenfalls einen Einfluss auf die nicht-

---

[9] Zur Bewertung des Zustands der Fahrbahnoberfläche hinsichtlich seines Potenzials für erhöhte Partikelemissionen haben DÜRING ET AL. [2004], ein Verfahren entwickelt. Die Zuweisung einer Straßenzustandsklasse im Sinne der Emissionsmodellierung richtet sich dabei nach dem Schadenswert TWRIO der Fahrbahn und der angrenzenden Flächen nach Zusätzliche Technische Vertragsbedingungen und Richtlinien zur Zustandserfassung und Zustandsbewertung von Straßen, FGSV [2006a] und dem Fahrbahnmaterial.

motorbedingten Partikel-Emissionen. Unabhängig vom Fahrbahnzustand hat das Fahrbahnmaterial weitere Einflüsse: So kann offenporiger Asphalt durch seine Drainagewirkung eine vorhandene Staubladung bei Niederschlagsereignissen durch Entwässerung ins Erdreich auswaschen. Im trockenen Zustand kann die vorhandene Staubladung durch den höheren Porenanteil stärker gebunden werden als bei Splitt-Mastix-Asphalt (BAUM ET AL. [2009]).

Daneben kann das Fahrbahnmaterial auch einen Einfluss auf die NO_x-Immissionen haben: Nach Angaben verschiedener Hersteller kann die NO_x-Immissionskonzentration mittels einer speziellen Oberflächenbeschichtung reduziert werden. Hierbei werden die NO_x-Moleküle an der Straßenoberfläche angelagert, unter Sonneneinwirkung zu Nitrat (NO_3^-) oxidiert und schließlich vom Regen ausgewaschen (HEIDELBERG CEMENT [2008]; BURGETH ET AL. [2008]). Untersuchungen zur Bewertung der Wirksamkeit der Oberflächenbeschichtung sind dem Verfasser nicht bekannt.

2.3.2. Meteorologische Einflussgrößen

2.3.2.1. Windgeschwindigkeit und Windrichtung

Anhand der Literaturrecherche haben Windgeschwindigkeit und Windrichtung einen starken Einfluss auf die Partikel- und Stickoxid-Immissionen.

Eine anschauliche Erklärung zum *Einfluss der Windgeschwindigkeit* liefert MANIER [2004]: Bei einer Windgeschwindigkeit von 1 m/s wird in einer Sekunde eine Luftschicht von einem Meter Dicke an einer Schadgasquelle vorbeitransportiert. Bei einer Windgeschwindigkeit von 2 m/s wird in einer Sekunde eine Luftschicht von 2 m Dicke an der Quelle vorbeitransportiert. Die Konzentration ist bei gleicher Emission folglich halb so groß. Allgemein formuliert bedeutet dies: Die Schadstoffkonzentration verhält sich antiproportional zur Windgeschwindigkeit.

Darstellungen von BAUM [2008], DÜRING ET AL. [2008], RABL [2003] sowie SPANGL ET AL. [2003] bestätigen diesen grundsätzlichen Zusammenhang. Die Untersuchungen von BAUM [2008], ebenso wie von DÜRING ET AL. [2008] weisen allerdings darauf hin, dass bei einem Ansteigen der Windgeschwindigkeit im unteren Bereich (bis etwa 2,5 m/s) eine Erhöhung der Partikelkonzentration möglich ist. Dies wird auf den höheren Abtrag von aufgewirbelten Partikeln zurückgeführt.

Die *Hauptwindrichtung* hat einen wesentlichen Einfluss auf den Ferneintrag der Luftschadstoffe und damit auf die vorhandene Hintergrundbelastung. Lokal stellt sich bei einer Situation ohne Randbebauung der Einfluss der Windrichtung unter Berücksichtigung der Straßenlängsachse und der Position des Messgerätes nach Baum [2008] für PM_{10} größenordnungsmäßig wie folgt dar: Bei einer PM_{10} Erfassung im Luv[10] sind um 30 bis 45 % niedrigere Konzentrationen im Vergleich zur PM10-Erfassung im Lee[11] feststellbar. Eine Windrichtung parallel zur Straßenachse zeigt etwa 10 % niedrigere Konzentrationen im Vergleich zur Erfassung im Lee.

---

[10] Luv: Die dem Wind zugewandte Straßenseite.

[11] Lee: Die dem Wind abgewandte Straßenseite.

Im Fall einer vorhandenen Randbebauung entstehen, wie in Bild 4 gezeigt, kleinräumige Verwirbelungen, deren Wirkungen nur über komplexe Anströmmodelle erfasst werden können.

2.3.2.2. Luftfeuchte und Niederschlag

Ein (direkter) Einfluss der Luftfeuchte auf die Luftschadstoff-Immissionen liegt auf Grundlage der recherchierten Untersuchungen nicht vor. Niederschlagsereignisse hingegen führen zu reduzierten Luftschadstoff-Immissionen, wobei der Effekt sich für PM_{10} deutlicher darstellt als für NO_X.

Die Auswertungen von SCHULZE [2002] zum Einfluss der *Luftfeuchte* auf die PM_{10}- und NO_X-Belastung zeigen einen leichten Anstieg der PM_{10}-Belastung bei hoher Luftfeuchte. KANTAMANENI ET AL. [1996] zeigen in ihren Untersuchungen eine entgegengesetzte Tendenz, allerdings nur für eine kleine Stichprobe. Inwieweit hier reale Wirkungszusammenhänge nachgewiesen wurden oder messtechnisch bedingte Effekte, ist unklar. Sofern die Messtechnik das angesaugte Luftvolumen nicht auf eine einheitliche Luftfeuchte konditioniert, sind erhebliche Verfälschungen der Messwerte möglich (vgl. 2.6.4 und 3.2.5).

Der Einfluss von *Niederschlagsereignissen* auf die PM_{10}- und NO_x-Belastung wurde ebenfalls von SCHULZE [2002] untersucht. Ab einer bestimmten Niederschlagsmenge (0,1 mm) zeigte sich eine deutliche Reduktion (20 %) der PM_{10}-Tagesmittelwerte. Auch für NO_x wurde eine Reduktion beobachtet, die jedoch nicht so ausgeprägt war wie für PM_{10}.

KLINGNER, SÄHN [2006] und DÜRING [2006] haben den Verlauf der PM_{10}-Belastung in Abhängigkeit der Zeit nach einem Niederschlagsereignis untersucht und kamen zu dem Ergebnis, dass der Effekt eines Niederschlagsereignisses mehrere Tage anhält und dass die PM_{10}-Belastung erst nach 3 bis 5 Tagen keine erkennbare Wirkung mehr zeigt.

Gründe für die Reduktion der Immissionskonzentration können bessere Ausbreitungsbedingungen nach Regenereignissen, die reduzierte Staubbeladung einer Straße (betrifft nur PM_{10}) sowie das Auswaschen von Partikeln und Stickoxiden aus der Luft sein.

2.3.2.3. Temperatur

Die Temperatur hat einen erheblichen, jedoch meist indirekten Einfluss auf die Partikel- und Stickoxidbelastung. Allerdings können weder die Richtung noch die Ausprägung des Einflusses klar zugeordnet werden, da beide von lokalen und jahreszeitlichen Randbedingungen sowie von Wechselwirkungen mit anderen Einflüssen zusammenhängen.

Eine Reihe von Untersuchungen zeigt für steigende Temperaturen ansteigende PM_{10}-Konzentrationen (unter anderem BAUM ET AL. [2006b], KAMINSKI [2005]). Die Darstellungen deuten auf lineare Zusammenhänge oder schwach exponentielle Zusammenhänge hin. In DÜRING ET AL. [2008] ausgewertete Untersuchungen zeigen im Sommer bei steigender Temperatur und im Winter bei sinkender Temperatur einen Anstieg der PM_{10}-Gesamtbelastung. KUMAR [2005] hingegen hat für gemessene Temperaturen im Bereich zwischen ca. 20°C und 30°C in Indien keine Einflüsse auf die PM_{10}-Belastung feststellen können.

Ursachen für die beschriebenen Wirkungen können sein:

- Zunahme nicht-motorbedingter Partikel-Emissionen im Winter aufgrund von Streugut und vermehrtem Schmutzeintrag.
- Zunahme sonstiger Emissionen infolge ineffizienter und vermehrter Verbrennungsvorgänge (Heizung, längere Kaltstartphasen) bei niedrigen Temperaturen.
- Veränderung des Aggregatzustands von luftgetragenen Partikeln und Gasen in Abhängigkeit von der umgebenden Luft und der Temperatur (Verdampfen leichtflüchtiger Verbindungen).
- Beeinflussung von Luftaustauschbedingungen durch Einflüsse auf Luftfeuchte, Luftdruck, atmosphärische Schichtung und damit auch auf Windgeschwindigkeiten sowie auf photochemische Prozesse.

2.3.2.4. Luftdruck und atmosphärische Schichtung

Der *Luftdruck* beeinflusst die Partikel- und Stickoxidbelastung eher indirekt über die atmosphärische Schichtung. Eine stabile *atmosphärische Schichtung* in niedriger Höhe führt zu höheren Luftschadstoffkonzentrationen.

Die *atmosphärische Schichtung* gibt die Vertikalerstreckung an, in die am Boden emittierte Schadstoffe turbulent verteilt werden. Die atmosphärische Schichtung und damit die Verdünnung von Schadstoffen werden wesentlich durch den vertikalen Temperaturgradient bestimmt. Ein vertikaler Temperaturgradient über dem adiabatischen oder neutralen Gradienten[12] führt zu einer labilen Schichtung, die vertikalen Austausch begünstigt. Ein vertikaler Temperaturgradient unterhalb des adiabatischen Gradienten führt zu einer stabilen Schichtung, die den vertikalen Austausch hemmt. Eine weitestgehend unveränderte Temperatur mit zunehmender Höhe wird als Isothermie und eine zunehmende Temperatur mit zunehmender Höhe wird als Inversion bezeichnet [SPANGL ET AL. 2003]. Isothermie und Inversion stehen für stabile Schichtungen und haben nach Untersuchungen von KLINGNER ET AL. [2006] und LUDES ET AL. [2008] einen deutlichen Einfluss auf die PM_{10}- und NO_X-Konzentration.

Aufgrund der höheren mechanischen Turbulenz in Straßenschluchten und dem höheren verkehrlichen Verursacheranteil an der Immissionsbelastung ist der Effekt von Inversionswetterlagen an Verkehrs-HotSpots abgeschwächt. Die Ergebnisse von KLINGNER ET AL. [2006] zeigen dennoch einen erheblichen Einfluss dieser Kenngröße für den innerstädtischen Bereich.

---

[12] Adiabatischer Gradient: Durch Druckunterschiede entstehende Temperaturänderungen bei Vertikalbewegungen von Luftmassen. Aufsteigende Luft gelangt in Bereiche mit niedrigerem Außendruck und kann sich dadurch ausdehnen und abkühlen (bei idealisierter Annahme eines geschlossenen Systems, dem weder Energie zugeführt noch entnommen wird). Die Größe des adiabatischen Temperaturgradienten liegt in der Regel zwischen 0,5 und 0,8°C Temperaturabnahme pro 100 m (BAUMBACH [1994]).

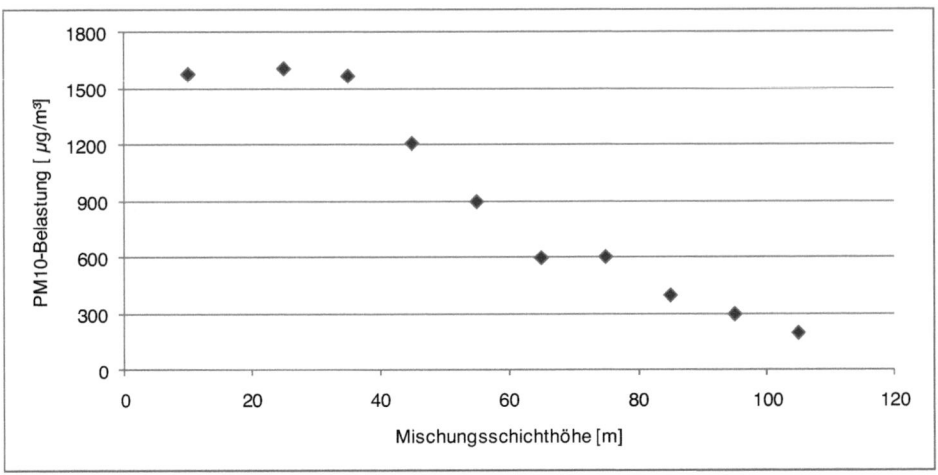

Bild 6: Einfluss der Mischungsschichthöhe auf die PM_{10}-Immissionskonzentration (dargestellt sind Tagesmittelwerte) an einer innerstädtischen Straßenschlucht (eigene Darstellung, Daten entnommen aus KLINGNER ET AL. [2006]).

2.3.2.5. Globalstrahlung und Ozon

Die NO_2-Konzentration an einem Verkehrs-HotSpot hängt maßgeblich von den vorhandenen Reaktionspartnern, dem primär emittierten Stickstoffmonoxid, dem photochemisch entstandenen Ozon sowie der Intensität der Globalstrahlung ab. Einflüsse der Globalstrahlung auf die PM_{10}-Belastung, die über eine Erhöhung der Temperatur und die damit verbundenen Wirkungen hinausgehen, sind nicht bekannt. Eine detaillierte Beschreibung der NO_X-Reaktionschemie siehe Abschnitt 2.1.2.

2.3.3. Verkehrliche Einflussgrößen

2.3.3.1. Fahrzeugart, Kraftstoffkonzept und Schadstoffklasse

Die Fahrzeugart, das Kraftstoffkonzept und die Schadstoffklasse haben erheblichen Einfluss auf die PM_x- und NO_x-Emissionen.

Bild 7 zeigt die durchschnittlichen *motorbedingten Partikel-Emissionen* für Pkw, leichte Nutzfahrzeuge (LNF), Lkw und Busse, differenziert nach Schadstoffklasse und Kraftstoffkonzept auf Grundlage von HBEFA, INFRAS [2010] für eine typische innerörtliche Verkehrssituation mit geringem Störungsgrad.

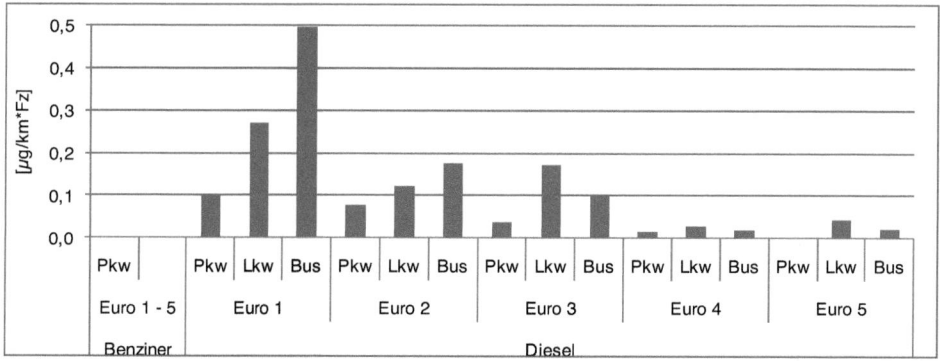

Bild 7: Motorbedingte Partikel-Emissionen je Fahrzeug und Kilometer für verschiedene Fahrzeugarten, Kraftstoffkonzepte und Schadstoffklassen (nach HBEFA (INFRAS [2010]), Bezugsjahr 2008, Verkehrssituation gesättigte Hauptverkehrsstraße innerorts).

Deutlich erkennbar sind darin folgende Sachverhalte:

- Die motorbedingten Partikel-Emissionen von Benzinfahrzeugen[13] sind in ihrer Größenordnung vernachlässigbar.
- Im Vergleich zu Diesel-Pkw der Schadstoffklassen Euro 2 und Euro 3 emittieren Fahrzeuge der Schadstoffklassen Euro 4 und Euro 5 nur einen Bruchteil der Partikel.
- Die Partikel-Emissionen der schweren Fahrzeugklassen sind für alle Schadstoffklassen um den Faktor 2 bis 4 höher als die Partikel-Emissionen der leichten Fahrzeugklassen.

Die obige Darstellung berücksichtigt nur motorbedingte Partikel-Emissionen. Die nicht-motorbedingten Partikel-Emissionen sind unabhängig von Kraftstoffkonzept und Schadstoffklasse, nicht jedoch von der Fahrzeugart. In aktuellen Modellen geht beispielsweise das Fahrzeuggewicht mit der Potenz 2,14 (nach DÜRING, LOHMEYER [2001]) in die Berechnung der nicht-motorbedingten Emissionen ein (IVU Umwelt [2010]).

Bild 8 zeigt die durchschnittlichen NO_X-Emissionen für Pkw, LNF, Lkw und Busse, differenziert nach Schadstoffklasse und Kraftstoffkonzept auf Grundlage von HBEFA (INFRAS [2010]) für eine innerörtliche Verkehrssituation mit geringem Störungsgrad.

---

[13] Auch Ottomotoren stoßen Partikel aus. Die Emissionen liegen jedoch um eine bis drei Größenordnungen niedriger als bei Dieselmotoren. Zudem haben die Partikel aus Dieselmotoren eine höhere gesundheitliche Relevanz aufgrund der erhöhten Anzahl kanzerogener Rußpartikel (RABL [2003]).

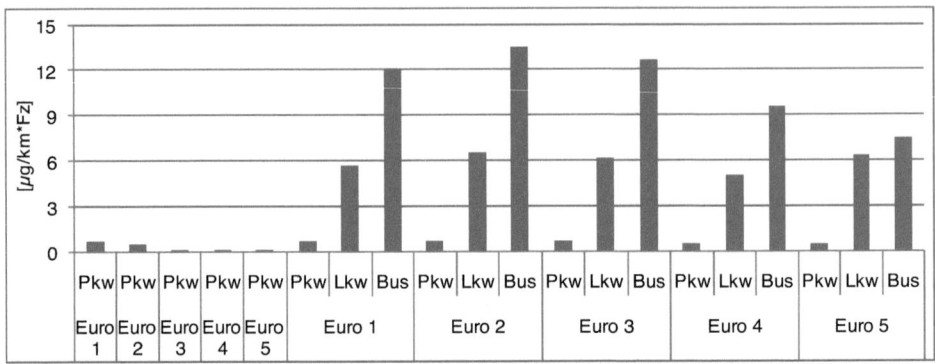

Bild 8: NO$_X$-Emissionen je Fahrzeug und Kilometer für verschiedene Fahrzeugarten, Krafstoffkonzepte und Schadstoffklassen (nach HBEFA (INFRAS [2010]), Bezugsjahr 2008, Verkehrssituation gesättigte Hauptverkehrsstraße innerorts).

Folgende Sachverhalte sind in Bezug auf die NO$_x$-Emissionen erkennbar:

- Sowohl Benzin- als auch Diesel-Pkw tragen erkennbar zu den NO$_X$-Emissionen bei.
- Die Emissionen der schweren Fahrzeugklassen und insbesondere von Bussen liegen um etwa das Zehnfache höher als die Emissionen der leichten Fahrzeugklassen.
- Die Schadstoffklassen Euro 1 bis Euro 5 zeigen bezogen auf einzelne Fahrzeugarten nur eine geringe oder gar keine Reduzierung der NO$_X$-Emissionen. Nach UMWELTBUNDESAMT [2009c] wird erst die Schadstoffklasse Euro 6 eine deutliche Verbesserung mit sich bringen.

Immissionsbezogene Untersuchungen von BAUM [2010] an Bundesautobahnen bestätigen insbesondere die Relevanz des Schwerverkehrs für die NO$_X$-Konzentration. Für eine Erhöhung des Schwerverkehrsanteils von <10 % auf 20-30 % wurde eine Erhöhung der NO-Konzentration um etwa den Faktor 3 und eine Erhöhung der NO$_2$-Konzentration um etwa den Faktor 1,5 festgestellt.

2.3.3.2. Geschwindigkeit und Qualität des Verkehrsablaufs

Die Geschwindigkeit und die Qualität des Verkehrsablaufs haben einen Einfluss auf die Emissionen des Straßenverkehrs. Höhere Geschwindigkeiten und ein schlechter Verkehrsablauf führen zu höheren Emissionen, wobei der Einfluss des Verkehrsablaufs größer ist als der Einfluss der Geschwindigkeit. Das Ergebnis der Literaturrecherche zeigt allerdings, dass sowohl die angewendeten Methoden ebenso wie die Ergebnisse der Untersuchungen große Unterschiede aufweisen. In mehreren Untersuchungen lassen sich der Einfluss der Geschwindigkeit und der Einfluss des Verkehrsablaufs nicht zweifelsfrei trennen. Nur wenige Untersuchungen lassen Rückschlüsse auf die Partikel- und Stickoxidbelastung anhand „gängiger" Kenngrößen zum Verkehrsablauf, beispielsweise nach dem Handbuch für die Bemessung von Straßenverkehrsanlagen (HBS, FGSV [2005]), zu.

Geschwindigkeit

CERWENKA [1997] zeigt einen vereinfachten Ansatz zur Berechnung von Emissionen E in Abhängigkeit von Geschwindigkeit v, Kraftstoffkonzept und Fahrzeugart (Gleichung (5)). Die Schadstoffe, Kraftstoffkonzepte und Fahrzeugarten werden darin über die Regressionskoeffizienten C_X berücksichtigt.

$$E(v) = C_0 + C_1 \cdot v^2 + \cdot \frac{C_2}{v} \quad \left[\frac{g}{Kfz \cdot km}\right] \tag{5}$$

Prinzipiell hängt der Schadstoffausstoß aber neben der Geschwindigkeit auch von der Motorauslastung und Beschleunigung ab, die wiederum eine Funktion von Drehzahl, Drehmoment und gewähltem Gang sind. Aktuelle Modelle berücksichtigen diese Zusammenhänge weitestgehend (PARK ET AL. [2000], KUWAHARA ET AL. [2001], PTV AG [2009]).

Verschiedene Untersuchungen zu Partikel-Emissionen zeigen erhebliche Einflüsse für eine Geschwindigkeitsreduktion von 50 km/h auf 30 km/h:

- RABL, DEIMER [2001] zeigen anhand von Rollenprüfstandmessungen eine Reduktion von über 50 % der *motorbedingten* Pkw-Partikel-Emissionen.
- KARAJAN [2007] zeigt eine Reduktion der *motorbedingten* Lkw-Partikel-Emissionen von etwa 70 %.
- Das norwegische VLuft-Modell und das schwedische PM_{10}-Emissionsmodell gehen von einer Reduktion der *nicht-motorbedingten* Emissionen in einer Größenordnung von 70 % aus (GUSTAFSSON [2001] und BRINGFIELT ET AL. [1997], zitiert in DÜRING ET AL. [2008]).
- Untersuchungen von DÜRING, PÖSCHKE, LOHMEYER, [2010] ergaben an Streckenabschnitten mit gleichmäßigem Verkehrsfluss für die *nicht-motorbedingten* Partikel-Emissionen eine Reduktion bis 20 %. Bei hoher Befolgungsrate der Geschwindigkeitsbeschränkung wird das Reduktionspotenzial auf 40 bis 50 % der *nicht-motorbedingten* Partikel-Emissionen geschätzt.

Eine weniger deutliche Tendenz des Einflusses einer Geschwindigkeitsreduzierung von 50 km/h auf 30 km/h auf die Partikel-Emissionen ergab sich bei Untersuchungen von FITZ [2001] in Kalifornien und von KLINGNER, SÄHN [2006] (zitiert in DÜRING ET AL. [2008]: In beiden Untersuchungen wurde kein Einfluss der Geschwindigkeit festgestellt.

Immissionsseitig wurde von TULLIUS [2002] eine Reduktion um 2 % festgestellt. Von DÜRING [2007] ausgewertete Immissionsmessungen zeigen für die Geschwindigkeitsreduzierung eine Senkung der verkehrsbedingten Partikelzusatzbelastung um 27 % oder um 2 bis 3 % der Gesamtbelastung.

Anhand der Darstellungen in den angegebenen Quellen ist eine eindeutige Abgrenzung zwischen Einflüssen der Fahrgeschwindigkeiten und der Qualität des Verkehrsablaufs nicht immer eindeutig möglich, die Bandbreite der dargestellten Untersuchungsergebnisse kann durchaus aus einer Vermischung dieser Einflussgrößen herrühren.

KUWAHARA ET AL. [2001] haben den Einfluss der Geschwindigkeit auf die NO_X-*Emissionen* modelliert. Bild 9 zeigt die Ergebnisse eines für japanische Verhältnisse kalibrierten Modells in Abhängigkeit der gefahrenen Strecke. Danach hat die Geschwindigkeit im innerstädtischen Bereich nur einen geringen Einfluss auf die NO_X-Emissionen.

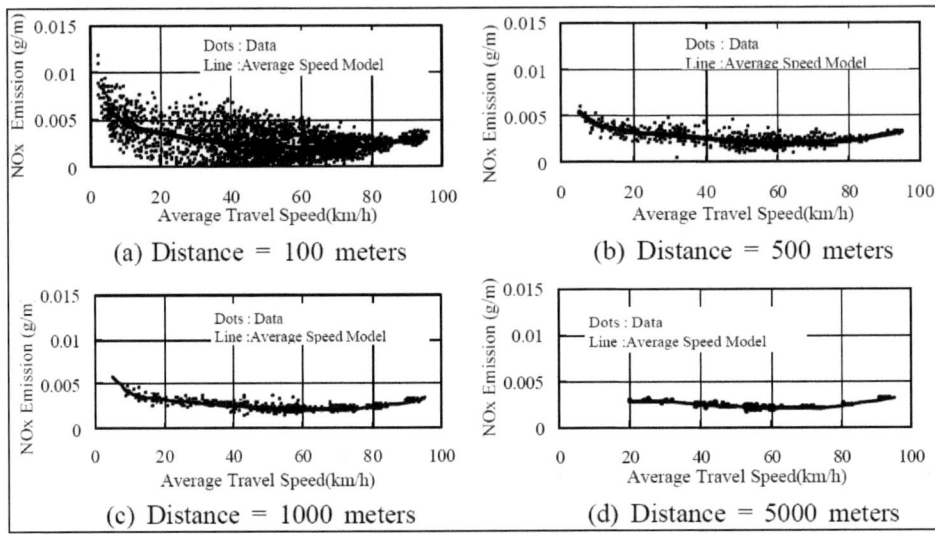

Bild 9: NO_X-Emissionen in Abhängigkeit der Geschwindigkeit für unterschiedliche Streckenlängen (Kuwahara [2001]).

Eine Geschwindigkeitsreduktion von 50 km/h auf 30 km/h zeigt nach KARAJAN [2007] auch für deutsche Verhältnisse für die NO_X-*Pkw-Emissionen* einen vernachlässigbaren Effekt. Für die NO_X-*Lkw-Emissionen* hingegen stellt KARAJAN [2007], der sich wie RABL, DEIMER [2001] auf Untersuchungen des Bayerischen Landesamtes für Umweltschutz bezieht, allerdings einen höheren Einfluss dar: Die Geschwindigkeitsreduktion von 50 km/h auf 30 km/h führt hier zu einer Minderung um 30 %. Immissionsmessungen von TULLIUS [2002] ergaben für den Gesamtverkehr im Untersuchungsgebiet eine Reduzierung der NO_X-Konzentration um 3 %. Immissionsbasierte Untersuchungen von DÜRING, PÖSCHKE, LOHMEYER, [2010] zeigen keine Korrelation zwischen der Fahrzeuggeschwindigkeit und gemessenen NO_X-Konzentrationen.

Verkehrsablauf

Kenngrößen zur Qualität des Verkehrsablaufs sind nach HBS (FGSV [2005])

- Wartezeiten,
- Fahrzeuge im Stau (Rückstaulängen),
- Anzahl der Halte sowie
- Sättigungsgrad und Anteil übersättigter Umläufe.

Die Literaturrecherche ergab nur wenige Untersuchungen mit direktem Bezug zu diesen Kenngrößen:

- BOLTZE ET AL. [1987] haben bereits vor mehr als 20 Jahren die Abhängigkeit des Kraftstoffverbrauchs von Wartezeiten und der Anzahl der Halte untersucht und hierfür optimale Umlaufzeiten ermittelt. Eine direkte Übertragbarkeit auf die hier betrachteten Luftschadstoffe ist aber wegen teilweise unterschiedlicher Wirkungszusammenhänge nicht möglich.
- UNAL, ROUPHAIL, FREY [2003] haben Emissionsmessungen und mikroskopische Verkehrssimulationen durchgeführt und diese für unterschiedliche Qualitätskenngrößen (Reisezeiten, Geschwindigkeiten, Wartezeit, Anzahl der Halte, Level of Service) ausgewertet. Unter anderem wurde festgestellt, dass eine Reduzierung von Brems- und Beschleunigungsvorgängen einer Optimierung der Wartezeit vorzuziehen ist.
- GALATIOTO, ZITO [2007] haben den Einfluss der (makroskopischen) Kenngrößen Verkehrsstärke, Verkehrsdichte, Geschwindigkeit, Belegungsgrad, Rückstaulängen und Reisezeiten auf die Kohlenmonoxid- und Ammoniak-Immissionen untersucht. Die Rückstaulänge ergab hier die höchste Korrelation mit den gemessenen Immissionen.
- COBIAN ET AL. [2009] haben NO_X-Emissionsmodellierungen für verschiedene Level-Of-Service (LOS) der Kenngröße ICU (Intersection Capacity Utilization) durchgeführt, die in etwa mit dem Sättigungsgrad nach HBS (FGSV [2005]) verglichen werden kann. Hierbei wurden die größten Emissionsreduzierungen für stufenweise Verbesserungen von LOS F (ICU>1) nach LOS C (0,7<ICU<0,8) festgestellt. Verbesserungen des Verkehrsablaufs über den LOS C hinaus zeigten nur eine geringe Reduktion.

Eine Reihe weiterer emissions- und immissionsbezogener Untersuchungen haben einen Einfluss des Verkehrsablaufs festgestellt, jedoch ohne dabei die gängigen Qualitätskenngrößen nach HBS (FGSV [2005]) zu verwenden: DÜRING ET AL. [2004] haben die Abhängigkeit der *Partikel-Emissionen* vom Verkehrsablauf untersucht. Bild 10 stellt diesen Einfluss für das Bezugsjahr 2003 und einen Schwerverkehrsanteil von 10 % dar. Der Verkehrsflusszustand wird dabei nach HBEFA-Verkehrssituationen[14] differenziert. Die vier rechten Säulen stellen innerörtliche Verkehrssituationen mit gutem (links) bis schlechtem (rechts) Verkehrsflusszustand dar.

---

[14] Nach HBEFA (INFRAS [2010]) ist eine Verkehrssituation durch den Gebietstyp (Land oder Agglomeration), den Straßentyp (z. B. Hauptverkehrsstraße oder Erschließungsstraße), das Tempolimit oder den Verkehrszustand (flüssig, dicht, gesättigt oder stop+go) definiert.

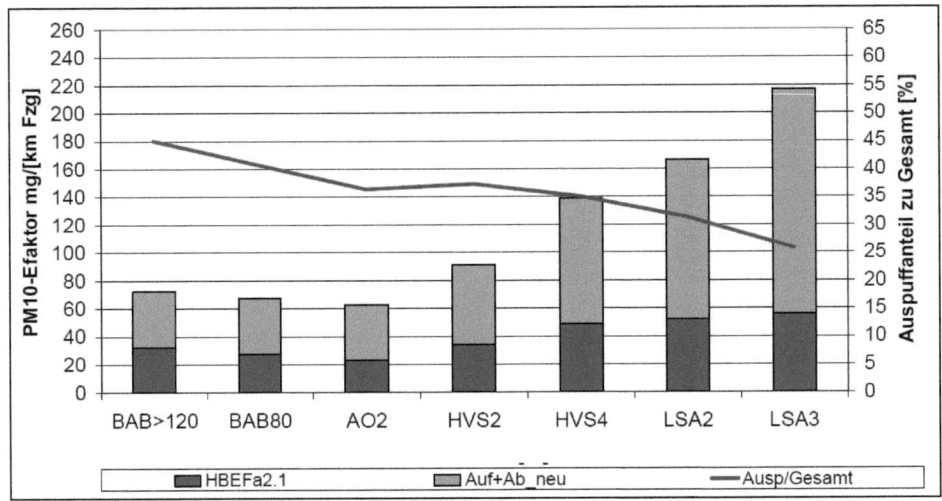

Bild 10: PM_{10}-Emissionsfaktoren (Auspuff = rot; Aufwirbelung und Abrieb = blau) in Abhängigkeit von der Verkehrssituation, für das Bezugsjahr 2003 mit einem SV-Anteil von 10% (DÜRING ET AL. [2004]).

In Graz wurden im Rahmen des Projekts Grazer Adaptive Verkehrssteuerung (GAVE) Floating Car Erhebungen durchgeführt, die anschließend auf dem Rollenprüfstand nachgestellt und zur Kalibrierung eines mikroskopischen Verkehrsflussmodells verwendet wurden. Die Simulation ergab für die verbesserte Koordinierung eine Reduzierung von 11 % der NO_X-Emissionen und von 7 % der motorbedingten PM-Emissionen im Vergleich zur vorherigen Steuerung [HIRSCHMANN, FELLENDORF 2009].

Immissionsbezogene Untersuchungen durch DÜRING [2007] in Dresden haben für die verkehrliche PM_{10}-Zusatzbelastung ein Reduktionspotenzial von 27 % (dies entspricht in der durchgeführten Untersuchung 2 µg/m³) festgestellt. Für die NO_X-Zusatzbelastung wurden keine Reduktionen festgestellt. In Hamburg hat KOCH [2006] im Rahmen der Einführung der adaptiven Netzsteuerung die Wirkungen auf städtische NO_X- und PM_{10}-Immissionen untersucht. Trotz positiver Tendenzen konnten jedoch keine klaren Effekte beobachtet werden. Die in DÜRING, PÖSCHKE, LOHMEYER, [2010] veröffentlichten Ergebnisse lassen keinen signifikanten Einfluss des Verkehrsablaufs auf die *nicht-motorbedingten* PM-Emissionen erkennen.

2.4. Einflussgrößen auf die verkehrlichen Kenngrößen in einer lichtsignalgesteuerten Knotenpunktszufahrt

Wesentliche Einflüsse auf die Verkehrsnachfrage, den Verkehrsablauf und die Verkehrszusammensetzung ergeben sich durch betriebliche Maßnahmen des Verkehrsmanagements. Hierzu zählen nach BOLTZE [2009]

- finanzielle und ordnungsrechtliche Maßnahmen für den Straßenverkehr,
- die kollektive Information und Steuerung des Straßenverkehrs,
- die individuelle Information und individuelle Steuerung von Fahrzeugen,

- das Management des öffentlichen Verkehrs,
- das Fracht- und Flottenmanagement,
- die Organisation der Fahrzeugnutzung sowie
- Managementansätze für Sonderereignisse und Störfälle.

Gängige Steuerungsmaßnahmen sind hierbei Geschwindigkeitsbeschränkungen, differenzierte Zufahrtsbeschränkungen oder die Wegweisung. Differenzierte Zufahrtsbeschränkungen (zum Beispiel Umweltzonen oder Durchfahrverbote für den Schwerverkehr) oder eine nach Fahrzeugarten differenzierte Wegweisung. Auf einer eher strategischen Ebene können die untersuchten verkehrlichen Kenngrößen zudem durch weitere Bausteine des Verkehrsmanagements, zum Beispiel dem Angebot an Verkehrsanlagen beeinflusst werden. Maßgeblich für die hier untersuchte räumlich mikroskopische Ebene ist allerdings die Beeinflussung durch die LSA-Steuerung. Beeinflusst werden hierbei der Verkehrsablauf und die Verkehrsnachfrage.

Nach Richtlinien für Lichtsignalanlagen (RiLSA, FGSV [2010]) kann eine angepasste LSA-Steuerung durch eine angepasste *Koordinierung* den Verkehrsablauf beeinflussen, indem die Anzahl der Halte reduziert, eine gleichmäßige Fahrt über mehrere Knotenpunkte ermöglicht und die Wegewahl beeinflusst wird. Ferner kann die LSA-Steuerung die Verkehrsnachfrage im Untersuchungsgebiet über eine *Zuflusssteuerung* beeinflussen.

Nach RiLSA (FGSV [2010]) kann durch eine *Koordinierung*, das heißt durch Abstimmung der Freigabezeiten hintereinander liegender Signalisierungsquerschnitte die Anzahl der Halte und die Streuung der Geschwindigkeiten der Einzelfahrzeuge reduziert werden. Häufig steht die Koordinierung der Kraftfahrzeuge dabei in Zielkonflikt zu den Belangen des Öffentlichen Personennahverkehrs (ÖPNV), der Fußgänger und der Radfahrer, so dass Kompromisslösungen gefunden werden müssen.

Zur Entwicklung der Koordinierung müssen die Richtung und die Stärke der Verkehrsströme bekannt sein. Wesentliche Voraussetzungen für eine leistungsfähige Koordinierung sind

- die Anzahl der durchgehenden Fahrstreifen bei auf der Fahrbahn geführtem Radverkehr,
- Haltverbote am Fahrbahnrand,
- Abbiegefahrstreifen im Knotenpunktbereich,
- Entfernungen zwischen den koordinierten Lichtsignalanlagen von unter 750 bis 1000 m,
- gleiche Umlaufzeiten an den koordinierten Knotenpunkten,
- ein Sättigungsgrad[15] unter 0,85.

Darüber hinaus sind weitere Einflüsse, die zur Verringerung der Fahrgeschwindigkeit führen können (hoher Schwerverkehrsanteil, Steigungen etc.), beim Entwurf einer Koordinierung zu beachten.

---

[15] Nach HBS (FGSV [2005]): Verhältnis von Verkehrsstärke zu Kapazität eines Knotenpunkts.

Die *Zuflusssteuerung mittels Lichtsignalanlagen* kann eingesetzt werden, um Streckenabschnitte oder komplette Netzbereiche vor Überlastungen zu schützen und damit die Voraussetzung für eine Koordinierung dieser Bereiche oder grundsätzlich eine ausreichende Verkehrs- und Aufenthaltsqualität zu schaffen. Ein weiteres Ziel kann die Beeinflussung der Verkehrsmittelwahl zugunsten des ÖPNV sein [BOSSERHOFF 2007]. Vor dem Hintergrund der hier untersuchten Fragestellung ist auch eine Bevorrechtigung bestimmter Fahrzeugarten, beispielsweise des Schwerverkehrs, an bestimmten kritischen Punkten im Netz denkbar.

Die Steuerung des Zuflusses kann durch eine Reduzierung der Freigabezeitanteile der entsprechenden Zufahrt(en) erreicht werden. Mögliche negative Nebenwirkungen der Zuflusssteuerung sind entsprechend höhere Emissionen am Ort der Zuflussdrosselung sowie etwaige Verkehrsverlagerungen in andere Netzbereiche (bei verfügbaren Alternativrouten). Wesentliche Anforderungen an die Zuflussdosierung sind nach BOSSERHOFF [2007]:

- Einrichten der Zuflussdosierung als geschlossener Kordon um das zu entlastende Gebiet, um „Schleichverkehre" zu vermeiden,
- Einrichten der Zuflussdosierung nur dort, wo ihre negativen Auswirkungen unschädlich für Umfeld und Umwelt sind und wo ausreichend Stauraum vorhanden ist.
- Sofern bestimmte Fahrzeugarten bevorrechtigt werden sollen, ist die Zuflussdosierung dort einzurichten, wo diese Fahrzeugarten auf gesonderten Fahrstreifen am restlichen Verkehr vorbeigeführt werden können.

2.5. Erfassung verkehrlicher Einflussgrößen

2.5.1. Allgemeines

Aus den beschriebenen Einflüssen auf die Luftschadstoff-Immissionen können die folgenden verkehrlichen Kenngrößen mit hoher Relevanz für die lokale Immissionsbelastung abgeleitet werden:

- Verkehrsstärke
- Verkehrszusammensetzung
- Flottenzusammensetzung
- Geschwindigkeit
- Qualität des Verkehrsablaufs

Die folgenden Abschnitte geben einen Überblick über den Stand der Forschung und Technik zur direkten Erfassung (Messung) und indirekten Erfassung (Modellierung) dieser Kenngrößen. Entsprechend der Schwerpunktsetzung wird die Erfassung der Verkehrskenngrößen nur für die räumliche Ebene einer Knotenpunktszufahrt betrachtet. Es wird ausschließlich die Kenngrößenerfassung im motorisierten Straßenverkehr betrachtet. Die manuelle Erfassung der Verkehrskenngrößen über Beobachter wird nicht berücksichtigt.

2.5.2. Verkehrsstärke und Verkehrszusammensetzung

Die Verkehrsstärke und die Fahrzeugart (als Grundlage für die Berechnung der Verkehrszusammensetzung) können nach FGSV [2003] mittels Induktionsschleifen-, Radar-, Laser-, Infrarot, Ultraschall-, Magnetfeld-, Piezo- und Videodetektion *direkt erhoben* werden. Lichtschrankendetektoren ermöglichen die Detektion der Verkehrsstärke, nicht jedoch der Fahrzeugart. Die Zuverlässigkeit der Detektion ist im Allgemeinen bei Induktionsschleifen, trotz teils erheblicher Probleme (vgl. LEHNHOFF [2005] und KRAMPE [2006]) am höchsten. Bei den weiteren Detektionstechnologien kann sie stark vom Montageort, von den dortigen Lichtverhältnissen, von Witterungseinflüssen und nicht zuletzt vom Produkt selbst abhängen. Je nach vorhandener EDV-Technik sind die detektierten Daten unmittelbar verfügbar.

Für die untersuchte Fragestellung kann von einer grundsätzlichen Eignung der genannten Detektionstechnologien zur Erfassung der Verkehrsstärke und Verkehrszusammensetzung ausgegangen werden. Hinweise zur erforderlichen Qualität gibt REUSSWIG [2005]. Ausführungen zur tatsächlichen Qualität automatisch erhobener Daten an LSA-gesteuerten Knotenpunkten können beispielsweise LEHNHOFF [2005] entnommen werden.

Eine *indirekte Erfassung* der Verkehrsstärke und der Verkehrszusammensetzung ist mittels Nachfragemodellen möglich. Die Modellierung der Verkehrsnachfrage als Grundlage für ein Verkehrsflussmodell ist für ein übergeordnetes Monitoring und für die netzbezogene Abschätzung der Wirkungen verkehrlicher Maßnahmen relevant, hat jedoch nur untergeordnete Bedeutung für die mikroskopische Betrachtungsebene im hier untersuchten Kontext. Daher sei auf entsprechende Ausführungen wie beispielsweise in LOHSE, LÄTZSCH [2006] oder STEIERWALD [2005] verwiesen.

2.5.3. Flottenzusammensetzung

Die Recherche ergab keine Hinweise zu Möglichkeiten einer *direkten Erfassung* der Schadstoffklasse vorbeifahrender Einzelfahrzeuge. Eine automatisierte Erfassung der Umweltplakette als Hinweis auf die Schadstoffklasse mittels Videoanalysesoftware erscheint derzeit nicht in befriedigender Qualität machbar[16]. Die Erfassung der Schadstoffklasse oder von Hinweisen auf die Schadstoffklasse von Einzelfahrzeugen zu definierten Zeitpunkten an definierten Orten ist folglich nur mittels manueller Erfassung der Umwelt-Plakette oder eine örtliche Befragung denkbar. Die regionale Flottenzusammensetzung lässt sich beim Kraftfahrtbundesamt erfragen. Diese regional festgestellte Größe ist für Untersuchungen an Einzelknotenpunkten jedoch ohne Bedeutung.

Eine *indirekte Erfassung* in Form einer makroskopischen *Modellierung* der Flottenzusammensetzung im Rahmen einer Nachfragemodellierung ist grundsätzlich möglich, wird die Aussagekraft lokaler mikroskopischer Untersuchungen aber nicht erhöhen.

---

[16] BOLTZE ET AL. [2010] geben für korrekt eingestellte Kennzeichenerfassungssysteme eine Erkennungsrate von >85 % an. Die Anforderungen an die Erkennung einer Umweltplakette sind erheblich höher als die Erkennung eines Kennzeichens. Es wird daher davon ausgegangen, dass eine automatische Erfassung technisch (noch) nicht möglich ist.

2.5.4. Geschwindigkeit

Die Geschwindigkeit von Einzelfahrzeugen kann querschnittsbezogen mittels Induktionsschleifen-, Radar-, Laser-, Infrarot-, Ultraschall-, Magnetfeld-, Lichtschranken, Piezo- und Videodetektion *direkt erhoben* werden [FGSV 2003]. Alternativ können Geschwindigkeiten in einer Zufahrt durch Auswertung der Trajektorien von Messfahrzeugen erfasst werden. Für eine zeitlich hochaufgelöste Untersuchung erscheint die Erfassung mit Messfahrzeugen allerdings aus Aufwandsgründen und aufgrund einer etwaigen Verfälschung der vorhandenen Verkehrsnachfrage durch viele zusätzliche Messfahrzeuge nicht praktikabel.

Streckenbezogene Geschwindigkeiten können mittels kamerabasierter Kennzeichenerfassung oder mittels Signaturerkennung[17] erhoben werden. Die Erfassung mittels Kennzeichenerfassung oder Signaturerkennung ist bei entsprechend kleinen Entfernungen zwischen den Kameras oder Detektoren für lokale Zusammenhänge grundsätzlich denkbar. Aussagen zu streckenbezogenen Geschwindigkeiten können ferner aus Überfahrzeitpunkten von Detektoren im Zufluss und Überfahrzeitpunkten von Detektoren im Abfluss abgeleitet werden[18].

Lokale Geschwindigkeiten auf freier Strecke können anhand von Verkehrsstärke und Verkehrsdichte unter Verwendung eines Fundamentaldiagramms *indirekt* bestimmt werden. Dessen Aussagekraft ist für innerörtliche Verkehrssituationen jedoch stark eingeschränkt. Eine Schätzung von querschnitts- oder streckenbezogenen Geschwindigkeiten ist darüber hinaus mit einer mikroskopischen Verkehrsflusssimulation möglich (vgl. „Mikroskopische Modellierung").

2.5.5. Verkehrsablauf

Wartezeit

Die Wartezeit ist nach HBS (FGSV [2005]) die wichtigste Bewertungsgröße für die Qualität des Verkehrsablaufs an lichtsignalgesteuerten Knotenpunktzufahrten. Die Kenngröße beschreibt den Zeitverlust gegenüber einer behinderungsfreien Durchfahrt. Die Wartezeit einzelner Fahrzeuge kann über Messfahrzeuge *direkt erhoben* werden[19]. Für eine hohe Aussagekraft ist auch hier eine hohe Durchdringungsrate mit Messfahrzeugen erforderlich (vgl. Unterabschnitt 2.5.4). Eine „Online-Messung" ist zudem über erfasste Fahrzeugankünfte im Zuflussbereich in Verbindung mit Detektordaten im Abflussbereich möglich.

Gängige Ansätze zur *indirekten Erfassung* von mittleren Wartezeiten sind die Abschätzung nach FGSV [2005] oder nach Highway Capacity Manual (HCM, NATIONAL RESEARCH COUNCIL [2000]),

---

[17] Neben der Verkehrsstärke, der Fahrzeugart und der Geschwindigkeit erlauben Induktionsschleifen anhand ihrer Verstimmungskurve auch die Ermittlung mikroskopischer Einzelfahrzeugdaten, die als Fahrzeugsignatur bezeichnet werden und zur Erkennung von Fahrzeugen an weiteren Messquerschnitten verwendet werden können (Maier, Roth [2008]).

[18] Sofern über Plausibilitätsprüfungen, zum Beispiel anhand der Prozessdaten der LSA, sichergestellt werden kann, dass vereinzelte nicht erfasste Fahrzeuge zu Fehlern führen.

[19] Denkbar ist auch eine kamerabasierte Erfassung - die Recherche ergab jedoch keine praxistauglichen Systeme.

die beide auf dem Ansatz von WEBSTER [1958] für einen stationären Verkehrszustand beruhen. Grundlage für die Abschätzung sind im Wesentlichen die zufließende Verkehrsstärke und die Sättigungsverkehrsstärke, die sich wiederum aus dem Schwerverkehrsanteil und verschiedenen statischen Randbedingungen ergibt. Wartezeiten für instationäre Verkehrszustände können beispielsweise wie in WU [1992] beschrieben, ermittelt werden. Darüber hinaus ist die Erfassung der Wartezeit mit einer mikroskopischen Verkehrsflusssimulation möglich (vgl. „Mikroskopische Modellierung").

Anzahl der Halte

Die Kenngröße Anzahl der Halte beschreibt nach HBS (FGSV [2005]) die Anzahl der Fahrzeuge, die während eines Umlaufs anhalten müssen. Komplementär zu dieser Kenngröße sind die Durchfahrten ohne Halt.

Eine *direkte Erfassung* ist mittels Messfahrzeugen, eine entsprechende Durchdringungsrate vorausgesetzt, möglich[20].

Die *indirekte Erfassung* der durchschnittlichen Anzahl der Halte oder der Durchfahrten ohne Halt ist nach HBS (FGSV [2005]) möglich. Für den Überlastungsfall zeigen BÖTTGER [1990] und BRILON ET AL. [1994] Verfahren zur Ermittlung der Anzahl der Vorrückevorgänge zwischen Stauende und dem Passieren der Haltelinie. Inwieweit die Aussagekraft dieser Verfahren für kurzfristige lokale Zusammenhänge ausreichend ist, kann an dieser Stelle nicht beurteilt werden. Grundsätzlich geeigneter erscheinen Abschätzverfahren, welche eine Abschätzung anhand gemessener Überfahrzeitpunkte von Einzelfahrzeugen im Zu- und Abfluss vornehmen (vgl. REUSSWIG [2005]) oder die Erfassung anhand einer mikroskopischen Verkehrsflusssimulation die mit den entsprechenden Detektoren verknüpft ist (siehe hierzu „Mikroskopische Modellierung").

Fahrzeuge im Stau (Rückstaulänge)

Nach HBS (FGSV [2005]) wird die Anzahl der Fahrzeuge im Stau (Rückstaulänge) in die Rückstaulänge bei Grünende und die Rückstaulänge bei Rotende unterschieden. Allerdings wird aufgrund der recherchierten Zusammenhänge zum Einfluss der Qualität des Verkehrsablaufs davon ausgegangen, dass die Halte oder der Rückstau im unmittelbaren Bereich eines Umwelt-HotSpots *unabhängig* vom jeweiligen Signalisierungszustand relevant sind. Daher wird, obwohl in den gängigen Regelwerken nicht weiter untersucht, der Maximalstau, der der Entfernung des Stauendes von der Haltlinie entspricht, als maßgebend erachtet:

Eine *direkte Erfassung* aller drei Varianten der Rückstaulänge ist über eine momentane kamerabasierte Erfassung oder überschlägig über die Dauerbelegung haltlinienferner Detektoren möglich.

---

[20] Denkbar ist auch eine kamerabasierte Erfassung - die Recherche ergab jedoch keine praxistauglichen Systeme.

- Für die kamerabasierte Erfassung der Rückstaulänge in einem Streckenabschnitt ist die Beobachtung von einem hohen Punkt (Mast) erforderlich. Nach KORDA [2008] wurde diese Erhebungsmethode mit einem mittleren Messfehler von 10 % als praxistauglich bewertet.
- Aus der Dauerbelegung eines haltlinienfernen Detektors ist erkennbar, ob ein Rückstau sich über den entsprechenden Querschnitt hinaus erstreckt. Auf diese Weise ist die Überwachung eines kritischen Bereiches möglich. Durch den Einbau mehrerer Detektoren am Stauraumende kann die Rückstaulänge in einem kritischen Bereich abgeschätzt werden.

Verschiedene Verfahren ermöglichen eine *indirekte Erfassung* des Rückstaus: Nach HBS (FGSV [2005]) kann die mittlere Rücklänge bei Grünende anhand der Verkehrsstärke und der Kapazität der Zufahrt für eine Festzeitsteuerung und zufällige Fahrzeugankünfte abgeschätzt werden. Im Forschungsprojekt MOBINET wurde ein Rückstauschätzer für Maximalstau entwickelt, der die Informationen halteliniennaher Schleifen nutzt und anhand von Signalisierungszuständen auf die Rückstaulänge schließt [MÜCK 2002]. Die Berechnung des Maximalstaus wird darüber hinaus in WU [1996] untersucht und ist alternativ mit einer mikroskopischen Verkehrsflusssimulation möglich (vgl. „Mikroskopische Modellierung").

Sättigungsgrad und Anteil übersättigter Umläufe

Der Sättigungsgrad gibt das Verhältnis von Zufluss zur Kapazität für einzelne Fahrstreifen einer Knotenpunktszufahrt oder für den gesamten Knotenpunkt an. Der Anteil überlasteter Umläufe betrifft die Umläufe, in deren Freigabezeit nicht alle die Zufahrt erreichenden Fahrzeuge abfließen können und die somit einen Rückstau nach Grünende aufweisen. Der Anteil überlasteter Umläufe hängt direkt vom Sättigungsgrad ab. Da der Sättigungsgrad eine analytisch ermittelte Größe ist, erübrigt sich hier die Unterscheidung zwischen direkter und indirekter Erfassung. Grundsätzlich muss zur Berechnung des Sättigungsgrads die Kapazität der Zufahrt bekannt sein. Diese kann entweder rechnerisch auf Grundlage des Schwerverkehrsanteils und weiterer statischer Parameter wie der Längsneigung und dem Abbiegeradius oder analytisch über die Beobachtung während der Spitzenbelastung ermittelt werden. Anschließend können über den Zufluss der Sättigungsgrad und auch der Anteil übersättigter Umläufe ermittelt werden.

Mikroskopische Modellierung verkehrlicher Kenngrößen

Prinzipiell ist eine Kopplung der Detektionseinrichtungen im Zufluss des untersuchten Streckenabschnitts mit der LSA-Steuerung und mit einer mikroskopischen Simulation möglich. Auf Grundlage der „echten" Verkehrsnachfrage und den jeweiligen Schaltzuständen der LSA können die Geschwindigkeit und die verschiedenen Kenngrößen zum Verkehrsablauf modellbasiert erhoben werden.

Mikroskopische Verkehrssimulationen beschreiben den Verkehrsablauf in einem Untersuchungsraum mittels diskreter, stochastischer Verhaltensmodelle auf der Grundlage einzelner Fahrer-Fahrzeug-Einheiten unter Berücksichtigung der verkehrlichen Randbedingungen wie der Fahrstreifenanzahl, Vorfahrtsregelung, Lichtsignalsteuerung etc. Die Berechnung der Verkehrslage erfolgt zeitdiskret, zum Beispiel in Zeitschritten von einer Sekunde. Die Verhaltensmodelle lassen sich nach Fahrzeugfolgemodellen, nach Fahrstreifenwechselmodellen und nach Routenwahlmodellen differenzieren. Das Routenwahlmodell ist als strategisches Verhaltensmodell für die hier betrachtete räumliche Ebene eher von untergeordneter Bedeutung. Das Fahrzeugfolgemodell und das Fahrstreifenwechselmodell können den Verkehrsablauf in einer Knotenpunktzufahrt abbilden (FGSV [2006b]).

Die Fahrzeugfolgemodelle von WIEDEMANN [1974] und von FRITZSCHE [1999], das auf WIEDEMANN [1974] basiert, sind psycho-physische Modelle. Die Modelle unterscheiden zwischen unterschiedlichen Fahrzuständen von „Freies Fahren" bis „maximale Verzögerung" in Abhängigkeit der Wahrnehmung der Geschwindigkeitsdifferenz und dem Abstand zum Vordermann (nach FELLENDORF ET AL. [2001] und FGSV [2006b]). Das Fahrzeugfolgemodell von WIEDEMANN [1974] wird beispielsweise in der Simulationssoftware VISSIM (PTV [2010]) verwendet, das Modell von FRITZSCHE [1999] findet Verwendung im Softwarepaket PARAMICS (QUADSTONE [2010]).

Das Fahrzeugfolgemodell von GIPPS, das über die Simulationssoftware AIMSUN (TSS [2010]) weit, verbreitet ist, gehört zur Gruppe der Collission Avoidance Modelle (CA-Modelle). Es berechnet für einzelne Fahrer-Fahrzeug-Einheiten eine „sichere Beschleunigung", bei der keine Zusammenstöße möglich sind. Bei vorhandenen vorausfahrenden Fahrzeugen errechnet sie sich in Abhängigkeit der Bremsverzögerung und Geschwindigkeit des vorausfahrenden Fahrzeugs sowie der eigenen maximalen Bremsverzögerung und Geschwindigkeit (PANWAI, HUSSEIN [2005]).

Weitere Modellkategorien (nach PANWAI, HUSSEIN [2005]) sind

- Gazis-Herman-Rothery Modelle (GHR-Modelle), die wesentlich von einer angenommenen Reaktionszeit der Fahrer ausgehen und auf Untersuchungen von CHANDLER ET AL. [1958] basieren,
- lineare Modelle als Weiterentwicklung der GHR-Modelle,
- Fuzzy-Logic Modelle, denen ebenfalls die GHR-Modelle zugrunde liegen und in denen die Eingangsgrößen als Fuzzy-Variablen[21] behandelt werden und
- Wunschabstandsmodelle, die den gewünschten Abstand zum vorausfahrenden Fahrzeug in linearer Abhängigkeit der Geschwindigkeit ermitteln.

Daneben ist noch der Modellansatz des Zellularautomaten (zum Beispiel nach NAGEL, SCHRECKENBERG [1992]) verbreitet, der sich allerdings nur ansatzweise den obigen Kategorien zuordnen lässt. Zusätzlich zur Zeitdiskretisierung wird bei den Zellularautomaten eine Streckendiskretisierung vorgenommen. Der Streckenabschnitt wird in Zellen mit der Länge eines (verallgemeinerten) Fahrzeugs eingeteilt, die jeweils von maximal einem Fahrzeug besetzt werden dürfen. Definierte Update-Regeln beschreiben den Wechsel der Fahrzeuge zwischen den Zellen und können theoretisch einen beliebigen der oben beschriebenen Ansätze verwenden.

---

[21] Fuzzy Set: „Eine unscharfe Menge – im Gegensatz zur klassischen Mengenlehre (bei der ein Element nur in einer Menge liegen kann oder nicht, z. B. „kalt" – „warm"). In der unscharfen Mengenlehre gehört ein Element jedoch nur graduell zu einer Fuzzy-Menge (z. B. gehört „lauwarm" zu „warm" und auch etwas zu „kalt"). Die Zugehörigkeit zu solch einem Fuzzy-Set wird durch eine Zugehörigkeistfunktion beschrieben (BOLTZE, FRIEDRICH, BASTIAN [2006]).

Die gängigen Fahrstreifenwechselmodelle wie beispielsweise nach SPARMANN [1978] oder TOLEDO ET AL. [2006] sind primär für den Einsatz außerorts konzipiert. Sie können grundsätzlich auch für innerörtliche Situationen verwendet werden, vernachlässigen dann jedoch einige Einflüsse auf das Fahrstreifenwechselverhalten wie beispielsweise Bushaltestellen und Rückstaulängen vor LSA. BEN-AKIVA ET AL. [2010] und CHOUDHURY, BEN-AKIVA [2010] stellen einen aktuellen Ansatz für ein Fahrstreifenwechselmodell an innerstädtischen Knotenpunkten vor. Hierbei wird ein „Zielfahrstreifen" unter Berücksichtigung der weiteren Route, fahrstreifenspezifischer Attribute und des individuellen Fahrverhaltens gewählt. Der eigentliche Fahrstreifenwechsel hängt vom Zielfahrstreifen aber auch von der Bewegungsfreiheit der Fahrer-Fahrzeug-Einheit ab.

Ein im Jahr 2004 durchgeführter Vergleich von 11 verschiedenen Modellansätzen für zwei Testfelder (freie Strecke und Strecke mit LSA) zeigt in Bezug auf den Vergleich gemessener und modellierter Reisezeiten ähnliche Ergebnisse aller Modelle mit einem durchschnittlichen Validierungsfehler von 17 bis 27 % (BROCKFELD, WAGNER [2004]). Die verbreiteten Ansätze zur Mikrosimulation des Verkehrs erscheinen geeignet, um lokale Zustände des Verkehrsablaufs an lichtsignalgesteuerten Knotenpunkten in einer akzeptablen Qualität abzubilden. Vor der Auswahl einer Mikrosimulation ist dennoch eine vertiefende Untersuchung verschiedener Produkte für die hier bearbeitete Fragestellung empfehlenswert, um sie hinsichtlich der Kriterien Simulationsgüte und Ausführungsgeschwindigkeit[22] vergleichend zu bewerten.

2.6. Erfassung emissions- und immissionsbezogener Kenngrößen

2.6.1. Allgemeines

Die Erfassung von emissions- und/oder immissionsbezogenen Kenngrößen ist für eine Wirkungsabschätzung von Minderungsmaßnahmen unerlässlich.

Die gängigen Verfahren zur Ermittlung emissions- und immissionsbezogener Kenngrößen lassen sich in die in Bild 11 dargestellten Ansätze unterscheiden. So ist eine direkte Erfassung (Messung) von Emissionen und Immissionen möglich – die Abschnitte 2.6.2 und 2.6.4 beschreiben diese. Die Abschnitte 2.6.3 und 2.6.5 geben einen Überblick des derzeitigen Standes zur indirekten Erfassung (Modellierung).

---

[22] Insbesondere für kleine zu simulierende Bereiche oder Streckenabschnitte kann von einer großen Streuung der Simulationsergebnisse ausgegangen werden. Ein plausibles Simulationsergebnis wird daher nur mit mehreren Simulationsläufen erzielt werden können. Sofern dieses Ergebnis in Echtzeit zur Verfügung stehen soll, ist eine Ausführungsgeschwindigkeit in einem Bruchteil der Echtzeit erforderlich.

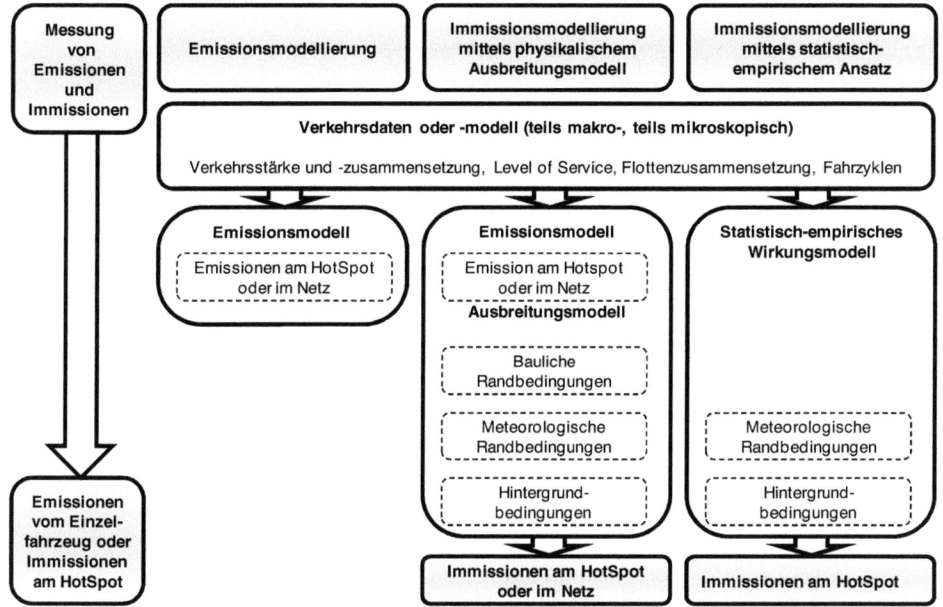

Bild 11: Übersicht gängiger Ansätze zur Ermittlung emissions- und immissionsbezogener Kenngrößen.

2.6.2. Direkte Erfassung (Messung) emissionsbezogener Kenngrößen

Grundsätzlich lassen sich Emissionsmessungen nach Messungen am Motor und nach Messungen am Kraftfahrzeug unterscheiden. Messungen am Motor ermitteln die Schadstoff-Emissionen in Abhängigkeit bestimmter Motorkenngrößen. Messungen am Kraftfahrzeug dienen dazu, die Emissionen in Abhängigkeit des Fahrverhaltens zu ermitteln und stellen die Grundlage für die Überwachung von Emissionsgrenzwerten dar. Das Fahrverhalten wird typischerweise durch verschiedene Fahrprogramme, die ebenso wie Emissionsgrenzwerte nationale Vorgaben darstellen, abgebildet. In Europa ist der NEFZ (neuer Europäischer Fahrzyklus) mit einer Dauer von 20 Minuten vorgeschrieben. Im Rahmen des EU-Projekts ARTEMIS (ANDRÉ [2004]) wurden darüber hinaus Fahrzyklen entwickelt, die reale Fahrbedingungen besser abbilden sollen, die aber noch nicht verbindlich sind. Die Europäischen Emissionsgrenzwerte sind in 70/220/EWG geregelt.

Die Fahrprogramme werden auf Rollenprüfständen nachgebildet während zeitgleich die Schadstoff-Emissionen gemessen werden. In Europa wird die Messung anhand der constant volume sampler (CVS) Methode durchgeführt. Dabei wird das vom Fahrzeug erzeugte Abgas mit gereinigter Umgebungsluft so verdünnt, dass ein konstanter Volumenstrom an Abgas und Luft vorherrscht. Eine Probe dieses Luftstroms wird von kontinuierlichen Messgeräten analysiert. Die Verdünnung dient dazu, den Taupunkt der Abgase zu senken und damit Wasserkondensation zu vermeiden. Die Regelung auf einen konstanten Volumenstrom vermeidet methodische Schwierigkeiten bei sich ändernden Abgasvolumenströmen (BAUMBACH [1994]).

Die Messung nicht-motorbedingter Partikel-Emissionen ist nur unter realen Bedingungen möglich, da hier zusätzlich der Straßenzustand und das Material der Fahrbahnoberfläche eine wesentliche Rolle spielen. In den Untersuchungen von DÜRING, PÖSCHKE, LOHMEYER, [2010] wurden nicht-motorbedingte Partikel-Emissionen mit dem Messfahrzeug SNIFFER bestimmt. Hierbei fand eine Messung von Partikelanzahl und -größenverteilungen zum einen in Fahrtrichtung sowie hinter dem linken Hinterrad statt. Die nicht-motorbedingten PM_{10}-Emissionsfaktoren wurden über eine Transferfunktion bestimmt, die sich aus der Differenz zwischen der PM_{10}-Konzentration am Hinterrad und der $PM_{2,5}$-Konzentration an der Front ergab und in Untersuchungen von PIRJOLA ET AL. [2007] ermittelt wurde.

Partikelmasse- und Anzahlkonzentration

Die Messung der emittierten Partikelmasse wird gravimetrisch durch Wägung eines Filters vor und nach dem Fahrzyklus bestimmt. Die Partikelanzahl wird nach dem UN-ECE GRPE Particle Measurement Programme mit einem Kondensationspartikelzähler (CPC) gemessen. Dem CPC ist eine Verdampfungseinheit vorgeschaltet, die leichtflüchtige Partikelbestandteile kontrolliert verdampft, während diese bei der gravimetrischen Messung zur Messunsicherheit beitragen (BAFU [2006]). Details zur gravimetrischen Messung und zur Messung per CPC können Anhang A1 entnommen werden.

Stickoxidkonzentration

Für die Messung der Stickoxid-Emissionen ist das Chemolumineszenzprinzip vorgeschrieben (2005/78/EG). Details zum Messverfahren können Anhang A1 entnommen werden.

2.6.3. Indirekte Erfassung (Modellierung) emissionsbezogener Kenngrößen

Modelle zur Abschätzung von Emissionen können in makroskopische und mikroskopische Modelle unterschieden werden.

Makroskopische Modelle schätzen motorbedingte Emissionen für stark aggregierte Verkehrszustände ab: Hierfür werden Kombinationen aus durchschnittlichen Geschwindigkeiten, durchschnittlichen Beschleunigungen, Straßenkategorien und weiteren Parametern definiert. Weiterhin werden Durchschnittswerte der Flottenzusammensetzung, des Kaltstartanteils und des Fahrzeugalters (zur Ermittlung der Wirksamkeit von Katalysatoren) berücksichtigt. Die Grundlage für die Emissionen dieser aggregierten Verkehrszustände sind Emissionsmessungen an repräsentativen Fahrzeugen für repräsentative Fahrzyklen. Nach KELLER ET AL. [2004] wird hierfür der Fahrzeugbestand in Fahrzeuggruppen („Schichten") eingeteilt, die ein ähnliches Emissionsverhalten aufweisen. Die wesentlichen Einflussparameter für die Fahrzeuggruppen sind die Fahrzeugart, die Schadstoffklasse, das Kraftstoffkonzept, der Hubraum und die Gewichtsklasse. Für die unterschiedlichen Fahrzeuggruppen werden typische Fahrmuster definiert und diese anschließend auf speziellen Rollenprüfständen nachgebildet, wobei die Fahrzeug-Emissionen gemessen werden. Die Fahrmuster sollen dabei eine repräsentative Kombination von Beschleunigungen und Geschwindigkeiten für unterschiedliche Straßenkategorien und unterschiedliche Qualitäten des Verkehrsablaufs („Verkehrssituationen") darstellen.

Der in Deutschland, Österreich und der Schweiz am weitesten verbreitete Ansatz zur makroskopischen Emissionsabschätzung ist das Handbuch für Emissionsfaktoren HBEFA (INFRAS [2010]). In Europa werden darüber hinaus weitere Emissionsmodelle verwendet: COPERT (Einsatz unter anderem in Italien, Griechenland, Belgien, EUROPÄISCHE UMWELTAGENTUR [2009]) nutzt beispielsweise durchschnittliche Geschwindigkeiten als maßgebende Eingangsgröße. Der Ansatz des TNO2001, der nach SMIT [2006] vor allem in den Niederlanden Verwendung findet, basiert analog zum HBEFA auf definierten Verkehrssituationen. Verbreitet ist außerdem das frei verfügbare MOBILE6-Modell aus den Vereinigten Staaten (U.S. ENVIRONMENTAL PROTECTION AGENCY [2001]).

Die Bestimmung von Emissionsfaktoren als Grundlage für die makroskopischen Emissionsmodelle kann nach DÜRING ET AL. [2004] in zwei gängige Methoden unterschieden werden:

- Bei der NO_X-Tracer-Methode wird davon ausgegangen, dass die Emissionsfaktoren der Tracersubstanz NO_X bekannt sind und dass das Ausbreitungsverhalten von Partikeln dem von NO_X ähnelt. Ferner setzt die Methode eine messtechnische Bestimmung der lokalen verkehrsbedingten Zusatzbelastung mittels Lee-Luv-Messungen an Straßen ohne Randbebauung oder mittels straßenseitiger Messung und Überdachmessung an Straßen mit Randbebauung voraus. Das Verdünnungsverhältnis von errechneter NO_X-Emissionsdichte[23] und gemessener NO_X-Zusatzbelastung wird auf Partikel übertragen. Anhand der gemessenen PM_{10}-Zusatzbelastung, dem Verdünnungsverhältnis und der Verkehrsstärke können schließlich PM_{10}-Emissionsfaktoren abgeleitet werden.
- Bei der Rückrechnung mittels einem Ausbreitungsmodell kann die verkehrsbedingte Zusatzbelastung ebenfalls messtechnisch bestimmt werden. Anschließend wird eine (beliebige) Emissionsdichte vorgegeben und deren Ausbreitung für die erfassten meteorologischen, baulichen und verkehrlichen Randbedingungen modelliert. Die modellierte PM_X-Zusatzbelastung wird dann mit der gemessenen Zusatzbelastung verglichen. Über einen Korrekturfaktor kann die tatsächliche Emissionsdichte, sofern das Ausbreitungsmodell die Ursache-Wirkungs-Verhältnisse korrekt abbildet, abgeleitet werden.

Darüber hinaus erwähnen DÜRING ET AL. [2004] einen weiteren Ansatz, der auf der Massenbilanzierung in einem Tunnel basiert, jedoch in der Untersuchung nicht weiter betrachtet wird.

Mikroskopische Modelle berücksichtigen das Fahrverhalten von Einzelfahrzeugen; es werden folglich für jedes Fahrzeug in vorgegebenen Zeitschritten die motorbedingten Emissionen in Abhängigkeit der aktuellen Geschwindigkeit, Beschleunigung, Fahrzeugmasse, Schadstoffklasse, Hubraum, Motortemperatur usw. ermittelt (VORTISCH [2009]). Im Gegensatz zu den makroskopischen Modellen müssen die Emissionen hier nicht auf Grundlage aggregierter und abstrakter Kombinationen definierter Verkehrssituationen ermittelt werden, sondern können durch

---

[23] Unter Emissionsdichte wird in DÜRING ET AL. [2004] die Summe der verkehrsbedingten Emissionen verstanden.

die Verknüpfung von Emissionskennfeldern[24] mit den genannten statischen und dynamischen Größen ermittelt werden. Eine wesentliche Voraussetzung für den Einsatz eines mikroskopischen Emissionsmodells ist die Verknüpfung zu einem mikroskopischen Verkehrsflussmodell und je nach berücksichtigten Parametern auch die Verknüpfung mit einem Gangwahlmodell. Im Rahmen einer produktbezogenen Recherche erscheint eine scharfe Trennung zwischen Verkehrsflussmodell und Emissionsmodell jedoch schwierig.

Die obigen Darstellungen zur makroskopischen und mikroskopischen Emissionsmodellierung beziehen sich auf die Abschätzung motorbedingter Emissionen. Bei den nicht-motorbedingten Partikel-Emissionen bestehen noch erhebliche Wissenslücken. Im Deutschsprachigen Raum werden derzeit abgeleitete Emissionsfaktoren nach DÜRING ET AL. [2004] in Abhängigkeit von Fahrbahnoberfläche, Fahrbahnzustand und Verkehrssituation angesetzt. Untersuchungen in DÜRING ET AL. [2008] haben für einen Wechsel von gutem zu schlechtem Fahrbahnzustand allerdings eine enorme Bandbreite festgestellt (vgl. Unterabschnitt 2.3.1.3). Das Schwedische SMHI Modell berücksichtigt Emissionsfaktoren für Reifen-, Brems- und Straßenabrieb in Abhängigkeit der Feuchte, einer Grund-Staubladung der Straße und der Jahreszeit (KETZEL ET AL. [2005]). Das Dänische Modell ermittelt nicht-motorbedingte Partikel-Emissionen analog zum Europäischen Emissionsinventar (EUROPÄISCHE UMWELTAGENTUR [2009]) in Abhängigkeit der Fahrzeuggeschwindigkeit. Nach KETZEL ET AL. [2005] sind die Unterschiede zwischen den einzelnen Emissionsfaktoren ebenso wie die Abweichungen zu gemessenen Werten teils sehr hoch.

2.6.4. Direkte Erfassung (Messung) immissionsbezogener Kenngrößen

2.6.4.1. Allgemeines

Verfahren zur direkten Erfassung von Immissionen, die zur Überwachung der Luftqualität geeignet sind, müssen gemäß 39. BIMSCHV mindestens den Anforderungen des Leitfadens „Guide to the Expression of Uncertainty in Measurement" ENV 13005-1999, der Methodik nach ISO 5725:1994 und des CEN Berichts „Air Quality – Approach to Uncertainty Estimation for Ambient Air Reference Measurement Methods" CR 14377:2002E genügen. Beurteilt werden nach EICKELPASCH, EICKELPASCH [2004] unter anderem Parameter wie der Messbereich, die Nachweisgrenze, die Reproduzierbarkeit und die Temperaturabhängigkeit. Die Gesamtmessunsicherheit muss dabei den Anforderungen an die Datenqualität der EU-Tochterrichtlinien genügen (vgl. 2.2).

Im Folgenden wird ein Überblick über gängige Immissionsmessverfahren und ihre Eignung für die hier durchgeführte Untersuchung gegeben. Die Eignung wird in diesem Zusammenhang lediglich anhand der zeitlichen Auflösung der Datenerfassung bewertet. Da ein Großteil der dargestellten Messverfahren eignungsgeprüft ist und eine Alternative zu Referenzmessverfahren darstellt, wird die gesonderte Bewertung entsprechender Parameter zur Güte der Messung in diesem Kontext nicht als erforderlich angesehen. Insbesondere im Bereich der Partikelanalyse existieren noch eine Reihe

---

[24] Gegenstand von Emissionskennfeldern sind nach VAN BASSHUYSEN [2007] die Rohemissionen und/oder die Emission hinter dem Katalysator der gesetzlich geregelten Schadstoffe. Die Emissionskennfelder beschreiben die Emissionen in Abhängigkeit bestimmter operativer Parameter wie der Drehzahl oder dem Luft-Kraftstoff-Verhältnis.

weiterer Verfahren, beispielsweise die Rasterelektronenmikroskopie, die Transmissionselektronenmikroskopie, die Atomkraftmikroskopie oder die Massenspektrometrie zur Untersuchung von Größenverteilung, Morphologie und chemischer Zusammensetzung von Partikeln. Diese Verfahren dienen jedoch meist der off-line Einzelpartikelanalyse und sind für den Untersuchungsschwerpunkt nicht von Bedeutung.

2.6.4.2. Partikelmassenkonzentration

Die Partikelmassenkonzentration kann direkt mittels Gravimetrie, Betastrahlenabsorption, der Schwingungsmessung eines staubbeladenen Filters (TEOM) und indirekt mittels Streulichtmessung gemessen werden.

Die *Gravimetrie* ist nach 39. BIMSCHV das Referenzverfahren zur Messung der PM_{10}-Massenkonzentration sowie die vorläufige Referenzmethode für die $PM_{2,5}$-Massenkonzentration. Die Gravimetrie gehört zu den diskontinuierlichen Messverfahren; verfahrensbedingt ergeben sich nach EICKELPASCH, EICKELPASCH [2004] bei den alternativen (kontinuierlichen) Verfahren Minderbefunde im Vergleich zur gravimetrischen Methode, die mittels Korrekturfaktoren angepasst werden müssen. Aufgrund der groben zeitlichen Auflösung eignet sich das gravimetrische Verfahren primär zur Kontrolle alternativer Messverfahren, nicht jedoch für eine tages- oder stundenaktuelle Information über die Luftqualität und damit eher weniger für Aussagen zu der hier untersuchten Fragestellung.

Die *Betastrahlenabsorption* und *TEOM* sind nach EICKELPASCH, EICKELPASCH [2004] geeignete Alternativen zum gravimetrischen Referenzverfahren. Beide Messverfahren arbeiten kontinuierlich, ermöglichen eine hohe zeitliche Auflösung von deutlich unter 15 Minuten (BUNDESAMT FÜR UMWELT [2009]; GAEGAUF, SATTLER [2007]) und sind somit grundsätzlich geeignet für die hier untersuchte Fragestellung.

Die *Streulichtmessung* ermöglicht eine Ableitung der Partikelmassenkonzentration anhand der gemessenen Partikelanzahl, des Partikeldurchmessers sowie anhand empirischer Dichtefaktoren. Auch dieses Messverfahren erfüllt bei Berücksichtigung laborspezifischer Korrekturfaktoren die Anforderungen an die EU-Datenqualitätsziele (BEIER ET AL. [2005]). Das Verfahren ermöglicht eine hohe zeitliche Auflösung in einer Größenordnung weniger Sekunden (GRIMM AEROSOL TECHNIK [2008]) und erscheint somit gut geeignet für die hier betrachtete Fragestellung.

Weitere Details zu den Messverfahren können Anhang A1 entnommen werden.

2.6.4.3. Partikelanzahlkonzentration und Größenverteilung

Zur Überwachung der Partikelanzahlkonzentration und insbesondere zur größendifferenzierten Überwachung der Partikelanzahl wurden bislang keine verbindlichen Rechtsvorschriften erlassen. Gängige Verfahren zur Messung der Partikelanzahlkonzentration sind die Kondensationspartikelzählung und die Partikelzählung nach dem Streulichtprinzip.

Mit einem *Kondensationspartikelzähler (CPC)* kann die Anzahlkonzentration von Partikeln im Größenbereich weniger Nanometer bis ca. 30 µm gemessen werden. CPC erfassen die für die Fragestellung relevanten Kenngrößen mit einer unmittelbaren Verfügbarkeit.

Mittels *Streulichtmessung* kann die Anzahlkonzentration von PM_{10}, $PM_{2,5}$ und PM_1 für Partikel größer 0,25 µm gemessen bei unmittelbarer Verfügbarkeit und hoher zeitlicher Auflösung im Bereich weniger Sekunden gemessen werden.

Weitere Details zu den Messverfahren können Anhang A1 entnommen werden.

2.6.4.4. Stickoxidkonzentration

Die Chemolumineszenzmessung ist nach 39. BIMSCHV das Referenzverfahren zur Messung der Stickoxidkonzentration. Das Verfahren ermöglicht eine zeitlich hochaufgelöste Erfassung bei unmittelbarer Datenverfügbarkeit. Details zum Chemolumineszenzverfahren können Anhang A1 entnommen werden.

Darüber hinaus kann die optische Fernmessung zur Messung der Stickoxidkonzentration eingesetzt werden. Allerdings liegt dieses Verfahren nach EICKELPASCH, EICKELPASCH [2004] näher an der Emissionsmessung als an der Immissionsmessung und wird hier nicht weiter berücksichtigt.

2.6.5. Indirekte Erfassung (Modellierung) immissionsbezogener Kenngrößen

Lokale Immissionen können mittels Ausbreitungsmodellen oder mittels empirisch-statistischen Modellen abgeschätzt werden. Ausbreitungsmodelle versuchen, die räumliche und zeitliche Ausbreitung der Emissionen aus unterschiedlichen Quellen physikalisch korrekt abzubilden. Empirisch-statistische Modelle versuchen, lokal gültige Ursache-Wirkungs-Zusammenhänge zwischen unterschiedlichen Einflussgrößen und Immissionen zur Erklärung oder zur Prognose von Immissionen zu verwenden.

Ausbreitungsmodelle

Aufgrund der grundsätzlich gewährleisteten räumlichen Übertragbarkeit sind Ausbreitungsmodelle weiter verbreitet als empirisch-statistische Modelle. Ausbreitungsmodelle lassen sich in Screening-Modelle und in mikroskalige Modelle unterscheiden.

Screening-Modelle haben ihren Anwendungsbereich in ersten Grobabschätzungen der Immissionskonzentration. Aggregierte Eingangsgrößen wie beispielsweise durchschnittliche Verkehrsstärken, Staulängen, die Bebauungsdichte und die Windgeschwindigkeit werden verwendet, um überschlägig Jahresmittelwerte und das 98. Perzentil der Schadstoffbelastung[25] in bestimmten Straßenzügen zu ermitteln (HLUG [2009]). Grundlage für die Berechnung der Schadstoffbelastung ist eine Datenbank mit Ergebnissen aus mikroskaligen Modellen, die für typische Anwendungsfälle verallgemeinert wurden (VAN DER PUETTEN [2006]). Nach 39. BIMSCHV

---

[25] Als Indiz für das Überschreitungsrisiko des Tagesgrenzwertes.

wird für Screening-Modelle eine Unsicherheit von 75 % für NO_2 und NO_X sowie von 100 % für PM_{10} toleriert.

Bei höheren Anforderungen an die Richtigkeit der Modellergebnisse sind *mikroskalige Modelle* für innerstädtische Bereiche und Straßenschluchten erforderlich. Diese können den Einfluss mehrerer Straßen auf einen Untersuchungspunkt, örtliche Windstatistiken, Inversionshäufigkeiten etc. berücksichtigen. Mikroskalige Modelle lassen sich grob nach dem verwendeten Ausbreitungsmodell gliedern. Aus diesem ergeben sich meist weitere Eigenschaften wie die benötigte Rechenzeit und die erforderliche bzw. mögliche Komplexität sowie zeitliche Auflösung. Details zu den mathematischen Ansätzen der Ausbreitungsmodellierung können Anhang A2 entnommen werden.

Die Unsicherheit mikroskaliger Modelle darf nach 39. BIMSCHV je nach zeitlicher Auflösung 30 % bis 50 % betragen. Tabelle 4 zeigt einen Auszug einer Recherche zur erreichbaren Modellierungsgüte von im europäischen Markt verfügbaren Produkten mit mikroskaligen Modellen:

Quelle	Produkt	Ausbreitungs modell	Modellgebiet	Modellierter Schadstoff	Prozentuale Abweichung oder Bestimmtheits- maß
RÖCKLE ET AL. [1998]	ABC	Lagrange	Fiktives Testfeld (Windkanal- modell)	Gasförmiger Schadstoff- JM	R^2=0,69
	AIRPOL	Lagrange			R^2=0,67
	ASMUS	Lagrange			R^2=0,66
	DASIM	Lagrange			R^2=0,71
	IBS	Gauß			R^2=0,66
	LASAT	Lagrange			R^2=0,62
	MISKAM	CFD			R^2=0,62
	MUKLIMO				R^2=0,61
BÄCHLIN ET AL. [2003]	MISKAM	CFD	Göttinger Str. Hannover	PM_{10}-MM	+8 % bis +35 %, +20 bis +45 %
				PM_{10}-8-MM	+20 % bis +45 %
				NO_X-MM	-30 % bis +10 %
				NO_X-8-MM	-31 % bis +10 %
CYRIS ET AL. [2005]	IMMIS$_{net}$	Gauß	München	NO_2-JM	40 %
DÜRING [2007]	MISKAM	CFD	Berliner Str., Nauen	PM_{10}-JM	u. d. N.
				NO_X-JM	u. d. N. bis 14 %
			Lützener Str., Leipzig	PM_{10}-4MM	u. d. N.
				NO_X-4MM	5 %
DIEGMANN, GÄßLER, PFÄFFLIN [2009]	IMMIS$_{MT}$	Box	Leipziger Str., Berlin	NO_X-SM	R^2=0,56
				PM_{10}-SM	R^2=0,70
DIEGMANN ET AL. [2009]	CPB	CPB	Frankfurter Allee, Berlin	NO_X-JM	-3 %
	LASAT	Lagrange			+7 %
	MISKAM	CFD			+8 %
CHEN ET. AL. [2009]	CALINE4	Gauß	Sacramento, USA	$PM_{2,5}$-SM	R^2=0,94
	CAL3QHC				R^2=0,90
	AERMOD				R^2=0,79

Tabelle 4: Bewertende Analysen zu Ausbreitungsmodellen (mit: CFD: Computational Fluid Dynamics; CPB: Canyon Plume Box Modell; SM: Stundenmittelwert; MM: Monatsmittelwert; JM: Jahresmittelwert; u. d. N.: unterhalb der Nachweisgrenze).

Häufig wird eine mangelhafte Datenqualität der Eingangsgrößen als Grund für die hohe Unsicherheit modellierter Immissionen genannt (SCHÄDLER ET AL. [1999], AHRENS [2003], FRIEDRICH ET AL. [2001]). BÄCHLIN ET AL. [2000] haben in einem Ringversuch verschiedene Modelle (insgesamt 14) verschiedener Institutionen auf Grundlage derselben Datenbasis, jedoch bei Anwendung durch unterschiedliche Mitarbeiter der Institutionen, verglichen. Ein Ziel des Projekts war es, die Auswirkungen einer subjektiven Komponente bei der Durchführung von Immissionsprognosen, zum Beispiel wenn die vorhandene Datenlage nicht exakt vom Modell geforderten Eingangsgrößen zugeordnet werden kann, zu bewerten. Ein weiteres Ziel war das Aufzeigen einer Bandbreite der Ergebnisse unterschiedlicher Modelle für denselben Testfall. Für NO_X-Jahresmittelwerte wurde eine Standardabweichung der Modellierungsergebnisse von 17 % der mittleren modellierten Belastung festgestellt. PM_{10}-Werte wurden nicht betrachtet.

Empirisch-statistische Modelle

Als empirisch-statistische Modelle werden solche Modelle verstanden, die sich nicht a priori auf physikalisch korrekte Wirkungszusammenhänge stützen, sondern stattdessen versuchen, lokal gültige Wirkungszusammenhänge aus gemessenen Immissionen und gemessenen Einflüsse auf die Immissionen abzuleiten. Die Regressionsanalyse ist ein weit verbreiteter Ansatz zur quantitativen multivariaten Zusammenhangsanalyse. Entsprechend können auch sämtliche recherchierten empirisch-statistischen Modelle der Regressionsanalyse zugeordnet werden. Die Ansätze können aus Sicht des Verfassers nach folgenden Merkmalen klassifiziert werden:

- Lineare und nicht-lineare Regressionsanalyse,
- parametrische und nicht-parametrische Regressionsanalyse,
- Regressionsanalyse mit und ohne autoregressive Komponente,
- Neuronale Netze als Sonderfall einer verallgemeinerten nicht-linearen Regressionsanalyse.

Tabelle 5 zeigt einen Auszug der recherchierten Untersuchungen, die den empirisch-statistischen Modellen zugeordnet werden können (vgl. Anhang A2 für detaillierte Angaben).

Quelle	Mathematischer Ansatz	Modellgebiet	Modellierter Schadstoff	Bestimmtheitsmaß
SHI, HARRISON [1997]	linear parametrisch	Sechs Messstellen in London (England)	NO_2-SM	R^2=0,67
	linear parametrisch mit autoregressiver Komponente		NO_X-SM	R^2=0,92
KUKKONEN ET AL. [2003]	Neuronales Netz	Zwei Messstellen in Helsinki (Finnland)	PM_{10}-SM	R^2= 0,42
			NO_2-SM	R^2= 0,70
ALDRIN, HAFF [2005]	nicht-linear nicht-parametrisch ohne autoregressive Komponente	Vier Städte in Norwegen	PM_{10}-SM	R^2= 0,48 bis 0,72
			$PM_{2,5}$-SM	R^2= 0,55 bis 0,65
			$PM_{10\text{-}2,5}$-SM	R^2= 0,61 bis 0,76
			NO_2-SM	R^2= 0,59 bis 0,77
			NO_X-SM	R^2= 0,64 bis 0,80
ANKE ET AL. [2004]	MPCA & linear parametrisch	Eine Messstelle an der BAB A5	PM_{10}-0,5SM	„unbefriedigend"
			NO_2-0,5SM	„unbefriedigend"
CORANI [2005]	Neuronales Netz	Mailand (Italien)	PM_{10}-TM	R^2= 0,81
CYRIS ET AL. [2005]	linear parametrisch	40 Messstellen in München	NO_2-JM	R^2=0,62
			$PM_{2,5}$-JM	R^2=0,56
GRIVAS, CHALOULAKOU [2006]	Neuronales Netz	Vier Messstellen in Athen (Griechenland)	PM_{10}-SM	R^2= 0,49 bis 0,67
BERTACCINI, DUKIC, IGNACOLLO [2009]	nicht-linear nicht-parametrisch ohne autoregressive Komponente	Sieben Messstellen in Turin (Italien)	PM_{10}-SM	BIC=
			NO_2-SM	„R^2 > 0,80"
			NO_X-SM	„R^2 > 0,80"
HRUST ET AL. [2009]	Neuronales Netz	Zagreb (Kroatien)	PM_{10}-SM	R^2= 0,72
			NO_2-SM	R^2= 0,87
LIU [2009]	MPCA & linear parametrisch mit autoregressiver Komponente	Ta-Liao (Taiwan)	PM_{10}-TM	R^2=0,88
			PM_{10}-SM	R^2=0,70

Tabelle 5: Recherchierte statistisch-empirische Modelle mit MCPA: Multiple Principal Component Analysis, SM: Stundenmittelwert, TM Tagesmittelwert, BIC: Bayessches Informationskriterium.

2.7. Zwischenfazit

Die Literaturrecherche zeigt mehrere Aspekte auf, welche die Quantifizierung der Wirkungen des lokalen Straßenverkehrs auf die Partikel- und Stickoxid-Immissionen erschweren.

Dies betrifft zum einen die *physikalisch-chemischen Eigenschaften* der Immissionskenngrößen:

- Niedriger Anteil der primären motorbedingten Partikel-Emissionen an der gesetzlich vorgegebenen Immissionsmessgröße PM_{10}-Massenkonzentration:
  Es ist fraglich, ob die Effekte kurzfristiger lokaler PM_{10}-Minderungsmaßnahmen oberhalb der Messbarkeitsgrenze der verfügbaren Immissionsmesstechnik liegen.
- Lange atmosphärische Verweilzeit der sekundär gebildeten motorbedingten Partikel:
  Die Ursache in Form von emissionsminimierenden Maßnahmen und die messbare Wirkung sind damit zeitlich erheblich zueinander verschoben.
- Komplexe Zusammenhänge bei den nicht-motorbedingten Partikel-Emissionen:
  Der Anteil der nicht-motorbedingten Partikel-Emissionen an der PM_{10}-Massenkonzentration liegt in einer ähnlichen Größenordnung wie die motorbedingten Partikel-Emissionen. Positive Effekte wie die Minderung des Straßen-, Brems- und Kupplungsabriebs infolge verbesserter Koordinierung und negative Effekte wie die Wiederaufwirbelung von Partikeln durch größere fahrzeuginduzierte Turbulenz bei vermehrten Durchfahrten ohne Halt, können sich gegenseitig aufheben.
- Komplexe Bildungs- und Abbaureaktionen der Stickstoffoxide:
  Die Quantifizierung der Wirkungen von Maßnahmen zur Reduzierung der NO_2-Immissionen wird durch die Bildungs- und Abbaureaktionen in Abhängigkeit weiterer vorhandener Reagenzien und der Sonneneinstrahlung erschwert.

Zum anderen erschweren die *Vielzahl an Einflussfaktoren* auf die PM_X- und NO_X-Immissionskonzentration, die *Wechselwirkungen zwischen den Einflussfaktoren* sowie die teils vorhandene *saisonale Abhängigkeit der Einflüsse* die isolierte Bewertung der Wirkungen einzelner verkehrlicher Kenngrößen.

In Unterkapitel 1.1 wurde dargelegt, dass eine Modellkomponente zur isolierten Wirkungsermittlung einzelner Einflussgrößen zwingend erforderlich ist. Die recherchierten Modellierungsansätze betreffen Luftschadstoff-Emissionen und -Immissionen. Rein emissionsbezogene Ansätze ermöglichen zwar eine isolierte Betrachtung verkehrlicher Emissionen, dafür besitzen sie aus Sicht der rechtlich vorgegebenen Immissionsgrenzwerte eine erheblich *eingeschränkte Aussagekraft*. Immissionsmodelle mit physikalisch korrektem Ausbreitungsmodell sind grundsätzlich allgemeingültig und räumlich übertragbar, weisen aber häufig *nicht die erforderliche Richtigkeit* für eine präzise Wirkungsermittlung von Maßnahmen der Verkehrssteuerung auf. Statistisch-empirische Immissionsmodelle besitzen *nur lokale Gültigkeit* und sind intensiv auf fachliche Plausibilität zu prüfen, zeigen für die modellierten Randbedingungen jedoch meist eine hohe Erklärungs- und Prognosegüte.

In den recherchierten Ansätzen zur Immissionsmodellierung werden die verkehrsbezogenen Einflüsse häufig anhand von einfach erfassbaren, vermutlich aber *nur bedingt relevanten*

Kenngrößen wie der Gesamtverkehrsstärke abgeschätzt. Sofern die Qualität des Verkehrsablaufs mit einbezogen wird, dann nur selten in Form gängiger Kenngrößen, wie zum Beispiel im HBS (FGSV [2005]) definiert. Allerdings zeigt die Recherche auch, dass die Erfassung dieser Kenngrößen in hoher Qualität auf mikroskopischer Ebene schwierig ist: Eine direkte Erfassung ist nur mit vergleichsweise aufwändiger Detektionsinfrastruktur möglich; für eine indirekte Erfassung in hoher Güte sind verschiedene technische Randbedingungen (zum Beispiel Vorgaben an Detektorstandorte) zu erfüllen; für die vereinfachte indirekte Ermittlung (beispielsweise nach HBS (FGSV [2005]) lassen sich deutliche Abweichungen zu gemessenen Werten feststellen (vgl. ECKHARDT [2009]).

Ein Großteil der recherchierten Ansätze zur Wirkungsermittlung *verwendet zeitlich stark aggregierte Daten als Eingangsgrößen*. Zumindest für die verkehrlichen Kenngrößen und für einzelne meteorologische Kenngrößen wird davon ausgegangen, dass eine höhere zeitliche Auflösung für die Wirkungsermittlung und die Modellierung von Wirkungen von Vorteil ist. Zeitlich höher aufgelöste Daten werden im Wesentlichen bei Untersuchungen verwendet, die auf Messfahrten beruhen, bei denen räumliche Schadstoffkonzentrationsprofile ermittelt werden (beispielsweise bei KUTTLER, WACKER [2001]; BUKOWIECKI ET AL. [2002]; DÜRING, PÖSCHKE, LOHMEYER [2010]). Bei „stationären" Immissionsmodellierungen ist der Einsatz hochaufgelöster Daten die Ausnahme.

3. Verfahrensentwicklung

3.1. Überblick

Nachfolgend wird ein neuer Ansatz entwickelt, der zur Reduzierung bestehender Unsicherheiten in der Quantifizierung verschiedener (verkehrlicher) Wirkungen auf gemessene Luftschadstoff-Immisionen beitragen soll. Ausgehend von den im Unterkapitel 2.7 dargestellten Wissenslücken und Schwierigkeiten bei der Wirkungsermittlung weist das neue Verfahren folgende Eigenschaften auf:

- Differenzierte und direkte Erfassung lokaler Verkehrskenngrößen.
- Zeitlich hochaufgelöste Erfassung und Auswertung lokaler Einflussgrößen und Immissionskenngrößen.
- Anwendung eines statistisch-empirischen Ansatzes für eine möglichst präzise Wirkungsermittlung.
- Berücksichtigung eines möglichen zeitlichen Versatzes zwischen Einflussgrößen und Immissionskenngrößen.
- Die Bewertung der stickoxidbezogenen Wirkungen als Summe aus NO- und NO_2-Konzentration (=NO_X-Konzentration).
- Berücksichtigung von Zielkonflikten infolge einer verbesserten Koordinierung bei der Interpretation der Ergebnisse.

Bei der Untersuchung der lokalen Immissionen am HotSpot werden zwei zeitliche Ebenen unterschieden, indem eine frequenzdifferenzierte Untersuchung der zeitlichen Variationen der erhobenen Zeitreihen[26] durchgeführt wird:

1. Zum einen werden Wirkungszusammenhänge untersucht, die sich aus *Änderungen im Tagesgang einzelner Verkehrskenngrößen* ergeben. Hier werden vor allem tageszeit- und wochentagbedingte Schwankungen der Verkehrsnachfrage und der Qualität des Verkehrsablaufs untersucht. Die tagesgangbezogenen Untersuchungen werden im Folgenden mit dem Attribut „*niederfrequent*" versehen.
2. Zum anderen werden Wirkungszusammenhänge untersucht, die *kurzzeitige Schwankungen von Verkehrskenngrößen im einzelnen Umlauf*, unabhängig vom Tagesgang, betreffen. Der praktische Nutzen der Kenntnis solcher kurzzeitiger Wirkungszusammenhänge kann in Maßnahmen wie beispielsweise einer gezielten Grünzeitverlängerung für Fahrzeug¬pulks zur Vermeidung von einzelnen Immissionsspitzenbelastungen resultieren. Die Untersuchungen der kurzzeitigen Zusammenhänge werden im Folgenden als „*hochfrequent*" bezeichnet.

Bild 12 veranschaulicht die beiden Betrachtungsebenen.

---

[26] Eine Folge von zeitlich geordneten Beobachtungen eines auf mindestens Intervallskalenniveau gemessenen Merkmals (VOß [2004]).

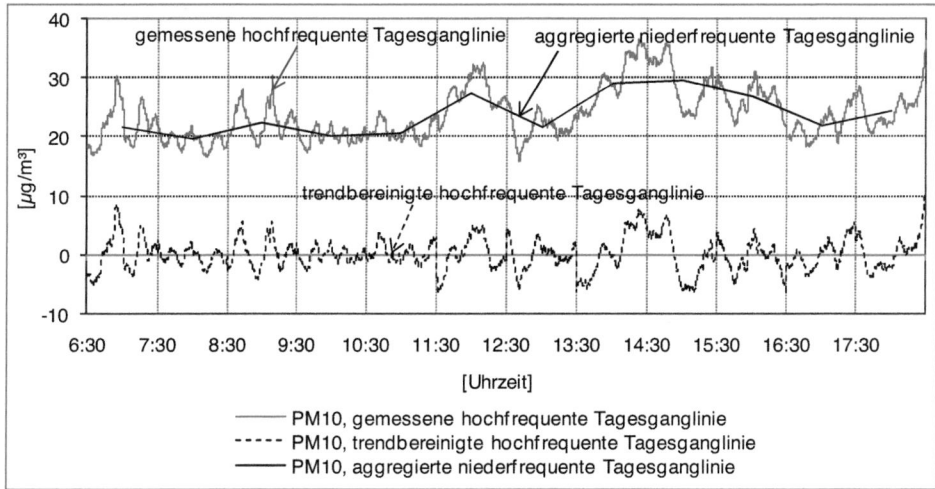

Bild 12: Tagesgang der PM_{10}-Konzentration in einer LSA-gesteuerten Knotenpunktszufahrt, dargestellt als aggregierte niederfrequente, als hochfrequente, und als trendbereinigte hochfrequente Tagesganglinie.

Aus der Literaturrecherche in Unterkapitel 0 wird deutlich, dass die lokale Immissionskonzentration von baulichen, verkehrlichen und meteorologischen Kenngrößen abhängt. Bei der Entwicklung eines lokal gültigen Erklärungsmodells können bauliche Einflussgrößen vernachlässigt werden, da diese sich während des Untersuchungszeitraums nicht ändern. Für die Untersuchung der niederfrequenten Komponente der Immissionsbelastung sind sämtliche weiteren verkehrlichen und meteorologischen Einflussfaktoren zu berücksichtigen. Für die hochfrequente Komponente der Immissionsbelastung wird von der Annahme ausgegangen, dass sie wesentlich von den Einflussgrößen mit hoher Änderungsrate[27] bestimmt wird. Es wird weiter davon ausgegangen, dass diesen Einflussgrößen die Windrichtung, die Windgeschwindigkeit und verkehrliche Kenngrößen zugeordnet werden können.

Bild 13 zeigt die wesentlichen Arbeitsschritte und Elemente des entwickelten Verfahrens zur Wirkungsermittlung.

---

[27] Die Änderungsrate oder Wachstumsrate ist nach Voß [2004] „der Quotient aus der Veränderung des Beobachtungswertes eines Merkmals zwischen zwei Zeitpunkten und dem Ausgangswert des Merkmals". Für den gegebenen Fall wird die Änderungsrate aus der Summe der Beträge der Änderungen Δy zwischen zwei Zeitpunkten relativ zum Mittelwert der Zeitreihe ermittelt ($r = \frac{\sum |\Delta y|}{\bar{y}}$).

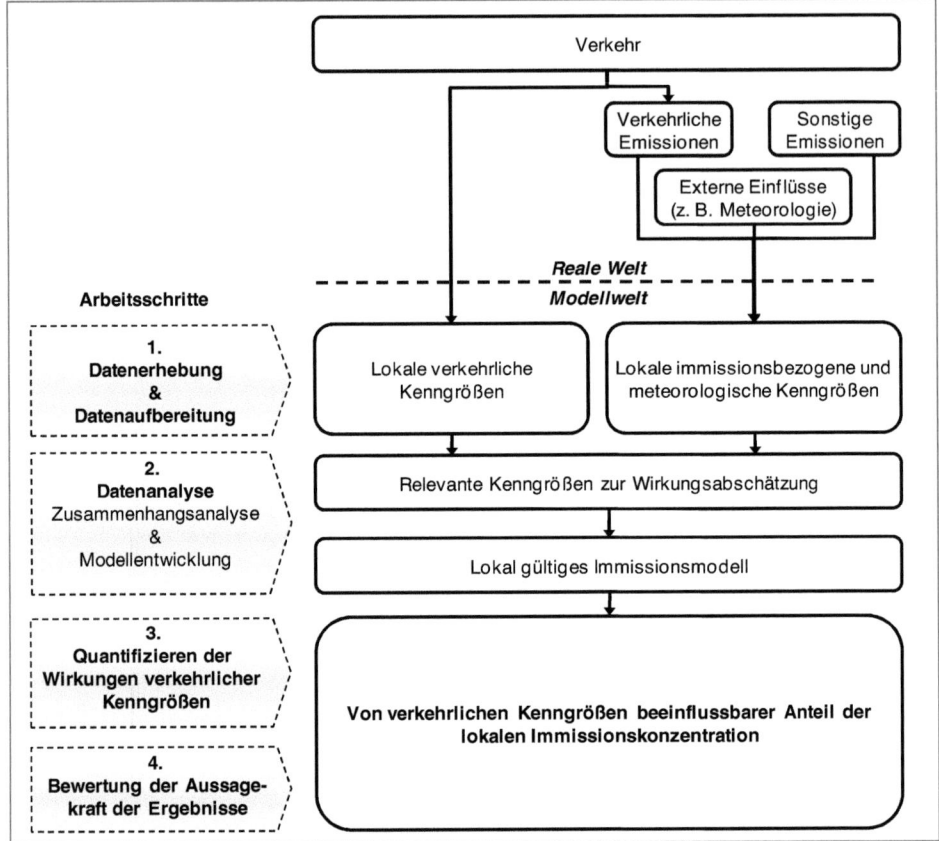

Bild 13: Arbeitsschritte und Elemente des entwickelten Verfahrens zur Wirkungsermittlung.

Die einzelnen Arbeitsschritte werden detailliert in den folgenden Abschnitten beschrieben.

3.2. Datenerhebung und Datenaufbereitung

3.2.1. Verwendete Messtechnik

Zur Messung der PM_{10} und $PM_{2,5}$-Konzentration werden optische Partikelzähler der Firma Grimm, Typ Grimm OPC 107, eingesetzt. Die Geräte leiten aus der gemessenen Partikelanzahl und dem Partikeldurchmesser sowie aus empirischen Dichtefaktoren die Massenkonzentration von PM_{10}, $PM_{2,5}$ und PM_1 ab. Diese Abschätzung erfüllt die in der 39. BIMSCHV geforderte Genauigkeit, so dass sie als Alternative zum Referenzverfahren zugelassen sind. Nach Herstellerangaben wird eine Reproduzierbarkeit der Messwerte von ± 3 % im gesamten Messbereich erreicht (GRIMM AEROSOL TECHNIK [2008]). Die Datenerfassung ist mit einer zeitlichen Auflösung von 6 Sekunden möglich. Die untere Grenze des Erfassungsbereichs liegt bei einem Partikeldurchmesser von 0,25 µm.

Die Geräte werden in wetterfesten Grimm-Gehäusen betrieben. Ein Impaktor mit eingebauter Lufttrocknung dient der Probenahme. Die Lufttrocknung schaltet sich in Abhängigkeit von der relativen Luftfeuchte ein- und aus (der Schwellenwert liegt nach Auskunft der Firma Grimm bei 65 %). Die Probenahme erfolgt in ca. 1,5 m Höhe.

Zur Messung der NO_X, NO und NO_2-Konzentration werden Stickoxidmonitore vom Typ Horiba APNA370 eingesetzt, die nach dem Chemolumineszenzprinzip arbeiten. Vom Hersteller wird eine Reproduzierbarkeit von ± 1 % angegeben (HORIBA EUROPE GMBH [2010]). Die Messung ist mit dem verwendeten Gerät in einer zeitlichen Auflösung von fünf Sekunden möglich. Zur Probenahme wird ein Teflonschlauch mit einem Ansaugende in 1,5 m Höhe verwendet. Die Messgeräte werden vor jedem Messzeitraum von der Firma Horiba kalibriert.

Zur Messung der lokalen meteorologischen Kenngrößen werden die Wettersensoren des Grimm-Wetterschutzgehäuses eingesetzt. Damit ist die Messung der Lufttemperatur, der relativen Luftfeuchte, des Luftdrucks sowie der Windgeschwindigkeit und Windrichtung in der gleichen zeitlichen Auflösung wie die Messung der Partikelkonzentration möglich.

Die lokalen verkehrlichen Kenngrößen werden manuell via Notebook und Microsoft-Excel erfasst. Jede Ausprägung einer Verkehrskenngröße und der zugehörige Zeitstempel werden unter Nutzung eines Excel-Makros mit einem Tastendruck erfasst.

3.2.2. Erhobene Kenngrößen

Tabelle 6 zeigt die erhobenen Kenngrößen, die eingesetzten Messverfahren, die zugehörigen Messgrößen sowie die zeitliche Auflösung der Erfassung. Sofern in den Testfeldern weitere Kenngrößen, zum Beispiel aus lokalen Detektoren und Messstationen, für die Auswertungen eingesetzt werden, sind diese in den entsprechenden testfeldbezogenen Abschnitten (vgl. Kapitel 0) aufgeführt.

Ein Großteil der erfassten Kenngrößen lässt sich direkt den Einflussgrößen zuordnen, die im Unterkapitel 0 beschrieben wurden. Einzelne Einflussgrößen werden allerdings aus technischen oder aus Aufwandsgründen nicht oder nicht umfänglich erfasst:

- Die Einflussgrößen Kraftstoffart und Schadstoffklasse konnten aufgrund fehlender automatisierter Erfassungstechnologie nicht erfasst werden.
- Die Rückstaulänge im Messbereich wurde nicht erfasst, da sie weitestgehend von der erfassten Anzahl der Halte abhängt (vgl. Kenngröße „Fahrsituation" in Tabelle 6).
- Die manuelle Erfassung der Wartezeiten der Einzelfahrzeuge wurde als nicht praktikabel angesehen.
- Lokale Geschwindigkeiten von Einzelfahrzeugen wurden auf Grund ihrer nur eingeschränkten Relevanz in Bezug auf die untersuchte Fragestellung nicht erhoben (vgl. 2.3.3).

Ferner konnte die Partikelkonzentration aus technischen Gründen nur als Anzahlkonzentration *oder* als Massenkonzentration erfasst werden. Da im Projekt AMONES Aussagen in Bezug auf die gesetzlichen Grenzwerte getroffen werden sollen, wurde die Massenkonzentration von PM_{10} und $PM_{2,5}$ als Untersuchungsgröße ausgewählt.

Erfasste Kenngröße	Messverfahren	Einheit	Zeitliche Auflösung
NO_x / NO / NO_2 (lokal)	Chemolumineszenz	[ppm]	5 s
NO_x / NO / NO_2 (regional)	variiert	[µg/m³]	variiert
PM_{10} / $PM_{2,5}$ (lokal)	Streulichtprinzip	[µg/m³]	6 s
PM_{10} / $PM_{2,5}$ (regional)	variiert	[µg/m³]	variiert
Windrichtung (lokal)	lokale Wettersensoren	[°]	6 s
Windgeschwindigkeit	lokale Wettersensoren	[m/s]	6 s
Temperatur	lokale Wettersensoren	[°C]	6 s
Relative Luftfeuchte	lokale Wettersensoren	[%]	6 s
Luftdruck	lokale Wettersensoren	[hPa]	6 s
Niederschlag		[Niederschlag / kein Niederschlag]	variiert
Mischungsschichthöhe	regionale Wettersensoren	[m]	variiert
Verkehrsstärke		[Fz/Zeit]	5 s
Fahrsituation		[Anfahrvorgang; Durchfahrvorgang]	5 s
Fahrzeugart	Beobachtung	[Motorad; Pkw; Leichtes Nutzfahrzeug; Schweres Nutzfahrzeug 2 Achsen; Schweres Nutzfahrzeug mit 3 oder mehr Achsen; Bus]	5 s
Fahrstreifen (der erfassten Fahrsituation)		[naher Fahrstreifen, entfernter Fahrstreifen]	5 s
Sonstige		Schriftlicher Vermerk mit Zeitstempel	5 s

Tabelle 6: Im Rahmen der Feldmessungen erhobene Kenngrößen sowie zugehörige Messgrößen, Messverfahren und zeitliche Auflösung der Erfassung.

Weitere Hinweise zur Differenzierung zwischen verschiedenen Fahrzeugarten und zur Differenzierung zwischen Anfahr- und Durchfahrvorgängen, können dem Anhang A3 entnommen werden.

3.2.3. Vorbereitende Untersuchungen und Festlegungen

Die EU-Richtlinien geben Hinweise zu geeigneten verkehrsnahen Messstandorten, die bei der Auswahl der Messorte berücksichtigt werden. Ferner bestehen Anforderungen an den Messumfang für die Messstation der Landesmessnetze – diese können aus Aufwandsgründen in der durchgeführten Untersuchung nicht erfüllt werden. Für einen ersten Ansatz zur Ermittlung der Wirkungen von Maßnahmen der Verkehrssteuerung wird der hier vorgesehene Messumfang jedoch als ausreichend angesehen.

Neben der Identifikation geeigneter Knotenpunkte, Knotenpunktzufahrten und Aufstellbereiche für die Messtechnik, wird in einer Voruntersuchung der „Einflussbereich" einzelner Verkehrsvorgänge ermittelt. Als Einflussbereich wird dabei der Fahrbahnabschnitt verstanden, in dem kurzfristig messbare Einflüsse einzelner Verkehrsvorgänge auf die Immissionsmesswerte am Messquerschnitt zu erwarten sind. An den Grenzen des Einflussbereiches wird demnach zwischen Anfahrvorgängen und Durchfahrten unterschieden (Bild 14).

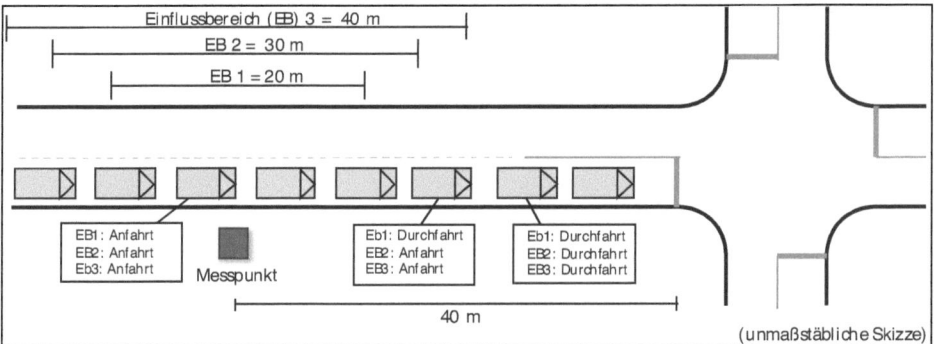

Bild 14: Differenzierung zwischen Anfahrvorgängen und Durchfahrten in Abhängigkeit vom definierten Einflussbereich (EB).

Die Länge des Einflussbereichs wird anhand einer Zusammenhangsanalyse zwischen der Immissionskonzentration und den erfassten Anfahrvorgängen ermittelt. Aufgrund des deutlich größeren Verursacheranteils des Verkehrs an der NO_X-Belastung im Vergleich zur PM_{10}- bzw. $PM_{2,5}$-Belastung wird der Einflussbereich für erkennbare Zusammenhänge zwischen NO_X-Konzentration und Verkehr dimensioniert. Die Voruntersuchung hatte folgende Arbeitsschritte:

1. Messung der NO_X-Konzentration in der Knotenpunktzufahrt Bleichstraße Ecke Steubenplatz (Darmstadt) in einem Abstand von 40 m von der Haltlinie. Parallel wurde der Verkehrsablauf im Zufahrtsbereich auf Video aufgezeichnet. Die Messung dauerte etwa 1,5 Stunden.
2. Erhebung der Anfahrvorgänge für unterschiedliche Einflussbereiche von 20 m, 30 m und 40 m Länge anhand der Videoaufzeichnung.
3. Aggregation der erhobenen Daten zu 90 s Mittelwerten – dies entspricht der Dauer der Umlaufzeit am Knotenpunkt.
4. Ermittlung des Korrelationskoeffizienten zwischen der NO_X-Konzentration und den erhobenen Anfahrvorgängen als Kenngröße für den Zusammenhang zwischen Qualität des Verkehrsablaufs und verkehrlichen Emissionen und damit auch Immissionen.
5. Auswahl des Einflussbereichs mit der höchsten Korrelation zwischen NO_X-Konzentration und der Anzahl der Anfahrvorgänge als Vorgabe für die weiteren Feldmessungen.

Die Ergebnisse der Voruntersuchung sind in Tabelle 7 dargestellt.

Immissions-kenngröße	Korrelationskoeffizient R und Irrtumswahrscheinlichkeit p für Einflussbereiche (EB)		
	Anfahrvorgänge im EB = 20 m	Anfahrvorgänge im EB = 30 m	Anfahrvorgänge im EB = 40 m
NO_X-Konzentration	R=-0,04 p=0,86	R=0,36 p=0,08	R=-0,07 p=0,74

Tabelle 7: Bestimmung der Länge des Einflussbereichs anhand der Korrelation zwischen gemessenen Immissionen und Anfahrvorgängen.

Der Einflussbereich mit einer Länge von 30 m zeigt als einziger eine signifikant[28] positive Korrelation mit den erfassten Anfahrvorgängen an und wird für die weiteren Messungen gewählt.

3.2.4. Datenfusion

Die Zeitreihen aus den verschiedenen Quellen (NO_X-Messung, PM_X-Messung, Messung meteorologischer sowie verkehrlicher Kenngrößen) werden per Excel-Makro in einer Datentabelle zusammengeführt. Der zeitliche Abstand zweier Datenpunkte in der zusammengeführten Datentabelle beträgt 5 Sekunden, was der zeitlichen Auflösung der Stickoxid-Messtechnik entspricht. Für die Zeitreihen der Partikelkonzentration und die Zeitreihen der meteorologischen Kenngrößen, die mit einer zeitlichen Auflösung von sechs Sekunden erfasst werden, führt dies zu einem Synchronisierungsfehler bis maximal drei Sekunden in Abhängigkeit des Messzeitpunkts. Da auch die Zeitreihen der Stickoxidkonzentration den meteorologischen Zeitreihen gegenüber gestellt werden sollen, ist diese Ungenauigkeit nicht vermeidbar. Die Auflösung von fünf Sekunden wird der sechs-Sekunden-Auflösung vorgezogen, da sämtliche Umlaufzeiten im Untersuchungsgebiet durch fünf teilbar sind. Die bei der Synchronisierung entstehende Lücke in den Zeitreihen der Partikelkonzentration, die bei jedem sechsten Wert auftritt, wird durch lineare Interpolation zwischen den benachbarten Messwerten geschlossen.

Der zusammengeführten Datentabelle werden weitere Felder wie die jeweils geschaltete Umlaufzeit und das aktivierte LSA-Steuerungsverfahren hinzugefügt, um die spätere Auswertung und Gruppierung der Daten nach verschiedenen Kriterien zu erleichtern.

3.2.5. Qualitätssicherung

Jede erhobene Zeitreihe wird zunächst auf *Lücken* geprüft. Lücken in den Daten treten durch Fehler in der Erfassungssoftware der einzelnen Kenngrößen, durch witterungsbedingten Abbruch der Messungen, durch Bedienfehler des Personals und durch geplante Unterbrechungen zur Datensicherung auf. Die Lücken in den Immissionszeitreihen und in den meteorologischen Zeitreihen werden mittels linearer Interpolation geschlossen, sofern sie nicht länger als eine Minute sind. Größere Lücken in den Zeitreihen werden in der Auswertung nicht berücksichtigt. Lücken in bei den verkehrlichen Kenngrößen werden mittels Interpolation geschlossen, sofern sie nicht länger als drei Umläufe andauern. Größere Lücken werden in der Auswertung nicht berücksichtigt.

---

[28] Aufgrund der kleinen Stichprobe wird ein Signifikanzniveau von 0,9 bzw. eine Irrtumswahrscheinlichkeit von 0,1 als ausreichend angesehen.

Die erhobenen Daten werden auf *systematische Fehler* geprüft. Stellenweise werden aus der Horiba-Stickoxiderfassungssoftware Messwerte exportiert, die um den Faktor 1000 zu groß sind. Diese Messwerte werden identifiziert und korrigiert. Bei Ein- und Ausschaltung der Lufttrocknung in den Partikelmessgeräten treten Sprünge in den Messwerten um bis zu 30% der gemessenen Werte auf. Die Korrektur wird über einen Vergleich von Subintervallmittelwerten und die anschließende Anwendung von Korrekturfaktoren durchgeführt.

Weiterhin werden *Plausibilitätsprüfungen* durch einen Vergleich mit parallel erfassenden Messgeräten (sofern möglich) und mit stationären Messgeräten und Detektoren (sofern vorhanden) durchgeführt. Die Mittelwerte der stationären Immissionsmessungen werden den Mittelwerten der lokalen Immissionsmessungen gegenübergestellt und zur Bildung von übergreifenden Korrekturfaktoren für jeden Messzeitraum verwendet.

Für die Immissionszeitreihen wird eine *Ausreißeridentifikation* nach dem 4-Sigma-Kriterium durchgeführt. Der 4-Sigma Bereich umfasst bei symmetrischen eingipfligen Verteilungen 97 % und bei beliebigen Verteilungen 94 % der Daten (SACHS [2002]). Die identifizierten Ausreißer in den Messwerten werden im Einzelfall betrachtet. Eine Anpassung durch lineare Interpolation zwischen den benachbarten Werten wird nur in Ausnahmefällen vorgenommen, beispielsweise wenn das parallel erfassende Messgerät plausible Messwerte liefert.

3.2.6. Ableiten weiterer Kenngrößen aus den erhobenen Kenngrößen

Allgemeines

Aus den erhobenen Kenngrößen müssen teilweise weitere Kenngrößen abgeleitet werden, um
- in der weiteren Datenanalyse besser interpretierbare Kenngrößen zu verwenden, beispielsweise die Massenkonzentration ($\mu g/m^3$) anstelle der relativen Konzentrationsangabe parts per billion (ppb),
- Datenreihen zu sinnfälligen Gruppen zu aggregieren, beispielsweise in die Gruppen Schwerverkehr und sonstiger Verkehr,
- weitere, für die Bearbeitung der Aufgabenstellung erforderliche Datenreihen zu bilden, beispielsweise die Fraktion der groben Partikel $PM_{10-2,5}$,
- Datenreihen an die Anforderungen des eingesetzten lokalen Immissionsmodells anzupassen, beispielsweise durch Log-Transformation sämtlicher Prädiktorvariablen[29] und
- statistische Anforderungen mathematischer Verfahren zu erfüllen, beispielsweise durch Log-Transformation von Kenngrößen zur Vermeidung von Heteroskedastizität[30].

Die abgeleiteten Kenngrößen und ihre Berechnung sind in Anhang A4 ersichtlich.

---

[29] Nach RUDOLF, MÜLLER [2004] wird bei der Regressionsanalyse zwischen abhängigen Kriteriums- oder Zielvariablen und zwischen unabhängigen Prädiktor- oder Einflussvariablen unterschieden.

[30] Heteroskedastizität bezeichnet die Abhängigkeit der Varianz der Residuen vom Wert der unabhängigen Variablen. In der Regressionsanalyse führt dies zu ineffizienten Schätzungen und zu Ungenauigkeiten bei der Berechnung der Standardfehler von Regressionskoeffizienten (RUDOLF, MÜLLER [2004]).

Zeitliche Aggregation der Kenngrößen

Die hohe zeitliche Auflösung der Messtechnik ermöglicht Untersuchungen zu den Einflüssen von Einzelfahrzeugen oder von Fahrzeugpulks auf straßenseitige Immissionen. Für die praktische Auswertung ergeben sich jedoch einige Nachteile: Neben einer großen Datenmenge und langen Rechenzeiten weisen die Daten einen hohen Rauschanteil und eine hohe Autokorrelation[31] auf. Auf die 5-sekündlich aufgelösten Datenreihen werden folglich nur ausgewählte Verfahren der Zeitreihenanalyse angewendet. Die weiteren Untersuchungen werden mit zeitlich aggregierten Datenreihen durchgeführt.

Für die Untersuchung der niederfrequenten Immissionen erscheint eine Aggregation auf Stundenmittelwerte zweckmäßig. Hiermit wird eine Vergleichsbasis zu den in Unterabschnitt 2.6.5 recherchierten Ansätzen geschaffen. Aufgrund der organisatorischen Vorgaben in Bezug auf die Dauer und den Zeitraum der Feldmessungen im Projekt AMONES (je Testfeld 10 Werktage à 12 Messstunden) ergibt sich allerdings ein wesentlicher Nachteil für die Untersuchung der niederfrequenten Immissionskomponente mittels Stundenmittelwerten: Die zeitliche Übertragbarkeit der Ergebnisse ist eingeschränkt.

Für die Untersuchung der hochfrequenten Immissionskomponente erscheint die Wahl einer „pauschalen" Aggregationsebene von 5 oder 10 Minuten nicht sinnvoll, da die aggregierten Datensätze dann unterschiedliche Anteile der Signalprogrammelemente enthalten. Stattdessen sollte auf die jeweils geschaltete Umlaufzeit der LSA oder auf das kleinste gemeinsame Vielfache (KGV) der geschalteten Umlaufzeiten aggregiert werden. Aufgrund der unterschiedlich langen Umlaufzeiten verletzt die erstgenannte Aggregation jedoch eine wesentliche Anforderung an Zeitreihenanalysen, nämlich die Untersuchung von Datensätzen mit äquidistanten Zeitabständen.

Die Analyse der hochfrequenten Immissionskomponente wird daher auf Grundlage der zweiten Aggregationsebene, dem KGV der geschalteten Umlaufzeiten, durchgeführt.

Sämtliche Datenreihen mit metrischer Skalierung werden unter Verwendung des arithmetischen Mittels zu den genannten Intervallen aggregiert.

Isolation der hochfrequenten Komponente der Zeitreihen (Trendbereinigung)

Die frequenzdifferenzierte Untersuchung der zeitlichen Variationen in den erhobenen Zeitreihen erfordert eine Zeitreihen-Filterung. Nach SCHÖNWIESE [1983] lassen sich drei Möglichkeiten der Zeitreihen-Filterung unterscheiden:

- Tiefpassfilterung in Form der Unterdrückung hoher Frequenzen, um niedere Frequenzen in Form langfristiger Trends hervorzuheben,
- Hochpassfilterung in Form der Unterdrückung niederer Frequenzen, um kurzfristige Schwankungen hervorzuheben und

---

[31] Werte zum Zeitpunkt t sind hochgradig von Werten zum Zeitpunkt t-1 abhängig. Nach SCHÖNWIESE [2006] kann eine hohe Autokorrelation zu einer Überschätzung der Signifikanz bei Signifikanztests im Zuge von Korrelations- und Regressionsuntersuchungen führen.

- Bandpassfilterung in Form der Hervorhebung eines beidseitig begrenzten Frequenzintervalls.

Zur Extraktion der hochfrequenten Zeitreihenkomponente kommt die Hochpassfilterung zur Anwendung. Hierfür ist eine Tiefpassfilterfunktion $R(f)_{TP}$ zu definieren und die damit errechneten Filterwerte a_j *(TP)* von den Messwerten a_i zu subtrahieren. Die Hochpassfilterfunktion $R(f)_{HP}$ ist damit das Gegenstück zur entsprechenden Tiefpassfilterung (Gleichungen (6) und 7).

$$a_t(HP) = a_i - a_{i(TP)} \tag{6}$$

$$R(f)_{HP} = 1 - R(f)_{TP} \tag{7}$$

Die Tiefpassfilterwerte ermitteln sich nach

$$\bar{a}_j = \sum_{k=-m}^{+m} w_k \cdot a_{i+k} \quad \text{mit} \quad \begin{array}{l} i = 1, 2, \ldots, n \\ k = -m, -m+1, \ldots, 0, 1, \ldots, m \\ j = 1, 2, \ldots, n-2m \end{array} \tag{8}$$

Dabei sind *w* die Filtergewichte mit dem Index *k* als Zentralgewicht, um Phasenverschiebungen zu vermeiden.

Die Auswahl der Filtertechnik und vor allem der Filterfrequenz, aus denen schließlich die zu untersuchende hochfrequente Zeitreihe hervorgeht, spielt eine wichtige Rolle: Während mit der Wahl einer zu hohen Filterfrequenz die Ausprägung der kurzfristig erkennbaren Zusammenhänge zwischen Verkehrskenngrößen und Immissionskenngrößen nach oben limitiert wird, vergrößert eine zu niedrige Filterfrequenz tendenziell die enthaltenen Störgrößen in der Abschätzung. Bild 15 veranschaulicht diesen Zusammenhang beispielhaft an der bereits bekannten PM_{10}-Tagesganglinie, in der hochpassgefilterte gleitende 1-Stunden-Mittelwerte einer Zeitreihe aus hochpassgefilterten gleitenden 3-Stunden-Mittelwerten gegenübergestellt werden.

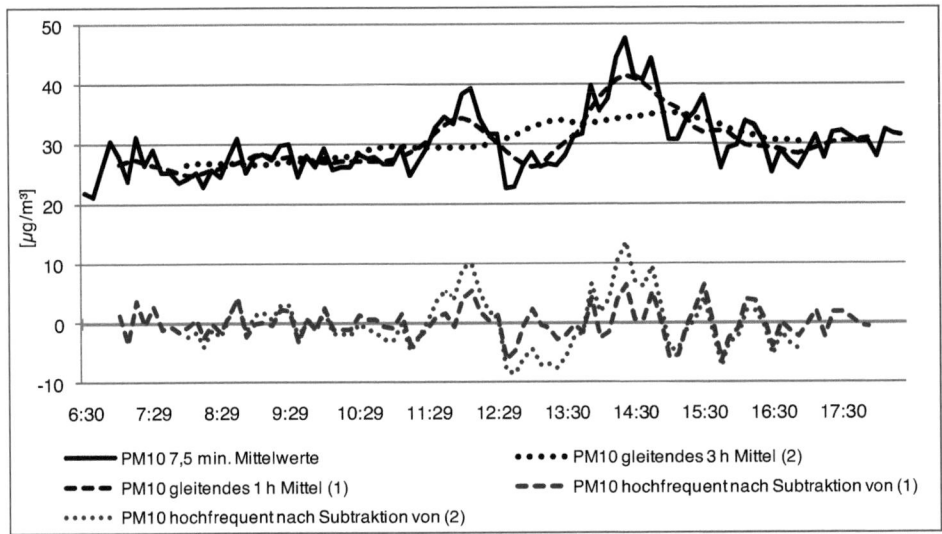

Bild 15: Auswirkungen einer geänderten Filterfrequenz auf die hochfrequente (hochpassgefilterte) Komponente der PM_{10}-Immissionskonzentration.

Während die gleitende 1-Stunden-Mittelung die Spitzen und Senken der Tagesganglinie annähernd nachvollzieht und zu einer hochpassgefilterten Zeitreihe mit einer kleinen Spannweite ergibt, zeigt die gleitende 3-Stunden-Mittelung eine niedrigere Volatilität und als Ergebnis eine hochpassgefilterte Zeitreihe mit größerer Spannweite. Es wird deutlich, dass die Ergebnisse der Analyse der hochfrequenten Komponente hinsichtlich ihrer Stabilität bei der Anwendung unterschiedlicher Filterfrequenzen geprüft werden müssen.

SCHÖNWIESE [1983] nennt als mögliche Tiefpassfilter die bereits in Bild 15 dargestellte *gleitende Mittelung* und die *Gaußsche Tiefpassfilterung*.

Die gleitende Mittelung lässt sich für beliebige Intervalle L formulieren und weist identische Gewichte w_k auf. Die Gewichte berechnen sich nach

$$w_k(GM) = \frac{1}{L} \tag{9}$$

Die Gaußsche Tiefpassfilterung hingegen verwendet einen frequenzabhängigen Algorithmus zur Ermittlung der Filtergewichte. Die Funktion zur Berechnung der Filtergewichte lautet

$$R(f)_G = \exp(-\frac{1}{3}\pi^2 f^2) \tag{10}$$

mit f als relativer Frequenz.

Darüber hinaus sind Verfahren der *exponentiellen Glättung* verbreitet (VOß [2004]), die auch zur Prognose einer Zeitreihe eingesetzt werden können. Für einen einfachen Fall, wenn weder eine Trend- noch eine Saisonkomponente berücksichtigt werden müssen, können die Filterwerte nach

$$\overline{a}_j = \alpha \cdot a_i + (1-\alpha) \cdot \overline{a}_{j-1} \tag{11}$$

ermittelt werden, wobei α als Glättungsparameter bezeichnet wird. Die exponentielle Glättung entspricht damit einer gewichteten gleitenden Mittelung, wobei die Gewichte exponentiell abnehmen.

Für die in dieser Untersuchung vorliegenden Daten weisen alle aufgeführten Glättungsverfahren jedoch einen Nachteil auf, der bereits in Bild 15 erkennbar ist: Vorhandene Lücken in den Zeitreihen führen zu noch größeren Lücken in der tiefpassgefilterten Zeitreihe. Jede Lücke wird um die entsprechende Periode als Kehrwert der gewählten Filterfrequenz vergrößert. Neben den täglichen Lücken vor 06:30 Uhr und nach 18:30 Uhr sind weitere Lücken durch die im Unterabschnitt 3.2.5 genannten Ereignisse vorhanden. Für die vorliegenden Zeitreihen führen die genannten Verfahren in Abhängigkeit der gewählten Filterfrequenz zu einer erheblichen Reduzierung der Stichprobengröße. Durch die Anwendung lückenschließender Verfahren kann dieser Nachteil zwar ansatzweise beseitigt werden; eine einfachere Alternative besteht allerdings in der Ermittlung einer Regression (der Zeit) für jede Kenngröße an jedem Messtag.

Nach SCHÖNWIESE [2010] ist im gegebenen Kontext den einfachen Verfahren der Vorzug zu geben, es sei denn, die genannten effizienten Verfahren wie beispielsweise nach GAUß weisen deutliche Vorteile auf. Die mit den genannten Filterverfahren und der alternativen zeitabhängigen Regression extrahierten hochfrequenten Zeitreihen werden einander exemplarisch für einen Messtag vergleichend gegenübergestellt (Bild 16).

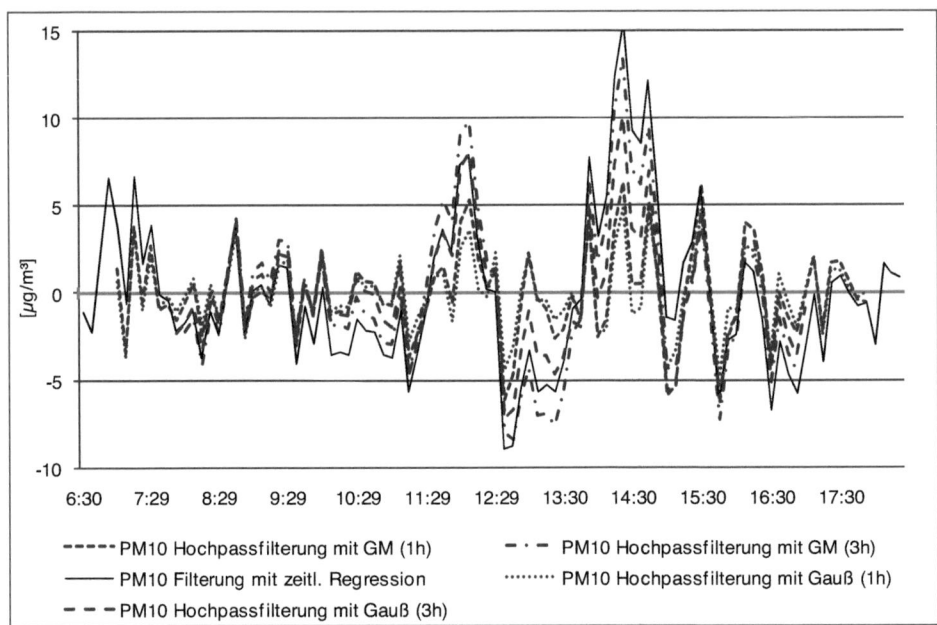

Bild 16: Gegenüberstellung der gefilterten hochfrequenten Zeitreihe mittels gleitender Mittelung (GM) für eine und drei Stunden, mittels Gaußscher Tiefpassfilterung für eine und drei Stunden sowie für die alternative zeitabhängige Regression.

Für die zeitabhängige (kubische) Regression ist tendenziell eine etwas größere Spannweite der hochfrequenten Zeitreihe im Vergleich zu den anderen Filtertechniken erkennbar, stellenweise liegt die extrahierte Zeitreihe aber auch zwischen den Ergebnissen der anderen Ansätze. Der relative Verlauf aller extrahierten Zeitreihen ist nahezu identisch. Es wird folglich davon ausgegangen, dass der aufwandsminimierte Ansatz keine Nachteile hinsichtlich der Qualität der trendbereinigten Zeitreihen mit sich bringt. Dennoch sollten die damit ermittelten Ergebnisse nach Anwendung alternativer Filtertechniken auf Stabilität geprüft werden.

Ein gängiges Verfahren zur Ermittlung der verkehrlichen Zusatzbelastung stellt die Differenzbildung zwischen den erhobenen Messwerten am HotSpot und den Messwerten einer städtischen Hintergrundstation dar. Auch hier wird sicherlich ein Teil der niederfrequenten Komponente eliminiert. Im hier betrachteten Kontext wird das Verfahren allerdings nicht als sinnvoll erachtet: Der Tagesgang der Verkehrsnachfrage an einem (Verkehrs- bzw. Umwelt-) HotSpot kann vom Tagesgang der Verkehrsnachfrage an einem Knotenpunkt im städtischen Hintergrund deutlich abweichen. Folglich wird auch der Tagesgang der verkehrlichen Immissions-Zusatzbelastung am HotSpot vom städtischen Hintergrund deutlich abweichen. Eine saubere Isolation der hochfrequenten Komponenten der verschiedenen Zeitreihen ist auf diese Weise nicht möglich.

3.3. Datenanalyse

3.3.1. Qualitative Interpretation der erhobenen Zeitreihen

Vor der eigentlichen Zusammenhangsanalyse wird eine erste qualitative Interpretation der erhobenen Kenngrößen anhand der graphischen Darstellung ihres Tagesgangs und einiger statistischer Kennwerte durchgeführt. Dieser Untersuchungsschritt soll dazu beitragen, die später in der Zusammenhangsanalyse entwickelten mathematischen Zusammenhänge auf Plausibilität zu prüfen. Darüber hinaus wird entschieden, ob die erhobene Stichprobe als homogene Grundgesamtheit betrachtet werden kann oder ob bestimmte Messzeiträume gesondert betrachtet werden müssen.

Die graphische Analyse wird auf Grundlage der niederfrequenten Tagesganglinien der Kenngrößen

- NO_X und NO_2,
- PM_{10}, $PM_{2,5}$ und $PM_{10-2,5}$,
- Windgeschwindigkeit,
- Temperatur,
- Luftfeuchte,
- Luftdruck sowie
- Verkehrsstärke und Anzahl der Anfahrvorgänge durchgeführt.

Folgende statistische Kennwerte werden, differenziert nach Testfeld und Messwochen, interpretiert:

- Arithmetisches Mittel
- Varianz
- 5. sowie 95. Perzentil
- Änderungsrate
- Häufigkeitsverteilung
  visuelle Prüfung anhand
    - der Übereinstimmung des Mittelwerts mit dem Maximum der Häufigkeitsverteilung,
    - der Übereinstimmung der Standardabweichung mit den Wendepunkten der Häufigkeitsverteilung,
    - der Symmetrie der Häufigkeitsverteilung und
    - dem Vorliegen eines oder mehrerer Gipfel in der Häufigkeitsverteilung.
- Autokorrelation

3.3.2. Prüfung von mikroskopischen Zusammenhängen zwischen verkehrlichen Kenngrößen und Immissionen

In diesem Arbeitsschritt soll die in Unterkapitel 3.1 getroffene Annahme, dass die hochfrequente Komponente der Immissionskonzentration maßgeblich von den Einflussgrößen mit hoher Änderungsrate bestimmt wird, ebenso wie Eignung des gewählten Verfahrens zur Trendbereinigung überprüft werden. Für die Überprüfung wird ein frequenzanalytischer Ansatz gewählt. In diesem Fall sollen die isolierten hochfrequenten Komponenten der Immissions- und der Verkehrskenngrößen auf Zusammenhänge überprüft werden. Ein wesentlicher Vorteil der Frequenzanalyse ist die Möglichkeit, die extrahierten Datenreihen weitestgehend im „Rohzustand" zu untersuchen, ohne sie aufgrund statistischer Anforderungen weiter abstrahieren zu müssen (beispielsweise durch Logarithmierung).

Der fachliche Hintergrund für den frequenzanalytischen Ansatz lässt sich wie folgt beschreiben: Der innerstädtische Verkehr an LSA-gesteuerten Knotenpunkten unterliegt einer strengen Periode in Form der geschalteten Umlaufzeit. Bei einer entsprechenden Verkehrsnachfrage treten Anfahrvorgänge regelmäßig und gebündelt mit der Periode der Umlaufzeit auf. Bei Gültigkeit der getroffenen Annahme sollte die höhere Emissionsrate der Anfahrvorgänge periodisch in der hochfrequenten Immissionskomponente erkennbar sein. Sofern diese Periodizität, zumindest bei einer hohen Auslastung und einer regelmäßig auftretenden Ballung von Anfahrvorgängen, nachweisbar ist, können die Annahme und damit auch der Untersuchungsansatz für die hochfrequenten Zeitreihenkomponenten weiter aufrecht erhalten werden. Vergleichbare Untersuchungen sind bislang bei der Analyse von Zusammenhängen zu meteorologischen Kenngrößen üblich (CHOI ET AL. [2008], MARR, HARLEY [2002]). Isolierte verkehrsbezogene Untersuchungen mit frequenzanalytischen Ansätzen wurden ebenfalls bereits in den siebziger Jahren durchgeführt (vgl. NICHOLSON, SWANN [1974]. Zusammenhänge zwischen verkehrlichen und immissionsbezogenen Kenngrößen wurden bislang eher selten und auf einer zeitlich deutlich gröberen Skala (meist auf Grundlage von Tageswerten) untersucht (SEBALD ET AL. [2000], KANDLIKAR [2007], GENIKHOVICH ET AL. [2005]).

Der mathematische Ansatz stellt sich folgendermaßen dar: Zeitreihen bestehen häufig aus periodischen und zufälligen Komponenten die sich gegenseitig überlagern. Mit Hilfe der Frequenzanalyse können periodische Veränderungen in den Zeitreihen identifiziert und analysiert werden. Das Grundmodell für die Frequenzanalyse sind überlagerte Sinus- und Cosinus-Funktionen, die jeweils mit den Parametern Amplitude, Periodendauer und Phasenverschiebung beschrieben werden und auf diese Weise die Zeitreihe exakt oder näherungsweise abbilden können. Die Bestimmung der Sinus- und Cosinus-Funktionen erfolgt mittels der Fourier-Transformation.

Eine bivariate Untersuchung zweier verschiedener Zeitreihen im Frequenzbereich ist mit Hilfe der Kreuzspektrumsanalyse möglich. Hierbei wird der Frequenzbereich ermittelt, in dem die Kopplung der zeitlichen Fluktuation der Zeitreihen am ausgeprägtesten ist. Die Kreuzspektrumsfunktion $P_{xy}(h)$ zweier Zeitreihen entspricht der Fouriertransformation der Kreuzkovarianzfunktionen[32] $R_{xy}(p)$ und $R_{yx}(p)$. Eine Verknüpfung beider Kovarianzen durch Addition führt zum geraden Teil der Kreuzkovarianzfunktion, eine Verknüpfung durch Subtraktion führt zum ungeraden Teil der Kreuzkovarianzfunktion (FLEER [1983]).

---

[32] Die Kovarianz beschreibt die gemeinsame Streuung zweier Variablen. Im Gegensatz zur Varianz kann die Kovarianz positive oder negative Werte annehmen (VOß, BUTTLER [2004]). Bei der Kreuzkovarianz wird analog zur Kreuzkorrelation eine zeitliche Verschiebung τ der beiden Zeitreihen eingeführt, so dass die Kovarianz unterschiedlicher Phasen untersucht werden kann (vgl. Anhang A4).

Analog zum univariaten Fall der Fouriertransformation, wird der gerade Teil mit der Kosinus-Funktion transformiert und liefert (für eine endliche und diskrete Reihe) den reellen Teil des Kreuzspektrums, das Kospektrum $C_{xy}(h)$ (Gleichung 12).

$$C_{xy}(h) = \frac{\Delta t}{\pi} \sum_{p=0}^{m} \varepsilon_p (R_{xy}(p) + R_{YX}(p)) \cos \frac{hp\pi}{m} \qquad \begin{aligned} & h = 0, 1, ..., m \\ & \varepsilon_p = \begin{cases} 0{,}5 \; \textit{für} \; p = 0, m \\ 1 \; \textit{für} \; 0 < p < m \end{cases} \end{aligned} \qquad (12)$$

h = Harmonische (ganzzahliges Vielfaches der Grundfrequenz)

Δt = konstanter zeitlicher Abstand der Messwerte,

p = zeitliche Verschiebung,

m = maximale zeitliche Verschiebung.

Die Fouriertransformation des ungeraden Teils mit der Sinus-Funktion liefert den imaginären Teil des Kreuzspektrums, das Quadraturspektrum $Q_{xy}(h)$ (Gleichung 13).

$$Q_{xy}(h) = \frac{\Delta t}{\pi} \sum_{p=0}^{m} \varepsilon_p (R_{xy}(p) - R_{YX}(p)) \sin \frac{hp\pi}{m} \qquad \begin{aligned} & h = 0, 1, ..., m \\ & \varepsilon_p = \begin{cases} 0{,}5 \; \textit{für} \; p = 0, m \\ 1 \; \textit{für} \; 0 < p < m \end{cases} \end{aligned} \qquad (13)$$

Das Ergebnis des Kreuzspektrums sind spektrale Dichten der Einheit $\frac{x(t) \cdot y(t)}{\frac{1}{2m\Delta t}}$.

Sowohl das Kospektrum als auch das Quadraturspektrum werden üblicherweise mit gewichteten Filtern geglättet, um eine Interpretation zu vereinfachen. Sofern die Länge des zu interpretierenden Signals nicht ein ganzzahliges Vielfaches der Signalperiode ist, können die Randbereiche des Signals die auftretenden Frequenzkomponenten beeinflussen. Anhand von Filterfunktionen, mit denen die Randbereiche weniger stark gewichtet werden, kann dieser Effekt reduziert oder ganz vermieden werden. Für diese Auswertung wird der Hamming-Filter mit $w(k)$ als Gewicht des aktuellen Signalwertes k und p als halbe Fensterbreite (betrachteter Ausschnitt des Signals)

$$w(k) = 0{,}54 D_p (2\pi f_k) + 0{,}23 D_p (2\pi f_k + \frac{\pi}{p}) + 0{,}23 D_p (2\pi f_k - \frac{\pi}{p}) \qquad (14)$$

verwendet (SPSS [2009]).

Sofern die untersuchten Zeitreihen in einem bestimmten Frequenzbereich gleich- oder phasenverschobene Schwankungen aufweisen, so zeigt sich im Kreuzspektrum ein signifikant von Null verschiedener Kovarianzbeitrag.

Aus den Vorzeichen der Ko- und Quadraturspektrumwerte können Informationen über die Richtung der Phasenverschiebung zwischen Basiszeitreihe und Sekundärzeitreihe sowie über die Art der Schwankung abgeleitet werden: Positive Quadraturspektrumwerte bedeuten ein Vorauseilen der Sekundärreihe y gegenüber der Basisreihe x und umgekehrt. Positive Kospektrumwerte liegen bei gleichphasigen Schwingungen, negative bei gegenphasig verlaufenden Schwingungen vor.

Die erforderliche Prüfung lässt sich jedoch auch verkürzt über die quadratische Kohärenz *CH(h)* darstellen, die als spektrales Bestimmtheitsmaß verstanden werden kann. Die quadratische Kohärenz ergibt sich nach SCHÖNWIESE [2006] aus

$$CH(h) = \frac{C_{xy}^2(h) + Q_{xy}^2(h)}{Sp_x(h)SP_y(h)} \quad \text{für } h = 1, 2, ..., M \tag{15}$$

Dabei sind SP_x und SP_y die Varianzspektren der beiden Zeitreihen mit

$$SP(h) = \frac{1}{M}\left[s_A^2(0) + \sum_{k=1}^{M-1} D(k) s_A^2(k) \cos\frac{\eta h k}{M} \right] \quad \text{für } 0 < h < M \tag{16}$$

wobei s_A die Autokovarianzfunktion und D(k) eine Filterfunktion (siehe oben) darstellen.

Die Autokovarianz ergibt sich aus Gleichung 17 mit τ als zeitliche Verschiebung a' als Abweichung vom Mittelwert.

$$s_A(\tau) = \frac{1}{n-1-\tau}\sum a_i'(t_i) \cdot a_i'(t_{i+\tau}) \tag{17}$$

Die Vertrauensgrenze β für die Kohärenz ergibt sich aus

$$\beta = \sqrt{1 - \alpha^{(1/(\phi-1))}} \tag{18}$$

mit α als Irrtumswahrscheinlichkeit und ϕ als Zahl der Freiheitsgrade, wobei die Zahl der Freiheitsgrade aufgrund von Autokorrelation (22) korrigiert werden sollte (vgl. Anhang A5).

3.3.3. Identifikation der relevanten Einflussgrößen auf lokale Immissionen

Sofern die im vorigen Abschnitt durchgeführte Prüfung ein Aufrechterhalten der formulierten Annahme für die hochfrequenten Zeitreihenkomponenten erlaubt, sollen in diesem Arbeitsschritt die wesentlichen Einflussfaktoren auf die gemessenen hoch- und niederfrequenten Immissionskonzentrationen identifiziert werden. Hierzu werden Verfahren der Korrelationsanalyse angewendet. Der Korrelationskoeffizient ist ein Maß für die Stärke eines linearen Zusammenhangs zwischen zwei Datenreihen.

In einem ersten Schritt wird mittels Kreuzkorrelation untersucht, ob eine Phasenverschiebung τ zwischen den Schwankungen der Verkehrskenngrößen und der Immissionskenngrößen vorliegt. Sofern eine Phasenverschiebung erkennbar ist, werden die entsprechenden Zeitreihen der Verkehrskenngrößen in der Datentabelle um τ verschoben. Der Kreuzkorrelationskoeffizient errechnet sich für die Datenreihen *a* und *b* und ein beliebiges τ nach Gleichung 19.

$$r_k = \frac{\sum a_i'_{(t_i+\tau)} \cdot b_i'}{(n-1-\tau) \cdot s_a \cdot s_b} \quad \text{mit} \begin{array}{l} \tau = k \cdot \Delta t, k = 0, 1, ..., M \\ n = \text{Zahl der Wertpaare} \\ s_{a/b} = \text{Standardabweichung} \\ a_i' = a_i - \overline{a_i} \text{ bzw. } b_i' = b_i - \overline{b_i} \end{array} \tag{19}$$

Die Daten werden auf Phasenverschiebungen bis etwa eine Stunde untersucht. Darüber hinaus gehende Phasenverschiebungen würden die für die weiteren Untersuchungen verfügbare Datenmenge zu stark reduzieren. Weiterhin werden nur solche Phasenverschiebungen näher betrachtet, die für beide Messwochen eine ähnliche Größenordnung aufweisen und die entsprechend der in Unterkapitel 0 dargestellten Zusammenhänge die Ursache zeitlich *vor* der Wirkung anzeigen.

Anschließend wird die Korrelation zwischen Immissionskenngrößen und meteorologischen Kenngrößen sowie zwischen Immissionskenngrößen und gegebenenfalls phasenverschobenen Verkehrskenngrößen untersucht. Dazu wird die partielle Korrelationsanalyse verwendet, um die Aufnahme von Variablen in das Modell aufgrund von Scheinkorrelationen zu vermeiden. Die partielle Korrelationsanalyse vergleicht die Korrelation zwischen mehreren Variablen unter Berücksichtigung der Einflüsse weiterer Variablen. So können die meteorologischen Einflüsse für konstante Verkehrsverhältnisse und die verkehrlichen Einflüsse für konstante meteorologische Zustände untersucht werden. Der partielle Korrelationskoeffizient $r(part)_{ab \cdot c}$ errechnet sich für den dreidimensionalen Fall der Untersuchung der Datenreihen a und b unter Ausschaltung von c nach Gleichung 20, wobei r der zweidimensionale lineare Produkt-Moment-Korrelationskoeffizient nach Pearson ist.

$$r(part)_{ab \cdot c} = \frac{r_{ab} - r_{ac} \cdot r_{bc}}{\sqrt{(1 - r_{ac}^2) \cdot (1 - r_{bc}^2)}} \quad mit \ r_{ab} = \frac{\sum a_i' \cdot b_i'}{\sqrt{\sum a_i'^2 \cdot b_i'^2}} \tag{20}$$

Beide Untersuchungsschritte werden getrennt für die niederfrequenten und hochfrequenten Zeitreihen sowie getrennt nach Testfeld und nach Messwoche im Testfeld durchgeführt. Die niederfrequenten Zeitreihen werden ebenso wie die trendbereinigten hochfrequenten Zeitreihen in ihrer originalen Skala und in der logarithmierten Skala auf Kreuzkorrelation und partielle Korrelation untersucht.

Die als signifikant identifizierten Korrelationen, die vorzugsweise in beiden Messwochen jedes Testfeldes das gleiche Vorzeichen aufweisen, stellen potenzielle Eingangsgrößen für das Erklärungsmodell dar. Die errechneten Korrelationskoeffizienten und die zugehörigen Signifikanzwerte haben nur dann eine hohe Aussagekraft, wenn die Datenreihen bestimmte statistische Voraussetzungen erfüllen. Diese Voraussetzungen und die zugehörigen statistischen Prüfungen sind in Anhang A5 beschrieben.

3.3.4. Modellierung

Gewählter regressionsanalytischer Ansatz

Die gängigen Methoden zur Quantifizierung der Zusammenhänge zwischen Kenngrößen (im Bereich der Luftreinhaltung) sind im Unterabschnitt 2.6.5 beschrieben. Zum Einsatz kommt dabei die Regressionsanalyse als parametrische und nicht-parametrische, als lineare und nicht-lineare Regression, als Regression mit und ohne autoregressive Komponente sowie neuronale Netze. Aufgrund ihrer hohen Transparenz und ihrer guten Handhabbarkeit wird hier die parametrische lineare Regressionsanalyse zur Quantifizierung angewendet.

Das von SHI, HARRISON [1997] verwendete parametrische, quasi-lineare Regressionsmodell mit autoregressiver Komponente weist eine hohe Modellierungsgüte auf und wird auf die identifizierten Einflussfaktoren angewendet. Im Modellansatz ergibt sich die Schadstoffkonzentration $C_{Schadstoff,t}$ aus der multiplikativen Überlagerung der festgestellten Einflussfaktoren X_k mit den zugehörigen als Exponenten eingehenden Koeffizienten B_K (Gleichung 21).

$$C_{Schadstoff,t} = F(X_1, \ldots, X_k) = e^{B1} X_2^{B2} \ldots X_k^{Bk} \tag{21}$$

Durch Logarithmierung lässt sich der gesamte Term linearisieren (Gleichung 22).

$$\ln(C_{Schadstoff,t}) = B_1 + B_2 \ln(X_2) + \cdots + B_k \ln(X_k) \tag{22}$$

Im endgültigen Modell wird von einer autoregressiven Komponente erster Ordnung (AR1-Prozess) ausgegangen. Diese wird durch eine Lag-Variable $Lag1_t$ berücksichtigt und führt bei Anwendung des OLS-Schätzers[33] zu angepassten Regressionskoeffizienten β_k, wobei $e_{j,t}$ das Residuum zum Zeitpunkt t darstellt (Gleichung 23).

$$\ln(C_t) = \beta_1 + \beta_2 \ln(X_{2,t}) + \cdots + \beta_k \ln(X_{k,t}) + \beta_{k+1} Lag1_t + e_t \tag{23}$$

Die Lag-Variable ergibt sich durch Umformung von Gleichung 22 und entspricht den Residuen zu den Zeitpunkten t-1 (Gleichung 24).

$$Lag1_t = \ln(C_{t-1}) - B_1 - \sum_{i=2}^{k} B_i \ln(X_{i,t-1}) \tag{24}$$

Auswahl der Prädiktoren für ein Erklärungsmodell (Merkmalsselektion)

Es ist davon auszugehen, dass die Korrelationsanalyse eine Vielzahl signifikanter Korrelationen zwischen Einflussfaktoren und Immissionskenngrößen aufzeigt. In das Erklärungsmodell sollen nur die wirklich notwendigen Prädiktoren eingebunden werden, die fachlich interpretierbar und klar voneinander abgrenzbar sind. Nach RUDOLF, MÜLLER [2004] lassen sich drei gebräuchliche Verfahren zur Auswahl von Prädiktoren unterscheiden:

- Das *Vorwärts-Verfahren* nimmt schrittweise die Kenngrößen mit dem jeweils höchsten Korrelationskoeffizienten in das Modell auf. Wenn die Aufnahme einer Variablen mit einer signifikanten Zunahme des Bestimmtheitsmaßes verbunden ist, wird die Kenngröße im Modell belassen und die nächste potenzielle Prädiktorkenngröße aufgenommen. Das Verfahren bricht ab, wenn die Zunahme einer Kenngröße nicht mehr zu einer signifikanten Zunahme des Bestimmtheitsmaßes führt.
- Das *Rückwärts-Verfahren* nimmt zunächst alle potentiellen Prädiktorkenngrößen in das Erklärungsmodell auf. Es werden sukzessive die Kenngrößen aus dem Modell entfernt, die zum geringsten Rückgang des Bestimmtheitsmaßes führen. Sofern sich das Bestimmtheits-

---

[33] OLS-Schätzer (Ordinary-Least-Squares-Schätzer): Die Parameter einer zu schätzenden Funktion werden so bestimmt, dass die Summe der quadrierten Residuen minimal wird (RUDOLF, MÜLLER [2004]).

maß durch die Wegnahme einer Kenngröße nicht signifikant verringert, wird die Kenngröße aus dem Modell ausgeschlossen. Erst bei einer signifikanten Verkleinerung des Bestimmtheitsmaßes wird das Verfahren abgebrochen.

- Das *schrittweise Verfahren* kombiniet das Vorwärts- und das Rückwärts-Verfahren. Hier wird vor der Aufnahme einer neuen Kenngröße überprüft, ob sich durch die Entfernung einer bereits aufgenommenen Prädiktorkenngröße das Bestimmtheitsmaß signifikant verkleinert.

Alle drei Verfahren beurteilen die Signifikanz der Veränderung des Bestimmtheitsmaßes mittels eines F-Tests (vgl. BORTZ, WEBER [2005]). Aufgrund von Kollinearitäts- und Suppressionseffekten[34] besteht die Möglichkeit, dass die Verfahren zu unterschiedlichen Prädiktormengen führen können. Daher wird ein Vergleich der Ergebnisse der drei Verfahren durchgeführt.

Konkret werden für jede zu untersuchende Immissionskenngröße diejenigen Kenngrößen als potenzielle Prädiktorkenngrößen markiert, für die eine signifikante Korrelation festgestellt wurde. Auch wenn die Messungen in einem Testfeld nach der Interpretation der statistischen Kenngrößen (vgl. Unterabschnitt 3.3.1) als unterschiedliche Grundgesamtheiten angesehen werden, so wird im Sinne eines möglichst repräsentativen Modells die Auswahl der Kenngrößen auf diejenigen beschränkt, die in *allen* untersuchten Zeiträumen eines Testfelds *keine* entgegengesetzte signifikante Korrelation aufweisen. Für die markierten potenziellen Prädiktorkenngrößen werden die drei beschriebenen Merkmalsselektionsverfahren angewendet. Bei unterschiedlichen Ergebnissen der Verfahren werden die Prädiktormengen mit enthaltenen verkehrlichen Kenngrößen sowie die mit fachlich am besten voneinander abgrenzbaren Merkmalen präferiert. Sofern die Kenngrößen in der ausgewählten Prädiktormenge sich immer noch inhaltlich überschneiden, werden einzelne Kenngrößen trotz einer signifikanten Reduktion des Bestimmtheitsmaßes manuell entfernt.

Anforderungen an ein Erklärungsmodell

Gemäß des formulierten Ansatzes wird ein Regressionsmodell zur Erklärung der NO_X-, PM_{10}-, $PM_{2,5}$- und $PM_{10-2,5}$-Zeitreihen entwickelt, jeweils differenziert nach hochfrequenter und niederfrequenter Komponente, nach den beiden Testfeldern und nach homogenen Messzeiträumen[35]. Daraus ergibt sich die Anzahl der zu entwickelnden und zu interpretierenden Modelle zu einem Vielfachen von

---

[34] Kollinearität und Suppression: Kollinearität oder Multikollinearität ergibt sich bei multipler Regression durch eine signifikante Korrelation zwischen zwei oder mehr Einflussvariablen. Dadurch werden eine oder mehrere Variablen redundant und zur Vorhersage der abhängigen Variablen nicht mehr benötigt, da ihr Vorhersagebeitrag bereits durch von anderen Variablen geleistet wird. Suppression liegt vor, wenn eine Einflussvariable ein hohes Gewicht (Beta-Wert) in der Regressionsgleichung erlangt, indem sie unerwünschte Varianzanteile anderer Einflussvariablen unterdrückt (RUDOLF, MÜLLER [2004]).

[35] Darunter werden diejenigen Messzeiträume verstanden, die in Bezug auf die wesentlichen meteorologischen Einflussgrößen als einer Grundgesamtheit zugehörig angesehen werden können.

16 (= 4 Schadstoffe * 2 Ansätze (hoch-/niederfrequent) * 2 Testfelder * n Messzeiträume).
Im Sinne einer repräsentativen Modellierung, aber auch aus Gründen der Übersichtlichkeit und des Aufwands, sollte die Anzahl der getrennt betrachteten Messzeiträume möglichst niedrig (kleiner gleich zwei) sein.

Es werden folgende Anforderungen an die Modelle gestellt:

- Die Modelle sollen eine möglichst kleine Anzahl an Prädiktoren mit einem möglichst hohen Anteil an erklärter Varianz enthalten.
- Die Vorzeichen der Regressionskoeffizienten der Prädiktoren sollen fachlich interpretierbar sein.
- Sofern ein zweiwöchiger Messzeitraum aufgrund von Inhomogenität in mehrere Zeiträume aufgeteilt werden muss, sollen die Zeiträume dieselben Prädiktoren enthalten.
- Die Prädiktoren sollen inhaltlich klar voneinander abgrenzbar sein.

Zur Sicherstellung einer hohen statistischen Aussagekraft werden die folgenden Prüfungen durchgeführt:

- Prüfung der Autokorrelation der Residuen: Eine Autokorrelation führt zu einem zwar weiterhin erwartungstreuen, jedoch ineffizienten OLS-Schätzer und somit zu einer Überschätzung der Signifikanz und einer Unterschätzung des Standardfehlers (Meißner [2004]). Die Prüfung wird anhand des Durbin-Watson-Tests durchgeführt.
- Prüfung der Residuen auf Heteroskedastizität (Varianzheterogenität): Eine inhomogene Varianz der Residuen führt analog zur Autokorrelation zu ineffizienten Schätzungen. Die Prüfung dieser Bedingung erfolgt graphisch anhand eines Streudiagramms in dem eine Achse die Residuen und die andere Achse die modellierten Werte darstellt (Voß [2004]).
- Prüfung auf Normalverteilung der Residuen: Eine Abweichung von der Normalverteilung kann zu einer reduzierten Aussagekraft des T-Tests führen, mit dem die Signifikanz der Regressionskoeffizienten überprüft wird. Für Stichprobengrößen n>100 ist dies jedoch meist unkritisch (SCHÖNWIESE [2006]).
- Prüfung auf Kollinearität und Suppression: Wechselwirkungen zwischen Einflussgrößen können dazu führen, dass Kausalbeziehungen zwischen Einflussgröße und Zielgröße vom Modell nicht korrekt bzw. nicht in korrektem Ausmaß abgebildet werden. Die Kollinearität kann anhand der Korrelationsmatrix der Eingangsgrößen überprüft werden. Bei einer Vielzahl von Eingangsgrößen kann auch die Toleranz[36] einer Eingangsgröße herangezogen werden (RUDOLF, MÜLLER [2004]). Nach BALTES-GÖTZ [2008] sind Toleranzwerte kleiner als 0,1 als kritisch anzusehen. Damit die Einflüsse der Prädiktoren im Erklärungsmodell klar

---

[36] Der Kennwert Toleranz ergibt sich aus der Berechnung einer multiplen Regression für *jeden Prädiktor*. Dabei werden die abhängige Variable zum Prädiktor und der ursprüngliche Prädiktor zur abhängigen Variable, die durch die anderen Prädiktoren vorhergesagt wird. Die Toleranz ergibt sich aus der Differenz zwischen 1 und dem Bestimmtheitsmaß dieser Regression. Eine niedrige Toleranz deutet folglich an, dass der betrachtete Prädiktor in Kollinearitätseffekte verwickelt ist (RUDOLF, MÜLLER [2004]).

voneinander abgrenzbar sind, werden Einflussfaktoren nur dann in das Modell aufgenommen, wenn ihre Toleranz größer als 0,4 ist.
- Signifikanzprüfung einzelner Prädiktoren mit einer Irrtumswahrscheinlichkeit kleiner 5 %.

Interpretation und Bewertung eines Erklärungsmodells

Die inhaltliche Interpretation erfolgt anhand der in das Modell aufgenommenen Prädiktoren, der Vorzeichen ihrer Koeffizienten sowie ihres Gewichts im Modell unter Berücksichtigung der im Unterkapitel 0 recherchierten Zusammenhänge. Für Bewertung des Gewichts einzelner Prädiktoren werden die Beta-Werte als standardisierte Koeffizienten herangezogen. Die fachliche Plausibilität der Prädiktoren ist eine Voraussetzung für die weitere Bewertung der Güte des Erklärungsmodells.

Die Bewertung eines Erklärungsmodells wird teilformalisiert verbal-argumentativ anhand des Bestimmtheitsmaßes, des relativen Standardfehlers und einer visuellen Prüfung der Ähnlichkeit zwischen gemessener und modellierter Zeitreihe vorgenommen.

Das *Bestimmtheitsmaß* beschreibt den Anteil der erklärten Varianz der Immissionskenngrößen. Die Bewertung der niederfrequenten Erklärungsmodelle orientiert sich an der im Abschnitt 2.6.4 dargestellten Güte gängiger Modellansätze. Eine Varianzaufklärung von mehr als 80 % wird als „gut", eine Varianzaufklärung von 60 bis 80 % wird als „befriedigend" und eine Varianzaufklärung unter 60 % wird als „nicht ausreichend" eingestuft. Für das hochfrequente Erklärungsmodell sind dem Verfasser keine vergleichbaren Ansätze bekannt. Auf eine Bewertung anhand der Skala für das niederfrequente Modell wird daher verzichtet.

Weiter wird der *relative Standardfehler rSE* des Modells als wichtige Bewertungsgröße angesehen. Für das niederfrequente Modell wird der Standardfehler relativ zur mittleren gemessenen Immissionskonzentration ermittelt (Gleichung 25).

$$rSE_{nf} = \frac{SE_{nf}}{\ln(\bar{C})} \cdot 100 \qquad (25)$$

mit

$SE_{nf}=$ absoluter Standardfehler des niederfrequenten Modells

$\bar{C}=$ Mittlere gemessene Immissionskonzentration

Für das hochfrequente Modell ergibt sich der relative Standardfehler aus dem Verhältnis des absoluten Standardfehlers zur doppelten Standardabweichung der hochfrequenten Immissionskomponente (Gleichung 26).

$$rSE_{hf} = \frac{SE_{hf}}{2 \cdot s_{hf}} \cdot 100 \qquad (26)$$

mit

$SE_{hf}=$absoluter Standardfehler im hochfrequenten Modell

$s_{hf}=$Standardabweichung der hochfrequenten Immissionskomponente

Wie bereits in Unterkapitel 2.2 dargestellt, werden die Anforderungen der 39. BImSchV an die Unsicherheit von Modellrechnungen als zu niedrig angesehen. Der relative Standardfehler der niederfrequenten Erklärungsmodelle wird daher nach einer eigenen „strengeren" dreistufigen Skala bewertet. Danach wird ein relativer Standardfehler bis 25 % als „gut", ein relativer Standardfehler von 26 % bis 35 % als befriedigend und von mehr als 35 % als „nicht ausreichend" eingestuft. Für das hochfrequente Erklärungsmodell wird auch hier aufgrund fehlender vergleichbarer (Bewertungs-) Ansätze auf die Bewertung anhand der gewählten Skala verzichtet. Vielmehr wird der relative Standardfehler als Indikator für etwaige erforderliche Weiterentwicklungen der hochfrequenten Modelle herangezogen, um die Amplitude der gemessenen Zeitreihen besser abzuschätzen.

Als besonders wichtig wird die *visuelle Prüfung* der Ähnlichkeit zwischen der gemessenen und der modellierten Zeitreihe angesehen. Hierbei werden die Ähnlichkeit in Bezug auf den stark geglätteten Tagesgang (nur niederfrequentes Erklärungsmodell) und die Ähnlichkeit in Bezug auf die Abbildung einzelner Maxima und Minima im nieder- und hochfrequenten Erklärungsmodell qualitativ bewertet. Bei einer hohen Ähnlichkeit an mindestens 70 % der Messtage, wird die Ähnlichkeit mit „gut" bewertet. Eine hohe Ähnlichkeit an 50 bis 70 % der Messtage wird „befriedigend" und eine hohe Ähnlichkeit an weniger als 50 % der Messtage wird „nicht ausreichend" bewertet. Im Rahmen der visuellen Prüfung der Güte wird die modellierte Zeitreihe *ohne* die autoregressive Komponente (Lag-Variable) dargestellt. Die Lag-Variable stellt im Modell eine Größe dar, die sich prinzipiell aus den Einflüssen der Prädiktoren zum Zeitpunkt t-1 ergeben kann und damit durchaus im Modell verwendet werden sollte, die allerdings auch Einflüsse aus nicht erhobenen oder nicht erkannten Einflussgrößen enthalten kann. Relevante Einflüsse aus vergangenen Zeitpunkten t-x hätten im Zuge der Kreuzkorrelationsanalyse erkannt werden müssen, so dass die Lag-Variable in diesem Fall als reine Fehlerkenngröße zu verstehen ist.

Die Einsatzmöglichkeiten des hier entwickelten Verfahrens für weiterführende Anwendungen werden ebenso wie die Aussagekraft und die Stabilität der Untersuchungsergebnisse in Kapitel 5 bewertet.

3.4. Quantifizierung der Wirkungen verkehrlicher Kenngrößen

Anhand der Erklärungsmodelle können die Wirkungen variierender meteorologischer und insbesondere verkehrlicher Kenngrößen auf die Immissionskonzentration untersucht werden. Die quantifizierten Wirkungen der verkehrlichen Kenngrößen können in diesem Kontext auch als verkehrliches Reduktionspotenzial angesehen werden. Sofern das Erklärungsmodell eine Kenngröße der Verkehrsnachfrage enthält, kann dieses Reduktionspotenzial beispielsweise über eine Dosierung des Zuflusses für den motorisierten Straßenverkehr realisiert werden. Sofern das Erklärungsmodell eine verkehrsablaufbezogene Kenngröße enthält, kann das Reduktionspotenzial beispielsweise über eine optimierte Koordinierung des Verkehrs im Sinne einer Minimierung der Anzahl der Halte realisiert werden.

Das maximale Reduktionspotenzial $\bar{C}_{maxPot}$ wird abgeschätzt, indem für einzelne verkehrsbezogene Prädiktoren im Modell das gemessene fünfte Perzentil ($X_{k,5\%}^{Bk}$) eingesetzt wird[37], während für die weiteren Prädiktoren im Modell ($\bar{X}_i^{Bi}$) mittlere gemessene Werte eingesetzt werden (Gleichung 27).

$$\bar{C}_{maxPot,X_k} = e^{B1} \bar{X}_2^{B2} \bar{X}_3^{B3} \ldots X_{k,5\%}^{Bk} \qquad (27)$$

Für die niederfrequenten Erklärungsmodelle entspricht die Differenz zur mittleren gemessenen Immissionskonzentration im Messzeitraum der maximalen Wirkung bzw. dem maximalen Reduktionspotenzial einer Kenngröße. Sofern das Modell mehrere verkehrliche Prädiktoren enthält, werden ihre Reduktionspotenziale zu einem gesamten verkehrlichen Reduktionspotenzial addiert – nach der Merkmalsselektion für die Erklärungsmodelle kann davon ausgegangen werden, dass sich die Prädiktoren in ihrer Aussage nur marginal überschneiden.

Für die hochfrequenten Erklärungsmodelle werden die Wirkungen analog quantifiziert: Die trendbereinigten Zeitreihen streuen um die Nulllinie – das Einsetzen des fünften Perzentils einer trendbereinigten Verkehrskenngröße in ein hochfrequentes Modell ergibt folglich eine negative Abweichung von der Nulllinie, welche die maximale Wirkung der Verkehrskenngröße im Sinne einer kurzzeitigen Minimierung der Immissionen beschreibt.

Die niederfrequenten Zeitreihen enthalten sämtliche Informationen der hochfrequenten Konzentrationskomponente in stark aggregierter oder geglätteter Form. Folglich sind die anhand der hochfrequenten Erklärungsmodelle ermittelten Reduktionspotenziale als Bestandteil der Reduktionspotenziale der niederfrequenten Erklärungsmodelle zu verstehen. Fachlich sind die hochfrequenten Reduktionspotenziale als Maßnahmen auf einer zeitlich mikroskopischen Ebene mit der Dauer von etwa einem Umlauf zu verstehen. Als beispielhafte Maßnahme ist hier die Grünzeitverlängerung für einzelne Fahrzeugpulks zu nennen. Die niederfrequenten Reduktionspotenziale entsprechen dann einer verkehrstechnischen Maßnahme auf einer zeitlich makroskopischen Ebene, wie beispielsweise einer Signalprogrammauswahl. Zur Quantifizierung konkreter Zusammenhänge zu LSA-Steuerungsparametern sind jedoch detaillierte Ursache-Wirkungsanalysen zwischen den einzelnen veränderbaren Elementen der Signalprogramme und den identifizierten umweltrelevanten verkehrlichen Kenngrößen durchzuführen, die jedoch nicht Bestandteil dieser Arbeit sind.

Für eine konkrete Maßnahmenplanung ist zudem relevant, inwieweit die festgestellten maximalen Wirkungen auch tatsächlich realisierbar sind. Untersuchungen von MAILER [2008] und von GRI GmbH [o.J.] zeigen, dass an einzelnen Zufahrten über 90 % der Fahrzeuge den Knotenpunkt ohne Halt passieren können. Die Untersuchungen beziehen sich allerdings auf ganze Zufahrten, während im hier verwendeten Ansatz die Anzahl der Anfahrvorgänge nur für einen Abschnitt der Zufahrt, in Abhängigkeit der Länge des ermittelten Einflussbereichs, ermittelt wird. Fahrzeuge, die außerhalb des Einflussbereichs in der Zufahrt halten, werden in dieser Untersuchung *nicht* als Halte erfasst.

---

[37] Das fünfte Perzentil wurde gewählt um keine Ausreißer als Grundlage für die Potenzialabschätzung zu verwenden.

Ferner hängt der Anteil der durchfahrenden Fahrzeuge in Bezug auf den definierten Einflussbereich erheblich von der Entfernung des Einflussbereichs von der Haltlinie ab; mit zunehmender Entfernung von der Haltlinie sinkt die Wahrscheinlichkeit für einen Halt eines Fahrzeugs in der Zufahrt oder im Einflussbereich. Die in der Literaturrecherche ermittelten Werte stellen somit *untere Schranken für das tatsächlich erreichbare Potenzial* dar. Folglich deuten die Rechercheergebnisse klar darauf hin, dass auch in Bezug auf den gesamten Zufahrtsbereich ein Anteil durchfahrender Fahrzeuge von 90 bis 100 % erreichbar ist und die Abschätzung anhand des 5 %-Perzentils plausibel ist.

3.5. Bewertung der Aussagekraft der Ergebnisse

3.5.1. Allgemeines

Die Aussagekraft der Ergebnisse wird anhand

- der Güte der Erklärungsmodelle,
- der Stabilität der Ergebnisse der Modellierung und
- der zeitlichen und räumlichen Übertragbarkeit der Ergebnisse bewertet.

Die *Modellgüte* wird anhand des Bestimmtheitsmaßes, des relativen Standardfehlers und anhand eines visuellen Vergleichs zwischen Messung und Modell qualitativ bewertet. Die Bewertung wird im Rahmen der Modellierung durchgeführt. Das Bewertungsverfahren ist daher ebenso wie die eigentliche Bewertung in den entsprechenden Abschnitten 3.3.4 und 4.2.4 dargestellt.

Zur Überprüfung der *Sensitivität* der Ergebnisse werden alternative Verfahren zur Modellentwicklung eingesetzt und die Auswirkungen auf die Modellergebnisse geprüft. Im Rahmen des in Kapitel 3 entwickelten methodischen Vorgehens wurden in drei Arbeitsschritten möglicherweise ergebnisrelevante Entscheidungen für oder gegen eine bestimmte Analysemethoden getroffen. Dies betrifft

- die Auswahl eines Verfahrens zur Trendbereinigung,
- die Auswahl bestimmter Aggregationsintervalle und
- die Auswahl des Modellansatzes für die Erklärungsmodelle.

Die beiden erstgenannten Arbeitsschritte betreffen die Modellierung der hochfrequenten Immissionskomponente. Der letztgenannte Arbeitsschritt betrifft die Modellierung sowohl der niederfrequenten als auch der hochfrequenten Immissionskomponente.

Als Datengrundlage für die Prüfung der Sensitivität werden exemplarisch die NO_X-Daten und $PM_{2,5}$-Daten der zweiten Messwoche im Testfeld Hamburg ausgewählt. Aufgrund der deutlichen höheren Verkehrsbelastung erscheint das Testfeld Hamburg besser geeignet als das Testfeld Bremerhaven. Das bisher entwickelte hochfrequente NO_X-Modell in Hamburg zeigt eine gute Übereinstimmung mit den gemessenen Werten in Bezug auf den relativen Verlauf, weist jedoch deutliche Abweichungen zu den absoluten Werten auf. Das hochfrequente $PM_{2,5}$-Modell zeigt an einzelnen Messtagen eine gute relative und absolute Übereinstimmung, an anderen wiederum eine unbefriedigende Modellgüte. Die Anwendung der alternativen Verfahren zur Trendbereinigung wird aufgrund der reduzierten Datenqualität der meteorologischen Kenngrößen in der ersten Messwoche auf die zweite Messwoche beschränkt.

Eine Überprüfung der Sensitivität anhand oberer und unterer Vertrauensgrenzen, wie sie bei der Regressionsanalyse üblich ist, wird für das gewählte exponentielle multiplikative Modell als nicht zweckmäßig angesehen: Selbst verhältnismäßig enge Vertrauensbereiche, die auf Grundlage der log-transformierten Regressionsgleichung ermittelt wurden, führen aufgrund des exponentiellen multiplikativen Ansatzes zu exorbitanten Ausschlägen bezogen auf die Modellergebnisse.

3.5.2. Sensitivität

3.5.2.1. Sensitivität gegenüber alternativen Tiefpassfiltern

Im Unterabschnitt 3.2.6 wurden verschiedene Ansätze zur Trendbereinigung vorgestellt. Die Ansätze unterscheiden sich vor allem in der Anpassung der Tiefpassfilterfunktion an die gemessenen (hochaufgelösten) Zeitreihen. Anhand der Kriterien „resultierende Stichprobengröße", „Güte der Abbildung des Tagestrends" und „Aufwand zur Ermittlung der niederfrequenten Komponente" wurde ein Ansatz zur Tiefpassfilterung ausgewählt. Zu diesem Zeitpunkt konnten die Konsequenzen auf die Ergebnisse der Modellierung allerdings noch nicht abschließend beurteilt werden. Mögliche Wirkungen auf die Ergebnisse des Erklärungsmodells können sein:

1. Dominanz der Störgröße (Lag-Variable) im Modell: Die Lag-Variable entspricht den Residuen der linearen Regression zum Zeitpunkt t-1. Das Gewicht der Lag-Variable in der Regressionsfunktion wird sich bei einer Trendbereinigung mit einem schlecht angepassten Tiefpassfilter, beispielsweise bei einem linearen Tiefpassfilter, vergrößern. Die sich ergebenden trendbereinigten Werte werden dann vermutlich noch Elemente des Tagesgangs enthalten und nur zu einem geringen Teil über die (trendbereinigten) volatilen Prädiktoren erklärt werden können.
2. Zu kleine Anteile der verkehrsbezogenen und windbezogenen Prädiktoren im Modell: Eine Trendbereinigung unter Verwendung eines gut angepassten Tiefpassfilters, beispielsweise einer polynomischen Funktion des Grades n (mit n>3), wird zwar das Gewicht der Lag-Variable als Störgröße verringern, gegebenenfalls aber auch den Erklärungsanteil der volatilen Prädiktoren reduzieren. In diesem Fall wird nicht nur der Tagestrend eliminiert, sondern auch ein Anteil der Immissionsbelastung, der durch die volatilen Kenngrößen beeinflusst wird. Die Konsequenz daraus sind falsche Aussagen zu den Anteilen der Prädiktoren in Bezug auf die hochfrequente Komponente der Immissionsbelastung.

Im Rahmen dieser Sensitivitätsprüfung wird der kritischere letztgenannte Fall überprüft. Es wird der Einfluss von besser angepassten Tiefpassfilterfunktionen im Vergleich zur verwendeten kubischen Regression auf die Erklärungsanteile der verkehrlichen Kenngrößen ermittelt. Hierzu werden ein gleitendes Mittel für 1-Stunden-Intervalle und für 2-Stunden-Intervalle sowie eine komplexere Tiefpassfilterfunktion in Form einer polynomialen Regression über die Zeit verwendet. Beide Tiefpassfilter bilden den Verlauf des Tagesgangs mit höherer Güte ab als die eingesetzte kubische Regression.

Nicht überprüft wird die Reduzierung der zeitlichen Auflösung der Tiefpassfilterfunktion, da dies eine Reduzierung der Stichprobengröße und damit der Aussagekraft des Erklärungsmodells zur Folge hätte. Verfahrensbedingt kann aber von einer Stabilität des Modells gegenüber einer reduzierten zeitlichen Auflösung ausgegangen werden.

3.5.2.2. Sensitivität gegenüber der zeitlichen Auflösung der hochfrequenten Komponente der erfassten Kenngrößen

Zur Einhaltung einer grundlegenden statistischen Anforderung an die Zeitreihenanalyse, nämlich äquidistanten zeitlichen Abständen zwischen einzelnen Datensätzen, wurden die hochfrequenten, trendbereinigten Zeitreihen auf das kleinste gemeinsame Vielfache der geschalteten Umlaufzeiten aggregiert. Insbesondere da bei der Prüfung mikroskopischer Zusammenhänge für die hochfrequenten Daten eine signifikante Korrelation zwischen Verkehrsstärke und Schadstoffkonzentration für die Periode der Umlaufzeit festgestellt wurde, erscheint eine exemplarische Modellierung für umlaufzeitbezogene Aggregationsintervalle sinnvoll.

3.5.2.3. Sensitivität gegenüber alternativen Modellansätzen

Als alternativer Modellansatz kommt ein lineares Regressionsmodell zum Einsatz. Wesentliche Vorteile des vollständig linearen Ansatzes aufgrund des Wegfalls der exponentiellen und der multiplikativen Komponente sowie der Log-Transformationen und der entsprechenden Rücktransformationen sind

- eine erhöhte Transparenz,
- ein reduzierter Aufwand zur Modellentwicklung sowie
- eine einfachere Prüfung der Aussagekraft und Stabilität einzelner Prädiktoren.

Mögliche Nachteile des vollständig linearen Ansatzes der Nicht-Erfüllung einzelner statistischer Anforderungen an die lineare Regression können

- eine verletzte Linearitätsannahme,
- nicht-varianzhomogene Residuen sowie
- nicht-normalverteilte Residuen sein.

Während die verletzte Linearitätsannahme sich direkt in der Anpassungsgüte des Modells niederschlägt und nur durch die Wahl einer alternativen funktionalen Form der Regression behoben werden kann, sind die Konsequenzen nicht-varianzhomogener Residuen schwieriger abzuschätzen: Nach BALTES-GÖTZ [2008] ist eine perfekte Varianzhomogenität in der Realität ohnehin nicht gegeben und es sollte vielmehr beurteilt werden, inwieweit die beobachtete Verletzung dieser Annahme tolerierbar ist oder nicht. BALTES-GÖTZ [2008] verweist hierzu auf Untersuchungen von RYAN [1997] und COHEN ET AL. [2003], die ein kritisches Verhältnis von maximaler zu minimaler Fehlerstandardabweichung von 9 bis 10 ergeben. Der Kleinst-Quadrate-Schätzer ist dann zwar noch erwartungstreu, jedoch nicht mehr optimal und weist damit höhere Standardfehler auf als der optimale Schätzer. Zudem können die Standardfehler von Regressionskoeffizienten unterschätzt und ihre Signifikanz damit überschätzt werden.

Die Prüfung der Normalität der Residuen ist nur nach Prüfung der Linearität und Varianzhomogenität sinnvoll. Die Konsequenzen einer Verletzung der Normalitätsannahme wirken sich zumindest bei ansatzweise symmetrischen Verteilungen nach BALTES-GÖTZ [2008] nur schwach auf die Ergebnisse der Regressionsanalyse aus.

Auch das lineare Modell wird exemplarisch auf die die NO_X-Daten und $PM_{2,5}$-Daten der zweiten Messwoche im Testfeld Hamburg angewendet. Das Modell hat die in Gleichung 28 angegebene Struktur mit der Schadstoffkonzentration $C_{Schadstoff,t}$, den Koeffizienten B_k und den Einflussfaktoren X_k.

$$C_{Schadstoff,t} = B_1 + B_2 X_2 + \cdots + B_k X_k \tag{28}$$

3.5.3. Zeitliche und räumliche Übertragbarkeit

Die Ausprägung und teils auch die Richtung der Einflüsse auf lokale Immissionskonzentrationen ist saisonal abhängig (vgl. 2.3.2). Aus diesem Grund kann von einer zeitlichen Übertragbarkeit insbesondere des niederfrequenten Modellansatzes nur bei einer ausreichend großen Stichprobe aus allen vier Jahreszeiten oder zumindest aus dem Sommer- und Winterhalbjahr ausgegangen werden.

Die hochfrequenten Erklärungsmodelle betreffen eine Untersuchung von tagestrendbereinigten Zeitreihen. Die erheblichen Einflüsse niederfrequenter meteorologischer Kenngrößen werden durch die Trendbereinigung weitestgehend eliminiert und die verbleibende Varianz der Immissionskenngrößen kann maßgeblich durch windbezogene und verkehrliche Kenngrößen erklärt werden. Anhand der Recherche in Unterkapitel 0 ist kein Hinweis erkennbar, dass die Wirkungen dieser Kenngrößen saisonalen Einflüssen unterworfen sind. Damit kann die erforderliche Stichprobengröße nach rein statistischen Gesichtspunkten ermittelt werden. Die Ermittlung der Stichprobengröße für multiple Fragestellungen ist im Anhang A5 dargestellt.

Statistisch-empirische Ansätze zur Wirkungsermittlung besitzen aufgrund ihrer Anpassung an vorhandene meteorologische, strukturelle und vor allem bauliche Randbedingungen grundsätzlich nur lokale Gültigkeit. Analog zum im 2.6.4 dargestellten Ansatz des Immissions-Screenings sind für ähnliche Randbedingungen an unterschiedlichen Orten ähnliche Wirkungszusammenhänge zu erwarten. GRUBER [2010] hat im Rahmen einer Studienarbeit die zur Prüfung einer möglichen räumlichen Übertragbarkeit bestehender Ursache-Wirkungszusammenhänge relevanten Parameter zusammengestellt. Nichtsdestotrotz ist die eingangs geforderte Präzision, die für eine umweltabhängige Verkehrssteuerung erforderlich ist, bei einer pauschalen räumlichen Übertragung eines lokalen Modells nicht gegeben. Vor dem räumlichen Transfer eines bestehenden Erklärungs- oder Prognosemodells ist zumindest eine erneute Parametrierung erforderlich. Eine detaillierte Bewertung der räumlichen Übertragbarkeit der Ergebnisse erübrigt sich damit.

3.6. Zwischenfazit

Es wurde ein neues Verfahren zur isolierten Quantifizierung der Wirkungen verschiedener (verkehrlicher) Einflussgrößen auf gemessene Luftschadstoff-Immisionen entwickelt. Damit eine vergleichsweise präzise Quantifizierung und auch die Berücksichtigung kurzzeitiger Schwankungen verkehrlicher Eingangsgrößen möglich werden, benötigt das Verfahren hochwertige Eingangsdaten: So sind sowohl die unabhängigen meteorologischen und verkehrlichen Kenngrößen ebenso wie die abhängigen immissionsbezogenen Kenngrößen in hoher zeitlicher Auflösung am Messquerschnitt zu erfassen. Für die hier durchgeführte Untersuchung ist eine teilweise manuelle Erfassung der verkehrlichen Kenngrößen akzeptabel, für weiterführende Untersuchungen ist jedoch eine automatisierte Erfassung anzustreben.

Die Datenanalyse basiert auf einem statistisch-empirischen Ansatz mit lokaler Gültigkeit. Hierbei wird zunächst mittels eines frequenzanalytischen Ansatzes das Vorhandensein eines mikroskopischen Zusammenhangs zwischen verkehrlichen und immissionsbezogenen Kenngrößen überprüft, um die Zweckmäßigkeit der zeitlich hochaufgelösten Datenerfassung und –analyse zu hinterfragen. Anschließend werden in einer Korrelationsuntersuchung die wesentlichen Einflussgrößen auf die gemessenen Immissionen identifiziert. Durch Anwendung der Kreuzkorrelationsanalyse wird ein möglicher zeitlicher Versatz zwischen Einfluss und Wirkung berücksichtigt. Ferner werden durch Anwendung der partiellen Korrelation bivariate Korrelationen unter „Ausschaltung" des Einflusses weiterer Einflussgrößen untersucht.

Basierend auf den aus statistischer und fachlicher Sicht relevanten Einflussgrößen wird mit einem multiplen regressionsanalytischen Ansatz ein lokales Erklärungsmodell entwickelt. Unter Anwendung dieses Erklärungsmodells ist die isolierte Quantifizierung einzelner (im Modell enthaltener) Einflussgrößen möglich. Die Modellgüte wird anhand statistischer Kennwerte sowie anhand einer qualitativen Bewertung der relativen und absoluten Ähnlichkeit von gemessener und modellierter Zeitreihe bewertet. Die Stabilität der Ergebnisse wird durch Anwendung alternativer mathematischer Verfahren im Rahmen der Datentransformation und der Modellierung bewertet.

4. Verfahrensanwendung

4.1. Datenerhebung und Datenaufbereitung

4.1.1. Merkmale der Testfelder

Das *Testfeld Bremerhaven* besteht aus zwei Straßenzügen (Columbusstraße, Lloydstraße), die etwa in der Mitte des Testfeldes an einem T-Knoten aufeinander treffen. Es befinden sich insgesamt 9 LSA in dem Testfeld, die seit Anfang 2008 mit dem modellbasierten Netzsteuerungsverfahren MOTION gesteuert werden. Die Steuerung erlaubt es dabei, verschiedene Verfahren und Abstufungen, wie zum Beispiel eine Festzeitsteuerung, eine lokale verkehrsabhängige Steuerung oder eine Netzsteuerung (MOTION) zu schalten. Die LSA-Schaltungen werden vom Verkehrsrechner mitgeschrieben und können ausgelesen werden. Im Netz befinden sich an allen LSA Induktionsschleifen, die auf 90 s-Intervalle aggregierte Verkehrsstärken, Belegungswerte und Geschwindigkeiten aufzeichnen (BOLTZE ET AL. [2010]).

Die PM_{10}- und NO_2-Konzentrationen im Testfeld lassen nur ein geringes Grenzwertüberschreitungsrisiko erkennen (BREMEN [2006]). Für die betrachteten Schadstoffe wird daher kein akuter Handlungsbedarf im Sinne einer Optimierung nach Umweltkriterien gesehen.

In der Stadt Bremerhaven waren zum Zeitpunkt der Feldmessungen zwei Umweltmessstationen in Betrieb, deren Daten für die Feldmessungen aber nur mit Einschränkungen genutzt werden können: Die Umweltmessstation Cherbourgerstraße ist mit einer Entfernung von circa 5 km vom Testfeld zu weit entfernt, um auf Grundlage der dortigen Messdaten Aussagen zu den Wirkungen der Netzsteuerung treffen zu können. Eine weitere Luftmessstation in der Hansastraße liegt mit 1,5 km Entfernung zwar näher am Testgebiet, jedoch besteht eine hohe Wahrscheinlichkeit, dass die Messdaten durch die Emissionen des Schiffsverkehrs beeinflusst werden.

Das *Testfeld Hamburg* besteht aus drei Straßenzügen von zusammen circa 6 km Streckenlänge, welche gemeinsam ein Dreieck bilden. Es befinden sich insgesamt 13 LSA in dem Testfeld (9 Knotenpunktsteuerungen und 4 Fußgänger-LSA), die seit Ende 2004 mit dem modellbasierten Netzsteuerungsverfahren BALANCE gesteuert werden. Analog zum Testfeld Bremerhaven erlaubt es die Steuerung, verschiedene Verfahren und Abstufungen, wie zum Beispiel eine Festzeitsteuerung, eine lokale verkehrsabhängige Steuerung, eine Signalplanauswahl oder eine Netzsteuerung (BALANCE) zu schalten. Die LSA-Schaltungen werden vom Verkehrsrechner mitgeschrieben und können ausgelesen werden. Im Netz befinden sich ausreichend viele Detektoren und Induktionsschleifen, die mittlere Verkehrsstärken und Belegungswerte sekündlich aufzeichnen. Die Messdaten der Detektoren werden einer Plausibilitätsprüfung unterzogen.

Die für das Testfeld erstellten Luftqualitätspläne weisen für die untersuchten Schadstoffe einen Handlungsbedarf für die Stadt Hamburg und insbesondere für die Habichtstraße aus (HAMBURG [2005]). Ein hoher festgestellter Verursacheranteil des Verkehrs (NO_2: 50-60 %; PM_{10}: 22 %) lässt verkehrliche Maßnahmen sinnvoll erscheinen. In Bezug auf die Meteorologie weist der Aktionsplan Feinstaub auf die starke regionale Komponente der Feinstaubbelastung hin. Je nach Hauptwindrichtung kann der Ferneintrag maßgebend für die Partikelbelastung sein. Dies bedeutet zum einen, dass das Wirkungspotenzial lokaler verkehrlicher Maßnahmen in Bezug auf die Feinstaubbelastung begrenzt ist, zum anderen führt dies aber auch zu einer verbesserten Prognose von Situationen mit hohem Grenzwertüberschreitungsrisiko. Die Bebauung im Bereich der für die Luftqualität kritischen Habichtstraße ist ein Mischgebiet welches wesentlich aus Wohnbebauung mit einem geringen Anteil an Kleingewerbe und Dienstleistern besteht. Die Breite der Häuserschlucht beträgt etwa 30 m. Die Gebäude besitzen durchschnittlich 4 bis 5 Stockwerke (BOLTZE ET AL. [2010]).

Im Testfeld Hamburg wurden während des Messzeitraums 17 Umweltmessstationen betrieben. Die Messstation Habichtstraße liegt im Untersuchungsgebiet und wird ergänzend zu den TUD-Messgeräten für Plausibilitätsprüfung verwendet. Die Station erfasst kontinuierlich die Kenngrößen PM_{10} und $PM_{2,5}$ sowie NO, NO_2, NO_x. Die Partikelkonzentration wird mittels Gravimetrie und Betastrahlenabsorption bestimmt, die Stickstoffoxidkonzentration wird mittels Chemilumineszenz gemessen.

4.1.2. Messzeiträume, Messstandorte, erhobene Kenngrößen

Die Umweltmessungen im *Testfeld Bremerhaven* wurden am Knotenpunkt Hafenstraße/Lloydstraße durchgeführt. Die Messungen fanden im Zeitraum vom 16.02.2009 bis 20.02.2009 (Messwoche 1) sowie im Zeitraum vom 23.02.2009 bis 27.02.2009 (Messwoche 2), jeweils zwischen 06:30 Uhr und 18:30 Uhr statt.

Die Messgeräte zur Messung der PM_x-Konzentration und zur Messung der lokalen meteorologischen Kenngrößen wurden in etwa 15 m Abstand von der Haltlinie aufgestellt. Die NO_x-Konzentration wurde als Parallelmessung in 15 m und 25 m Abstand von der Haltlinie gemessen (Bild 17). Die Probenahme befand sich in 1 m Abstand vom Fahrbahnrand und in etwa 1,5 m Höhe.

Bild 17: Standort der Umweltmessung im Testfeld Bremerhaven (unmaßstäblich, Bildquelle: GOOGLE [2009]).

Die Umweltmessungen im *Testfeld Hamburg* wurden am Knotenpunkt Habichtstraße/Bramfelder Straße durchgeführt. Die Messungen haben im Zeitraum vom 02.06.2008 bis zum 06.06.2008 (Messwoche 1) sowie im Zeitraum vom 06.10.2008 bis zum 10.10.2008 (Messwoche 2), jeweils zwischen 06:30 Uhr und 18:30 Uhr stattgefunden.

Die PM_x- und NO_X-Konzentration sowie die lokalen meteorologischen Kenngrößen wurden in Messwoche 1 in einem Abstand von 65 m von der Haltlinie und in Messwoche 2 als Parallelmessung in 60 m sowie 70 m Abstand von der Haltlinie gemessen (Bild 18). Die Probenahme befand sich in 1 m Abstand vom Fahrbahnrand und in etwa 1,5 m Höhe. In Messwoche 1 wurde anstelle der zweiten verkehrsbezogenen Immissionsmessstelle eine zusätzliche Hintergrundmessung im Hinterhof des Gebäudes der Techniker Krankenkasse durchgeführt, welches direkt am Knotenpunkt liegt.

Bild 18: Standort der Umweltmessung im Testfeld Hamburg (unmaßstäblich; Bildquelle: GOOGLE [2009]).

Teils weichen die in den Testfeldern erhobenen Kenngrößen und die zeitliche Auflösung ihrer Erfassung aus technischen und organisatorischen Gründen geringfügig von den Angaben im Abschnitt 3.2 ab. Die testfeldspezifisch erfassten Kenngrößen können Anhang A3 entnommen werden.

4.1.3. Datenfusion, Qualitätssicherung und Ableitung weiterer Kenngrößen

Die Datenzusammenführung, die Qualitätssicherung der erhobenen Zeitreihen und die Ableitung weiterer Kenngrößen werden analog zur in Unterkapitel 3.2 beschriebenen Vorgehensweise durchgeführt. Die durchgeführten Plausibilitätsprüfungen und die vorgenommenen Korrekturen können Anhang A4 entnommen werden.

Im *Testfeld Bremerhaven* werden die erhobenen und abgeleiteten Kenngrößen zu einem 630 Sekunden-Mittelwert als kleinstes gemeinsames Vielfaches der am häufigsten geschalteten Umlaufzeiten von 70 Sekunden und 90 Sekunden sowie zu Stundenmittelwerten aggregiert[38]. Zur Untersuchung der hochfrequenten Komponente werden die Zeitreihen mit der Auflösung von fünf Sekunden und 630 Sekunden verwendet. Die trendbereinigte hochfrequente Komponente wird aus der Differenz zwischen den hochfrequenten Messwerten und einer kubischen Regression über die Zeit (vgl. Abschnitt 3.2.6) ermittelt. Zur Untersuchung der niederfrequenten Komponente werden Zeitreihen mit einer Auflösung von einer Stunde verwendet.

---

[38] Darüber hinaus wurden im Testfeld Bremerhaven Umlaufzeiten von 60 Sekunden und 80 Sekunden geschaltet, bezogen auf gesamten Messzeitraum aber nur für etwa eine Stunde. Sie werden nicht weiter berücksichtigt.

Im *Testfeld Hamburg* werden die erhobenen und abgeleiteten Kenngrößen zu einem 450-Sekunden-Mittel als kleinstes gemeinsames Vielfaches der Umlaufzeiten von 75 Sekunden und 90 Sekunden für den hochfrequenten Ansatz, sowie zu Stundenmittelwerten für den niederfrequenten Ansatz aggregiert. Die Trendbereinigung wird analog zum Testfeld Bremerhaven durchgeführt.

Die Daten der Hintergrundmessung während der ersten Messwoche im Testfeld Hamburg sind wegen unplausibler Werte für die weitere Auswertung nicht verwendbar. Ferner müssen wegen technischer Probleme in der ersten Messwoche die Daten einer alternativen Wetterstation mit niedrigerer zeitlicher Auflösung verwendet werden.

4.2. Datenanalyse

4.2.1. Qualitative Interpretation der erhobenen Zeitreihen

Eine Auswahl der im *Testfeld Bremerhaven* erfassten Zeitreihen ist als Sequenzdiagramm in Bild 19 dargestellt. Die Gegenüberstellung der Tagesganglinien zeigt dabei nur wenige klar erkennbare Abhängigkeiten: So ist eine Ähnlichkeit im relativen Verlauf der NO_x- und der PM_x-Ganglinie vorhanden, die absolute Ausprägung einzelner Maxima unterscheidet sich jedoch deutlich. Der Einfluss der Windgeschwindigkeit auf die Immissionskonzentrationen ist gut erkennbar, insbesondere in der zweiten Messwoche bei stark schwankender Windgeschwindigkeit. Der erwartete entgegengesetzte Verlauf von Temperatur und Luftfeuchte ist für den gesamten Messzeitraum gut erkennbar. Weiter ist ein entgegengesetzter Verlauf von Temperatur und Stickoxidkonzentration sichtbar; besonders deutlich wird dies bei niedrigen Temperaturen um 0°C. Ein typischer Tagesgang mit niedrigen morgendlichen Werten, einer Mittagsspitze und sinkenden Werten zur Abendzeit ist bei den Kenngrößen Temperatur und Luftdruck vorhanden. Die Verkehrsstärke weist keine Morgen- sondern nur eine Abendspitze auf und liegt im Mittel mit deutlich unter 1.000 Fz/h auf einem vergleichsweise niedrigen Niveau. Zusammenhänge zwischen den Ganglinien der Verkehrskenngrößen und den Immissionskenngrößen sind zunächst nicht erkennbar.

Die regionalen meteorologischen Daten weisen in der ersten Messwoche grundsätzlich auf austauscharme Wetterlagen mit Inversionen auch während des Tages hin. So lassen sich vom 16.02.2009 bis 20.02.2009 zur Mittagszeit Höheninversionen, zumeist bei ca. 500 m feststellen. Am 18.02. und am 20.02. liegen zur Nachtzeit mehrschichtige Inversionen vor, die vermutlich für die hohen Schadstoffwerte zum Messbeginn verantwortlich sind. Die zweite Messwoche zeigt eine gute Durchlüftung und weist nur am 23.02.2009 und am 24.02.2009 schwache Höheninversionen auf. Am 24.02. wird eine stabile Höheninversion zur Nachtzeit festgestellt, die für die hohe morgendliche Immissionskonzentration verantwortlich sein kann (KANDLER [2009]).

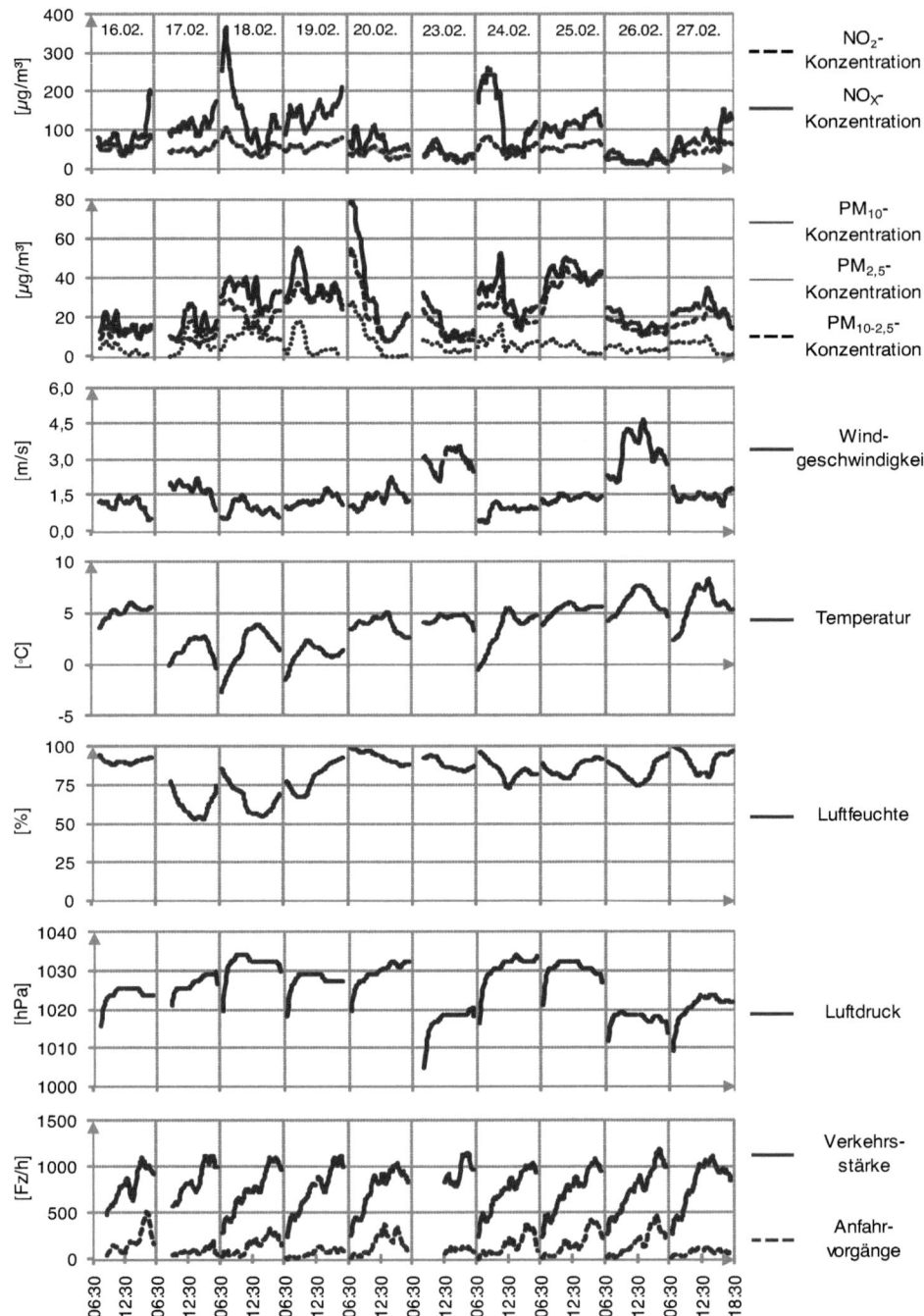

Bild 19: Ausgewählte Zeitreihen der Messungen im Testfeld Bremerhaven (gleitende 1h Mittelwerte).

Eine Auswahl der im *Testfeld Hamburg* erfassten Zeitreihen ist als Sequenzdiagramm in Bild 20 dargestellt. Die große Datenlücke am 03.06.2008 ergibt sich aus einer Sturmwarnung in Verbindung mit Starkregen, so dass die Messungen zur Mittagszeit abgebrochen wurden. Die mittäglichen Datenlücken in der ersten Messwoche sind in einer geplanten Messunterbrechung begründet, die vor allem zur Datensicherung genutzt wurde, da die an die Immissionsmessgeräte angeschlossenen Rechner mehrfach ausfielen.

Die NO_x-Ganglinie weist in beiden Messwochen einen charakteristischen Verlauf mit einer Morgenspitze, einem Mittagstief und zum Nachmittag/Abend hin ansteigenden Werten auf. Bedingt ist dies primär durch photochemische Prozesse. Die Partikelkenngrößen weisen keinen ausgeprägten Tagesgang auf. Eine Ähnlichkeit der NO_X- und der PM_X-Ganglinien ist in Bezug auf lokale Maxima und Minima erkennbar, darüber hinaus unterscheiden sich die Tagesgänge deutlich. Beim Vergleich zwischen den Messwochen fällt zunächst der deutliche Unterschied der Absolutwerte der Immissionen, insbesondere NO_x und PM_{10} auf. In der zweiten Messwoche wurden wesentlich höhere Immissionskonzentrationen als in der ersten Messwoche gemessen (bei teilweise niedrigeren Hintergrundkonzentrationen).

Der Einfluss der Windgeschwindigkeit auf die Immissionen ist bei einem Anstieg der lokalen Windgeschwindigkeit auf Werte größer 1 m/s erkennbar. Der entgegengesetzte Verlauf von Temperatur und Luftfeuchte tritt deutlich zutage. Erkennbar ist ein entgegengesetzter Tagesgang der NO_X-Belastung zur Temperatur (bzw. ein ähnlicher Verlauf zur Luftfeuchte). Die regionalen meteorologischen Daten weisen für beide Zeiträume auf nächtliche Inversionen hin; in der zweiten Messwoche hat eine die Immissionskonzentrationen begünstigende Strahlungswetterlage[39] vorgeherrscht (KANDLER [2009]).

Die Verkehrsstärke im Testfeld Hamburg zeigt eine deutlich erkennbare Morgen- und Abendspitze, liegt jedoch auch in den Schwachverkehrszeit auf einem Niveau von etwa 1.000 Fahrzeugen und damit deutlich höher als im Testfeld Bremerhaven.

---

[39] Als Strahlungswetterlage wird eine Wetterlage mit hohem Luftdruck bei geringer Bewölkung und niedrigen Windgeschwindigkeiten bezeichnet.

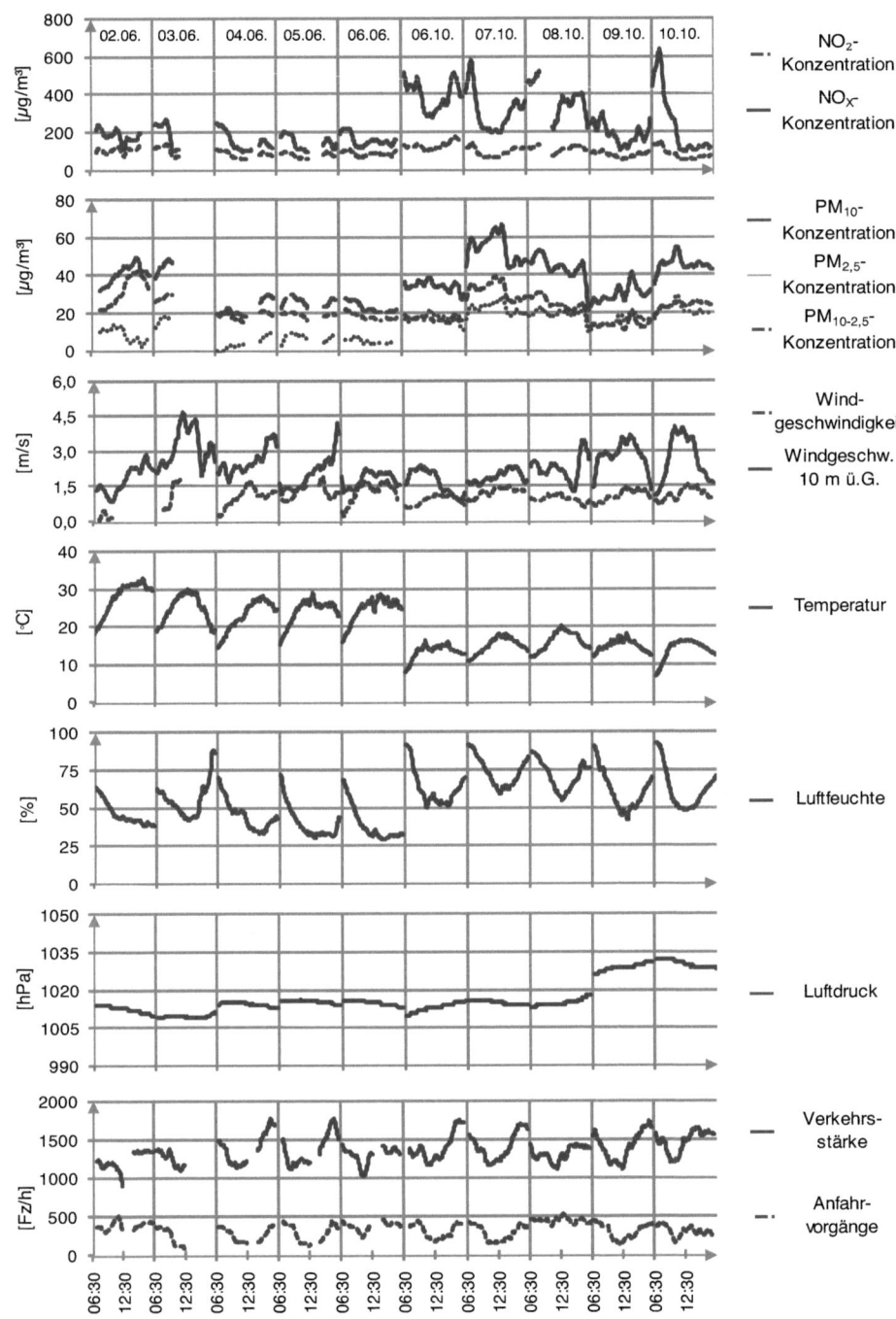

Bild 20: Ausgewählte Zeitreihen der Messungen im Testfeld Hamburg (gleitende 1h Mittelwerte).

Zur Überprüfung der Homogenität der beiden Messwochen in den Testfeldern werden die Mittelwerte, die Varianz, das 5. und 95. Perzentil, die Änderungsrate und die Autokorrelation im ersten Lag interpretiert. Die statistische Verteilung der erhobenen Kenngrößen wird anhand einer qualitativen Interpretation der Histogramme beurteilt (vgl. Anhang A5).

Im *Testfeld Bremerhaven* sind deutliche Unterschiede zwischen den beiden Messwochen für den NO_x-Mittelwert, die Varianz der großen Partikel, den Mittelwert und die Varianz der Windgeschwindigkeit sowie die Varianz der Luftfeuchte und des Luftdrucks erkennbar. Aus diesem Grund werden die beiden Messwochen bei der Entwicklung eines Erklärungsmodells als unterschiedliche Grundgesamtheiten und im weiteren getrennt voneinander betrachtet.

Die Änderungsraten der Kenngrößen bestätigen die eingangs getroffene Annahme, dass die immissions- und windbezogenen sowie die verkehrlichen Kenngrößen die mit Abstand höchsten Änderungsraten aller identifizierten Einflussgrößen auf die Immissionen aufweisen. Sämtliche Kenngrößen weisen eine hohe Autokorrelation im ersten Lag auf. Die Histogramme der NO_2-Konzentration, der Temperatur, der Verkehrsstärke, der SV-Verkehrsstärke und der Durchfahrten sind eingipflig und weitestgehend symmetrisch, so dass der Fehler statistischer Verfahren infolge einer Abweichung von der Normalverteilung vernachlässigbar ist. Die weiteren Immissionskenngrößen weisen ebenso wie die Windgeschwindigkeit, die Windrichtung und die Anfahrvorgänge linkssteile Verteilungen auf und können durch Logarithmierung an die Normalverteilung angenähert werden. Die Häufigkeitsverteilungen von Luftdruck und Luftfeuchte sind teils mehrgipflig, teils auch rechtssteil.

Im *Testfeld Hamburg* liegen die Mittelwerte und auch die Varianz der Immissionskenngrößen der zweiten Messwoche deutlich höher als in der ersten Messwoche. Auch hat der Luftdruck in der zweiten Messwoche eine deutlich höhere Varianz. Aufgrund der sich deutlich voneinander unterscheidenden Tagesganglinien der Luftschadstoffe und der meteorologischen Kenngrößen werden auch die beiden Messwochen des Testfelds Hamburg als zwei unterschiedliche Grundgesamtheiten angesehen und in den weiteren Auswertungen getrennt voneinander untersucht.

Analog zum Testfeld Bremerhaven sind die Änderungsraten der immisions- und windbezogenen sowie der verkehrlichen Kenngrößen deutlich höher als die der meteorologischen Kenngrößen Temperatur, Luftfeuchte und Luftdruck. Alle Kenngrößen besitzen im ersten Lag eine Autokorrelation von 0,5 oder höher. Anhand der Histogramme kann lediglich für die Kenngrößen NO_2-Konzentration, Temperatur, Verkehrsstärke, SV-Verkehrsstärke und der Durchfahrten von einer Ähnlichkeit zur Normalverteilung ausgegangen werden. Für die Immissionskenngrößen sind ebenso wie für die Windgeschwindigkeit und die Luftfeuchte linkssteile Verteilungen erkennbar. Der Luftdruck, die Windrichtung und die Anfahrvorgänge haben asymmetrische und teils mehrgipflige Verteilungen.

4.2.2. Prüfung von mikroskopischen Zusammenhängen zwischen verkehrlichen Kenngrößen und Immissionen

Verfahrensbedingt lassen sich die Methoden der Frequenzanalyse nur auf lückenlose Zeitreihen anwenden. Diese Voraussetzung ist weder bei den Daten aus dem Testfeld Bremerhaven noch bei den Daten aus dem Testfeld Hamburg erfüllt. Die Kreuzspektrumsanalyse wird daher gesondert für lückenlose Zeitreihen*abschnitte* durchgeführt und als quadratische Kohärenz *Ch(h)* dargestellt. Die quadratische Kohärenz ist als spektrales Bestimmtheitsmaß mit dem Wertebereich $0 \leq CH \leq 1$ zu verstehen. Sie wird für die trendbereinigten NO_X-, PM_{10}, $PM_{2,5}$ und $PM_{10-2,5}$-Zeitreihen, jeweils kombiniert mit der Zeitreihe der trendbereinigten Verkehrsstärke, auf Grundlage der 5-Sekunden-Daten ermittelt. In Tabelle 8 sind die Zeiträume dargestellt, für die eine signifikante quadratische Kohärenz vorliegt.

Geschaltete Umlaufzeit	Untersuchter Zeitraum (BH / HH)	Davon signifikante Kohärenz für einen Zeitraum von (BH / HH)	bei Periode (BH / HH)
90 s (BH & HH)	103 h / 84 h	83 h / 60 h für NO_X	89,3 s / 86,2 s
		71 h / 60 h für PM_{10}	
		71 h / 60 h für $PM_{2,5}$	
		71 h / 55 h für $PM_{10-2,5}$	
75 s (nur HH)	84 h	57 h für NO_X	74,6 s
		60 h für PM_{10}	
		36 h für $PM_{2,5}$	
		22 h für $PM_{10-2,5}$	
70 s (nur BH)	103 h	32 h für NO_X	70,4 s
		22 h für PM_{10}	
		22 h für $PM_{2,5}$	
		22 h für $PM_{10-2,5}$	
45 s (BH & HH)	103 h / 84 h	51 h / 30 h für NO_X	45,1 s / 45,5 s
		8 h / 11 h für PM_{10}	
		29 h / 22 h für $PM_{2,5}$	
		10 h / 11 h für $PM_{10-2,5}$	

BH: Bremerhaven; HH: Hamburg

Tabelle 8: Zeiträume aus den Feldmessungen, für die ein signifikanter spektraler Zusammenhang zwischen gemessener Immissionskonzentration und Verkehrsstärke vorliegt.

Für einen großen Anteil der untersuchten Zeiträume bestehen signifikante spektrale Zusammenhänge. So weist die Varianz der NO_X-Belastung zu nahezu allen Zeiträumen eine signifikante periodische Übereinstimmung mit der Verkehrsstärke auf. Für die PM_X-Konzentration ist dieser Anteil etwas geringer als bei der NO_X-Konzentration. Für die Umlaufzeiten, die zu Schwachverkehrszeiten geschaltet wurden (75 Sekunden in Hamburg und 70 Sekunden in Bremerhaven) ist der Zusammenhang schwächer ausgeprägt. Sämtliche erkannten Periodizitäten entsprechen unter Berücksichtigung von Messungenauigkeiten den geschalteten Umlaufzeiten in den beiden Testfeldern.

Es kann festgehalten werden, dass die untersuchten Immissionskenngrößen (als trendbereinigte Kenngrößen) eine Periodizität aufweisen, die der Umlaufzeit der Lichtsignalsteuerung und damit der Periodizität des Verkehrs in der Knotenpunktszufahrt entspricht. Die Annahme, dass die hochfrequenten Immissionszeitreihen maßgeblich von den hochfrequenten Verkehrszeitreihen bestimmt werden, wird bestätigt. Ferner kann davon ausgegangen werden, dass das angewendete Verfahren zur Trendbereinigung grundsätzlich für den vorgesehenen Zweck geeignet ist.

4.2.3. Identifikation der relevanten Einflussgrößen auf die Immissionskenngrößen

Für die Kreuzkorrelationsanalyse werden die 630-Sekunden-Daten des Testfelds Bremerhaven und die 450-Sekunden-Daten des Testfelds Hamburg verwendet.

Für das *Testfeld Bremerhaven* zeigt die Kreuzkorrelationsanalyse für die originalskalierte NO_X-Konzentration signifikante negative Phasenverschiebungen der Temperatur von etwa 45 Minuten an. Entsprechend der in Unterabschnitt 2.3.2.3 dargestellten Zusammenhänge besteht die Möglichkeit indirekter, verzögerter Ursache-Wirkungs-Beziehungen. In der Datentabelle wird daher eine neue Kenngröße als Lag-Variable mit entsprechender Phasenverschiebung gebildet.

Für die trendbereinigten Kenngrößen PM_{10}- und $PM_{2,5}$-Konzentration werden signifikante negative Phasenverschiebungen der Verkehrsstärke und der Anfahrvorgänge von etwa 70 Minuten angezeigt. Für sekundäre Partikel ist eine zeitlich verzögerte Messbarkeit theoretisch möglich (vgl. 2.1.1). In der Datentabelle wird eine entsprechende Phasenverschiebung vorgenommen. Unplausibel ist allerdings, dass die Phasenverschiebung der Kenngrößen Verkehrsstärke und Anfahrvorgänge weder im Testfeld Hamburg, noch bei weiteren verkehrlichen Kenngrößen im Testfeld Bremerhaven auftritt.

Für die weiteren Kenngrößen ergeben sich nach Phasenverschiebungen unter den festgelegten Bedingungen keine signifikanten Korrelationen.

Für das *Testfeld Hamburg* zeigt die Kreuzkorrelation für die NO_X-Konzentration signifikante negative Phasenverschiebungen der Verkehrsstärke von etwa zweieinhalb Stunden an. Demnach würde die erkennbare Wirkung auf die NO_X-Konzentration vor der etwaigen Ursache gemessen werden. Eine Verschiebung der Zeitreihe ist nicht sinnvoll. Für die weiteren Kenngrößen ergeben sich nach Phasenverschiebungen unter den festgelegten Bedingungen keine signifikanten Korrelationen.

Tabelle 9 zeigt einen Auszug der Ergebnisse der partiellen Korrelationsanalyse für den niederfrequenten Ansatz für beide Testfelder. Tabelle 10 zeigt die Ergebnisse für die hochfrequenten Kenngrößen. Dargestellt sind sämtliche Kenngrößen mit signifikanter Korrelation sowie die Richtung des Zusammenhangs, getrennt nach den untersuchten Luftschadstoffen. Die Kürzel BH01/BH02 und HH01/HH02 stehen für die unterschiedlichen Messwochen in den Testfeldern. Sofern für eine Prädiktorkenngröße in einer Messwoche keinen statistisch signifikanter Zusammenhang besteht, wird das Vorzeichen nicht angegeben.

Details zur Kreuzkorrelationsanalyse und zur partiellen Korrelationsanalyse können Anhang A5 entnommen werden.

Kenngröße	NO_X		PM_{10}		$PM_{2,5}$		$PM_{10-2,5}$	
	BH01 / BH02	HH01 / HH02	BH01 / BH02	HH01 / HH02	BH01 / BH02	HH01 / HH02	BH01 / BH02	HH01 / HH02
Windgeschwindigkeit	- / -	- / -	- / -	+ / -	- / -	- / +	- / -	- / +
Windrichtung-Vektor	+ / +		+ / +	+ / +	+ / +	/ +	+ / +	+ /
Windvektor	+ / +		+ / +	/ -	+ / +		+ / +	
Windgeschwindigkeit (Messcontainer)		- / -		/ +		/ -		
Windrichtung (Messcontainer)						/ +		+ / +
Temperatur	- / -	- / -	- /	/ +	- /		- / -	+ /
Temperatur (Lag-Variable)	- / -		- / -		- /		- / -	
Temperatur-Steigung		/ +		+ /				+ / +
Luftfeuchte	- / +	+ / +		+ / +	+ /	+ / +	- / -	+ /
Luftfeuchte-Steigung		+ / +				+ /		
Luftdruck	/ +	- / -	+ / +	- / -	+ / +	- / -	+ / +	- /
Luftdruck-Steigung				+ / -		+ / -		/ -
Globalstrahlung		- / -		- /		- /		
Ozon-Hintergrund	- / -	- / -		- /	+/-	- / -		- /
Wasserdampf-Verhältnis	- / -	+ / +	- /	+ / +		+ / +	- / -	+ / +
NO_X-Hintergrund	/ +	+ / -		+ / +		+ / +		/ +
PM_{10}-Hintergrund		+ /	+ / +	+ / +	+ / +	+ / +	+ /	+ / +
Verkehrsstärke	/ +	+ /	- / -	+ / -	- /	+ /	- / -	+ / +
Verkehrsstärke SV	+ /	+ / +	+ / +	+ /		+ /	+ / +	/ +
Verkehrsstärke auf 1. FS	/ +		-/	+ / -	- /	+ /		+ / -
Verkehrsstärke SV auf 1. FS	+ /	/ +	/ +			+ /	+ / +	/ +
Verkehrsstärke SV / Verkehrsstärke	+ /	/ +	+ / +	/ +	+ /		+ / +	/ +
Anfahrvorgänge	- /	+ / +	- /	/ -	- /	/ -	- / -	/ -
Anfahrvorgänge / Verkehrsstärke	- /	+ / +	- /	/ -	- / +	/ -	- / -	- / -
Anfahrvorgänge SV		+ / +	- /	/ -	- /	/ -		- /
Durchfahrten	+ / +	/ -	- / -	+ /	- / -	+ /		+ /
Durchfahrten SV	+ /	/ +	+ /	+ / +	+ /	+ / +	+ / +	/ +
NO_X-Emissionen	/ +	+ / +		- /	+ /	- /	+ /	
$PM_{2,5}$-Emissionen	+ /	+ / +		- /	+ / -	- /	+ / -	- / -

BH: Bremerhaven; HH: Hamburg; +/- steht für die Richtung des Zusammenhangs.

Tabelle 9: Signifikante Korrelationen (Irrtumswahrscheinlichkeit 5 %) zwischen Einflussfaktoren und Immissionskenngrößen (alle logarithmiert) für den niederfrequenten Ansatz.

Kenngröße	NO$_X$ BH01/BH02	NO$_X$ HH01/HH02	PM$_{10}$ BH01/BH02	PM$_{10}$ HH01/HH02	PM$_{2,5}$ BH01/BH02	PM$_{2,5}$ HH01/HH02	PM$_{10-2,5}$ BH01/BH02	PM$_{10-2,5}$ HH01/HH02
Windgeschwindigkeit		- / -	- / -	- / -		- / -	- /	/ -
Windrichtung-Vektor	+ / +	/ -	+ / +	/ -		/ -	+ / +	/ -
Windvektor	+ / +	- / -	+ / +	- / -	/ +	- / -	+ / +	/ -
Verkehrsstärke	+ / +	+ / +					+ /	
Verkehrsstärke (Lag-Variable)			+ / +		+ / +		/ +	
Verkehrsstärke SV	+ / +	+ / +					+ /	+ /
Verkehrsstärke SV auf 1. FS	+ / +	+ / +					+ /	+ / +
Verkehrsstärke SV / Verkehrsstärke	+ /	+ / +					+ /	
Anfahrvorgänge	+ / +	+ / +		+ /	- /		+ /	/ -
Anfahrvorgänge (Lag-Variable)		+ / +	/ +	+ /		+ /		+ /
Anfahrvorgänge / Verkehrsstärke		+ / +					+ /	
Anfahrvorgänge SV / Verkehrsstärke	+ /							
Durchfahrten				/ +		/ +		/ +	- /
Durchfahrten SV	+ /	+ / +					+ /	+ / +
NOx-Emissionen			+ / +		+ /		+ /	
PM2,5-Emissionen			+ / +		+ /		+ /	

BH: Bremerhaven; HH: Hamburg; +/- steht für die Richtung des Zusammenhangs.

Tabelle 10: Signifikante Korrelationen (Irrtumswahrscheinlichkeit 5 %) zwischen Einflussfaktoren und Immissionskenngrößen (alle trendbereinigt und logarithmiert) im hochfrequenten Ansatz.

Zur Überprüfung, inwieweit die modellierte NO$_X$-Konzentration als Tracer für die Modellierung der PM$_X$-Konzentration (oder umgekehrt) herangezogen werden kann, werden zusätzlich die Korrelationskoeffizienten zwischen den einzelnen Schadstoffkenngrößen ermittelt. Hierbei zeigen sich zwar statistisch signifikante Korrelationen, die jedoch in ihrer Ausprägung nicht höher sind als die Korrelationen zu direkten Einflussgrößen, so dass Letzteren im Zuge der weiteren Modellierung der Vorzug gegeben wird. Tabelle 11 zeigt die Korrelationskoeffizienten zwischen den Schadstoffkenngrößen, gegliedert nach Testfeld und Messwoche. Der im Abschnitt 2.6.3 dargestellte Ansatz der NO$_X$-Tracermethode, der zur Bestimmung von Emissionsfaktoren verwendet wird, kann anhand der hier vorliegenden Stichprobe nicht nachvollzogen werden.

	NO$_X$ und PM$_{10}$		NO$_X$ und PM$_{2,5}$		NO$_X$ und PM$_{10-2,5}$	
	BH01 / BH02	HH01 / HH02	BH01 / BH02	HH01 / HH02	BH01 / BH02	HH01 / HH02
Niederfrequent	0,27 / 0,52	0,39 / 0,13	0,26 / 0,54	0,50 / 0,11	0,22 / -0,11	0,13 / 0,15
Hochfrequent	0,38 / 0,42	0,32 / 0,35	0,38 / 0,35	0,48 / 0,30	0,31 / 0,28	0,03 / 0,33

BH: Bremerhaven; HH: Hamburg

Tabelle 11: Korrelationskoeffizienten zwischen (logarithmierten) Schadstoffkenngrößen.

4.2.4. Quantifizieren der Zusammenhänge zwischen den Einflussgrößen und den Immissionskenngrößen (Modellierung)

4.2.4.1. Allgemeines

Mit den festgestellten relevanten Einflussgrößen wird ein lineares autoregressives Erklärungsmodell gemäß des in Abschnitt 3.3.4 beschriebenen Ansatzes entwickelt. In das Erklärungsmodell werden nicht alle der identifizierten relevanten Einflussgrößen aufgenommen, da sich diese teilweise inhaltlich und in Bezug auf ihren Beitrag zur Varianzaufklärung überschneiden. Daher werden die ebenfalls in 3.3.4 beschriebenen Merkmalsselektionsverfahren angewendet, so dass sich eine reduzierte Menge potenzieller Prädiktoren ergibt. Die Ergebnisse der verschiedenen Merkmalsselektionsverfahren sind im Anhang A5 dargestellt. Auch nach Anwendung dieser Verfahren ist allerdings nicht sichergestellt, dass eine optimale Merkmalsmenge mit maximaler Varianzaufklärung und mit minimaler inhaltlicher Überschneidung gefunden wird. Daher wird die resultierende Merkmalsmenge kritisch auf inhaltliche Überschneidungen geprüft und weitere Kenngrößen aus der Menge potenzieller Prädiktoren entfernt und mögliche alternative Prädiktoren (sofern sie in den Korrelationsuntersuchungen als relevant identifiziert wurden) hinzugefügt. Im Zuge dieses qualitativen Auswahlprozesses wird zudem auf möglichst einheitliche Prädiktoren in den beiden Messwochen in den nieder- und hochfrequenten Modellen der jeweiligen Testfelder geachtet.

Die Modellentwicklung wird in beiden Testfeldern getrennt nach niederfrequentem und nach hochfrequentem Ansatz, nach zu untersuchenden Immissionskenngrößen NO_X, PM_{10}, $PM_{2,5}$ und $PM_{10-2,5}$ sowie nach Messwochen in den Testfeldern durchgeführt.

Sämtliche Prädiktorkenngrößen in den niederfrequenten Modellen sind logarithmierte Kenngrößen. Die Prädiktorkenngrößen in den hochfrequenten Modellen sind logarithmierte und anschließend trendbereinigte Kenngrößen.

Im Folgenden werden die verschiedenen Erklärungsmodelle differenziert nach den betrachteten Immissionskenngrößen anhand statistischer Kenngrößen zur Modellgüte sowie anhand einer graphischen Gegenüberstellung von Messung und Modell dargestellt. In Letzterem werden die modellierten Werte ohne Berücksichtigung der Lag-Variable dargestellt. Eine Einbeziehung der Lag-Variable als Modellfehler zum Zeitpunkt t-1 würde voraussetzen, dass das Modell kontinuierlich anhand einer Messung „geeicht" wird. Das Ziel des Erklärungsmodells ist es jedoch, den Anteil der identifizierten Prädiktoren an den gemessenen Immissionen festzustellen. Die Differenz zwischen den gemessenen Werten und den modellierten Werten *ohne* Berücksichtigung der Lag-Variable vermittelt daher einen guten Eindruck der tatsächlich ungeklärten Varianz.

Das entwickelte Erklärungsmodell wird anhand des Bestimmtheitsmaßes, des relativen Standardfehlers und der relativen sowie absoluten Ähnlichkeit zwischen Modell und Messung bewertet und fachlich interpretiert. Die Kürzel BH01/BH02 und HH01/HH02 stehen dabei wie bisher für die unterschiedlichen Messwochen in den Testfeldern. Die Prüfung der erforderlichen statistischen Voraussetzungen für die weitere Verwendung der Modelle sind ebenso wie detaillierte Angaben zu den einzelnen Prädiktorkenngrößen im Anhang A5 dargestellt.

4.2.4.2. Erklärungsmodelle für die gemessene NO_X-Konzentration

Das *niederfrequente Modell* im Testfeld Bremerhaven erklärt in beiden Messwochen etwa 80 % der Varianz der NO_X-Konzentration. Der relative Standardfehler, bezogen auf die mittlere gemessene Immissionskonzentration, liegt in einer Größenordnung von etwa 35 %. Im Testfeld Hamburg werden in beiden Messwochen sogar mehr als 80 % der Varianz der NO_X-Konzentration bei einem relativen Standardfehler von 5 % bis etwa 20 % erklärt (Tabelle 12).

Das *hochfrequente Modell* im Testfeld Bremerhaven erklärt in der ersten Messwoche nur etwa 20 % und in der zweiten Messwoche etwa 40 % der Varianz. Der relative Standardfehler, bezogen auf die doppelte Standardabweichung der trendbereinigten NO_X-Zeitreihe, liegt in einer Größenordnung von 40 % in der ersten Messwoche und bei knapp 20 % in der zweiten Messwoche. Im Testfeld Hamburg werden in beiden Messwochen etwa 40 % der Varianz der NO_X-Konzentration bei einem relativen Standardfehler von ebenfalls etwa 40 % erklärt (Tabelle 12).

Modell	Bestimmtheitsmaß R^2		Relativer Standardfehler rSE	
	BH01 / BH02	HH01 / HH02	BH01 / BH02	HH01 / HH02
Niederfrequent	0,73 / 0,85	0,85 / 0,84	31% / 37%	5% / 21%
Hochfrequent	0,21 / 0,43	0,40 / 0,38	44% / 19%	37% / 40%

BH: Bremerhaven; HH: Hamburg

Tabelle 12: Übergreifende Modellparameter der nieder- und hochfrequenten NO_X-Erklärungsmodelle.

Die graphische Gegenüberstellung von gemessenen und modellierten Werten im niederfrequenten Ansatz (Bild 21) zeigt, dass der Tagesgang im Testfeld Bremerhaven bis auf einzelne Ausnahmen (18.02.2009) gut wiedergegeben wird. Im relativen Verlauf zeigt das Modell der ersten Messwoche trotz des niedrigeren Bestimmtheitsmaßes eine höhere Güte als das Modell der zweiten Messwoche. Einzelne Maxima und Minima innerhalb eines Tages werden in der ersten Messwoche zumeist gut vom Modell abgebildet. In der zweiten Messwoche trifft dies nur für die ersten drei Tage der Messwoche zu.

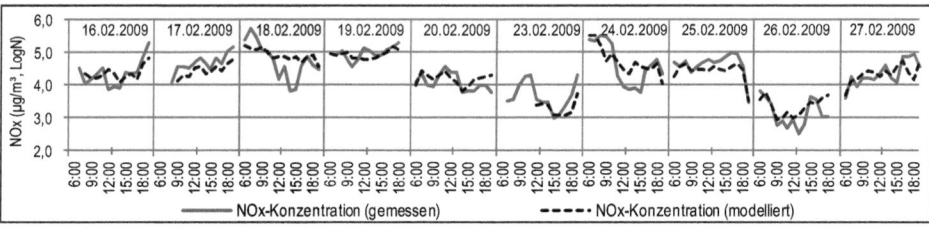

Bild 21: Gemessene und modellierte Zeitreihen der niederfrequenten NO_X-Konzentration im Testfeld Bremerhaven.

Das Modell für das Testfeld Hamburg gibt den Tagesgang an jedem Messtag gut wieder. Lediglich vereinzelte Maxima (z. B. 07.10.2008) oder Minima (z. B. 08.10.2008) werden vom Modell unterschätzt.

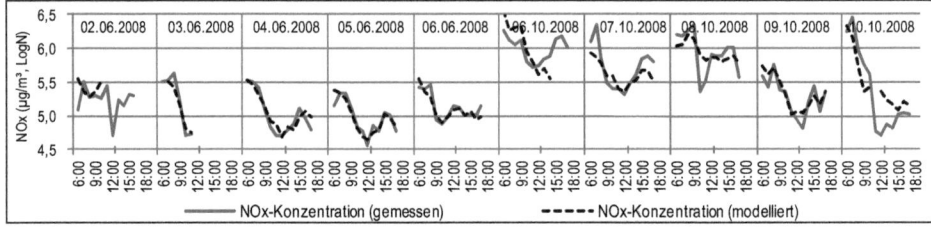

Bild 22: Gemessene und modellierte Zeitreihen der niederfrequenten NO_X-Konzentration im Testfeld Hamburg.

Für den hochfrequenten Ansatz zeigt die graphische Gegenüberstellung im Testfeld Bremerhaven (Bild 27) an etwa sechs Tagen eine weitgehende Ähnlichkeit in Bezug auf den relativen Verlauf, wobei in der ersten Messwoche nur am 17.02. eine Ähnlichkeit erkennbar ist. Die absolute Ausprägung der Maxima und Minima wird aber an nahezu allen Tagen vom Modell unterschätzt.

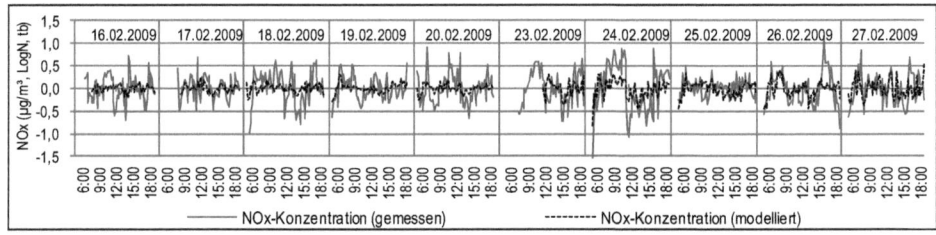

Bild 23: Gemessene und modellierte Zeitreihen der hochfrequenten NO_X-Konzentration im Testfeld Bremerhaven.

Das hochfrequente Modell für das Testfeld Hamburg (Bild 22) bildet die gemessenen Maxima und Minima an allen Tagen korrekt ab. Der hohe Standardfehler rührt daher, dass die Amplituden häufig unterschätzt werden. Ein Grund dafür könnten nichtlineare Zusammenhänge, nicht berücksichtigte Einflüsse oder auch der gewählte Ansatz der Trendbereinigung sein.

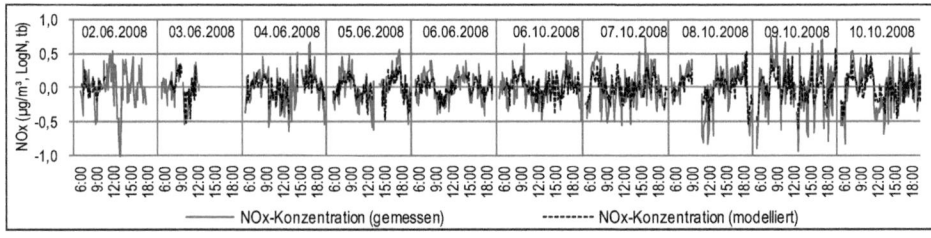

Bild 24: Gemessene und modellierte Zeitreihen der hochfrequenten NO_X-Konzentration im Testfeld Hamburg.

Tabelle 13 zeigt die Prädiktoren im Erklärungsmodell und die Vorzeichen ihrer Koeffizienten. Sofern eine Prädiktorkenngröße in einer Messwoche keinen signifikanten Einfluss besitzt, wird das Vorzeichen nicht angegeben.

Prädiktorkenngröße	Vorzeichen des Regressionskoeffizienten			
	niederfrequent		hochfrequent	
	BH01/BH02	HH01/HH02	BH01/BH02	HH01/HH02
Windgeschwindigkeit	-/-	-/-	-/-	-/-
Windrichtung Vektor	+/+		+/+	/-
Temperatur		/-		
Luftdruck		-/-		
Globalstrahlung		/+		
Wasserdampf-Verhältnis	-/-			
Ozon-Hintergrund	-/-	/-		
Durchfahrten	+/+			
Verkehrsstärke			+/+	
Verkehrsstärke SV		+/+		+/+
Anfahrten		+/+		+/+
BH: Bremerhaven; HH: Hamburg				

Tabelle 13: Prädiktoren der NO_X-Modelle (95 %-Signifikanzniveau).

Interpretation und Bewertung der NO_X-Erklärungsmodelle

Die Windgeschwindigkeit zeigt in sämtlichen NO_X-Modellen signifikante Wirkungen – höhere Windgeschwindigkeiten führen demnach zu niedrigeren Immissionen. Die positiven Vorzeichen von Windrichtung und Windrichtungsvektor zeigen für Messungen im Luv in Bremerhaven höhere Immissionen. Im Testfeld Hamburg zeigt sich ein umgekehrter und auf den ersten Blick nicht plausibler Zusammenhang. Vermutlich führt jedoch die Gebäudegeometrie am Messort zu einer Wirbelbildung und trägt Schadstoffe „von hinten" an das Messgerät heran.

Der Luftdruck und das Wasserdampf-Mischungsverhältnis, das von der Luftfeuchte und von der Temperatur auch vom Luftdruck abhängt, haben in den niederfrequenten Modellen einen erheblichen Erklärungsanteil. Die Kennzeichen der Regressionskoeffizienten dieser Kenngrößen weisen jedoch auf unterschiedliche Wirkungszusammenhänge in den Testfeldern hin. Grundsätzlich muss bei beiden Kenngrößen von indirekten Einflüssen auf die Immissionen ausgegangen werden. Sowohl der Luftdruck als auch das Wasserdampf-Mischungsverhältnis sind dabei als Indikatoren für die Gesamtwetterlage oder für den Luftmassenaustausch zu verstehen. Der Prädiktor Ozon-Hintergrundkonzentration hat in beiden Testfeldern einen signifikanten antiproportionalen Einfluss auf die modellierten NO_X-Werte. Im niederfrequenten Modell für das Testfeld Hamburg haben die Prädiktoren Temperatur und Globalstrahlung nur in der zweiten Messwoche einen signifikanten Erklärungsanteil. Eine möglicher Grund dafür ist, dass in der ersten Messwoche im Hochsommer die Wirkungen dieser Einflussfaktoren zu den Messzeiten zwischen 06:30 und 18:30 Uhr nicht oder nur eingeschränkt erkennbar sind: Die Temperatur ist bereits in den Morgenstunden höher als 10°C, so dass höhere Emissionen, beispielsweise durch Kaltstarts, deutlich reduziert sind. Der Sonnenaufgang fand im Juni 2008 gegen 05:00 Uhr statt, im Oktober erst gegen 07:30 Uhr

(GERDING [2010]). Daher ist davon auszugehen, dass die Effekte der veränderten photochemischen Reaktionen infolge des Tag-Nacht-Wechsels in der ersten Messwoche nicht erfasst wurden.

Im Testfeld Bremerhaven haben verkehrliche Kenngrößen in der ersten Messwoche ein deutlich höheres Gewicht als in der zweiten Messwoche, was aufgrund der hohen mittleren Windgeschwindigkeiten in der zweiten Messwoche plausibel ist. Erstaunlich ist zunächst, dass die Kenngröße Durchfahrten einen maßgeblichen Erklärungsanteil aufweist. Aufgrund der niedrigen Verkehrsbelastung im Testfeld Bremerhaven und wenigen Anfahrvorgängen (etwa 10 % der Verkehrsstärke) entsprechen die Durchfahrten weitestgehend der Verkehrsstärke und sind als Kenngröße der Verkehrsnachfrage anzusehen. Der höhere Erklärungsbeitrag der Durchfahrten im Vergleich zur Verkehrsstärke ist vermutlich eher statistischer denn fachlicher Natur. Im Testfeld Hamburg haben die Schwerverkehrsstärke und die Anfahrvorgänge sowohl für das nieder- als auch für das hochfrequente Modell hohe Erklärungsanteile mit plausiblen positiven Vorzeichen der Regressionskoeffizienten.

Festgehalten werden kann, dass beide niederfrequenten NO_X-Erklärungsmodelle wesentliche Anteile der Varianz der NO_X-Konzentration mit verhältnismäßig geringem Standardfehler aufklären. Die in den Modellen enthaltenen meteorologischen Prädiktoren und die Vorzeichen der Regressionskoeffizienten sind zum Großteil fachlich plausibel. Anhand der statistischen Kenngrößen und der graphischen Gegenüberstellung wird das Bremerhavener Modell als „befriedigend" und das Hamburger Modell als „gut" bewertet.

Das hochfrequente NO_X-Erklärungsmodell im Testfeld Bremerhaven wird anhand des visuellen Vergleichs nur in der zweiten Messwoche als „gut" bewertet. Das Modell der ersten Messwoche wird als „nicht ausreichend" bewertet und verworfen. Das hochfrequente Modell für das Testfeld Hamburg wird hingegen als „gut" bewertet. Die Prädiktoren in beiden hochfrequenten Modellen und die Vorzeichen ihrer Regressionskoeffizienten sind fachlich plausibel.

4.2.4.3. Erklärungsmodelle für die gemessene PM_{10}-Konzentration

Tabelle 14 zeigt die übergreifenden Modellparameter der PM_{10}-Erklärungsmodelle. Die niederfrequenten Modelle erklären in beiden Testfeldern etwa 70 bis deutlich über 80 % der Varianz der PM_{10}-Konzentration. Der relative Standardfehler, bezogen auf die mittlere gemessene Immissionskonzentration, liegt bei 35 % in der ersten Messwoche im Testfeld Bremerhaven, in der zweiten Messwoche und im Testfeld Hamburg ist er deutlich niedriger bei 10 bis 20 % (Tabelle 14).

Die hochfrequenten Modelle erklären bis auf die erste Messwoche im Testfeld Hamburg etwa 50 % der Varianz der hochfrequenten Komponente der PM_{10}-Konzentration. Der relative Standardfehler, bezogen auf die doppelte Standardabweichung der trendbereinigten Immissionskonzentration, liegt für die genannten Zeiträume unter 20 %. Die erste Messwoche im Testfeld Hamburg hat mit einer Varianzaufklärung von nur 20 % und einem Standardfehler von knapp 50 % eine deutlich schlechtere Modellgüte (Tabelle 14).

Modell	Bestimmtheitsmaß R²		Relativer Standardfehler rSE	
	BH01 / BH02	HH01 / HH02	BH01 / BH02	HH01 / HH02
Niederfrequent	0,72 / 0,86	0,80 / 0,80	35% / 19%	10% / 12%
Hochfrequent	0,50 / 0,52	0,22 / 0,52	17% / 19%	46% / 14%
BH: Bremerhaven; HH: Hamburg				

Tabelle 14: Übergreifende Modellparameter der nieder- und hochfrequenten NO_X-Erklärungsmodelle.

Die visuelle Prüfung des niederfrequenten Modells (Bild 25) lässt erkennen, dass der modellierte Tagesgang in beiden Messwochen des Testfelds Bremerhaven sowohl in Bezug auf die absoluten Werte als auch in Bezug auf den relativen Verlauf an nahezu allen Tagen mit den gemessenen Werten gut übereinstimmt.

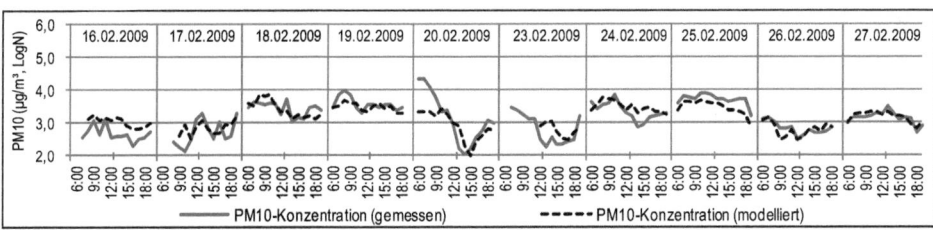

Bild 25: Gemessene und modellierte Zeitreihen der niederfrequenten PM_{10}-Konzentration im Testfeld Bremerhaven.

Die graphische Gegenüberstellung für das Testfeld Hamburg (Bild 30) zeigt, dass zwar der Tagesmittelwert (verfahrensbedingt) vom Modell wiedergegeben wird, dass der Tagesgang und auch Maxima und Minima innerhalb eines Messtages jedoch nur selten korrekt abgebildet werden.

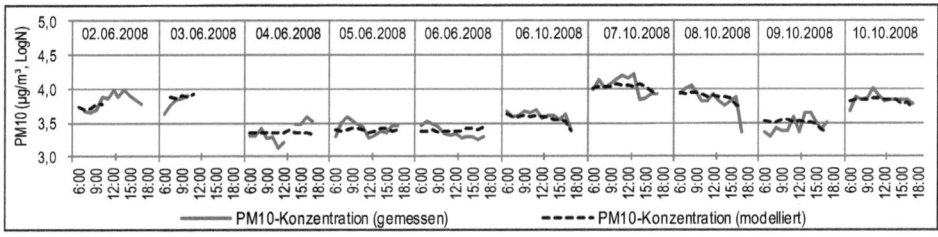

Bild 26: Gemessene und modellierte Zeitreihen der niederfrequenten PM_{10}-Konzentration im Testfeld Hamburg.

Die graphische Gegenüberstellung von gemessenen und modellierten Werten (Bild 27) des hochfrequenten Modells im Testfeld Bremerhaven zeigt für 6 von 10 Messtagen eine hohe Ähnlichkeit der Zeitreihen. Erhebliche Abweichungen sowohl in den absoluten Werten als auch im relativen Verlauf sind am 16.02., am 24.02., am 25.02. und am 27.02. erkennbar.

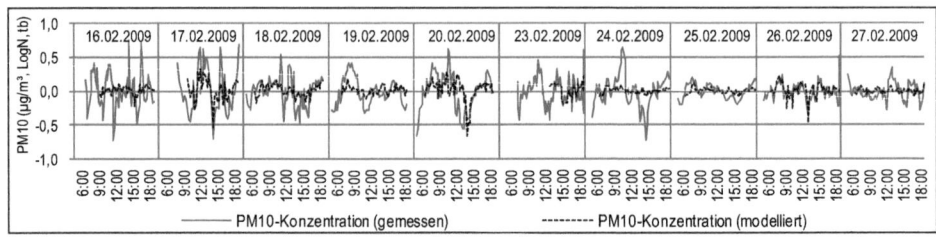

Bild 27: Gemessene und modellierte Zeitreihen der hochfrequenten PM_{10}-Konzentration im Testfeld Bremerhaven.

Die graphische Gegenüberstellung des hochfrequenten Modells für das Testfeld Hamburg (Bild 28) bestätigt die schlechten statistischen Kennwerte zur Modellgüte der ersten Messwoche. Weder die absoluten Werte noch die relativen Verläufe der Ganglinien zeigen erkennbare Übereinstimmungen. Für die zweite Messwoche hingegen ist an allen Tagen eine hohe Übereinstimmung der relativen Verläufe erkennbar, jedoch mit einer teils deutlichen Unterschätzung der absoluten Werte.

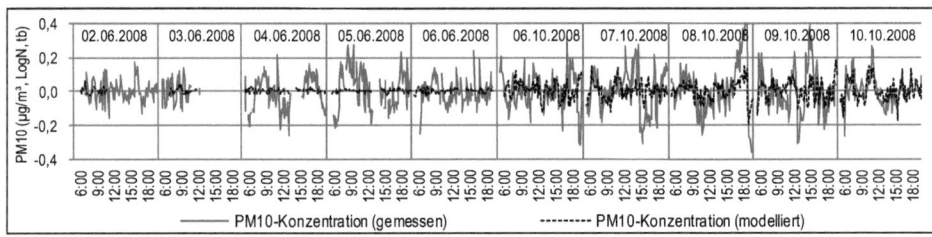

Bild 28: Gemessene und modellierte Zeitreihen der hochfrequenten PM_{10}-Konzentration im Testfeld Hamburg.

Tabelle 15 zeigt die Prädiktoren in den Erklärungsmodellen und die Vorzeichen ihrer Koeffizienten.

Prädiktorkenngröße	Vorzeichen der Regressionskoeffizienten			
	niederfrequent		hochfrequent	
	BH01/BH02	HH01/HH02	BH01/BH02	HH01/HH02
Windgeschwindigkeit				-/-
Windrichtung Vektor		/-		/-
Windvektor	+/+		+/+	
Luftdruck	/+	-/-		
PM10-Hintergrund	+/+	+/+		
Durchfahrten SV		/+		
SV-Anteil	+/+			
Verkehrsstärke (Lag-Variable)			+/+	
Durchfahrten				/+

BH: Bremerhaven; HH: Hamburg

Tabelle 15: Prädiktoren der PM_{10}-Modelle (95 %-Signifikanzniveau).

Interpretation und Bewertung der PM_{10}-Erklärungsmodelle

Die lokalen windbezogenen Kenngrößen haben für alle PM_{10}-Modelle eine hohe Relevanz. In die Bremerhavener Modelle geht der Windvektor als kombinierte Kenngröße aus Windrichtung und Windgeschwindigkeit mit einem plausiblen positiven Vorzeichen des Koeffizienten ein. Im Testfeld Hamburg gehen die Windgeschwindigkeit in das hochfrequente Modell und die Windrichtung jeweils in der zweiten Messwoche der nieder- und hochfrequenten Modelle ein. Der Grund hierfür ist vermutlich die reduzierte Datenqualität windbezogener Kenngrößen in der ersten Messwoche. Das negative Vorzeichen der Windrichtung wird wie beim NO_X-Modell auf mikroskalige, durch die Straßenschlucht bedingte Wirbel zurückgeführt.

Der Luftdruck leistet in beiden niederfrequenten Modellen einen signifikanten Beitrag zur Varianzaufklärung. Das positive Vorzeichen im Bremerhavener Modell ist aufgrund mehrerer Inversionswetterlagen in der zweiten Messwoche plausibel. Das negative Vorzeichen im Hamburger Modell wird auf die bei der Bewertung der NO_X-Modelle diskutierten indirekten Effekte zurückgeführt. In beiden niederfrequenten Modellen trägt zudem die PM_{10}-Hintergrundbelastung erheblich zur Aufklärung der PM_{10}-Varianz mit einem plausiblen positiven Vorzeichen bei.

Der Schwerverkehrsanteil ist der einzige verkehrsbezogene Prädiktor im niederfrequenten Modell für Bremerhaven. Analog zum NO_X-Modell ist der Erklärungsbeitrag in der ersten Messwoche erheblich und in der zweiten Messwoche deutlich niedriger, was aufgrund der höheren Windgeschwindigkeiten und der damit einhergehenden niedrigen PM_{10}-Konzentration in der zweiten Messwoche plausibel ist. Das niederfrequente PM_{10}-Modell für Hamburg enthält die SV-Durchfahrten als Prädiktor. Dies erscheint insofern plausibel, als dass die Turbulenzen durch vorbeifahrende große Fahrzeuge zur Aufwirbelung vorhandener grober Partikel führen. An dem hochbelasteten Knotenpunkt Habichtstraße mit einer häufig niedrigen Qualität des Verkehrsablaufs kann davon ausgegangen werden, dass ein hohes Potenzial an aufzuwirbelndem Material (Reifen-, Bremsabrieb) vorhanden ist. Die niedrige Signifikanz der SV-Durchfahrten in der ersten Messwoche hat vermutlich folgende Ursache: Am zweiten Messtag wurden die Messungen wegen Sturmwarnung und anschließendem Starkregen abgebrochen. Dieses Witterungsereignis hat vermutlich dazu geführt, dass die vorhandene Staubladung der Straße an den darauffolgenden Tagen deutlich reduziert war.

Im hochfrequenten Modell für Bremerhaven ist die Verkehrsstärke als zeitlich verschobene Lag-Variable in beiden Messwochen maßgebend. Dies ist grundsätzlich plausibel, kritisch zu bewerten ist allerdings, dass die zeitliche Verschiebung nur im Testfeld Bremerhaven, nur für die Kenngröße Gesamtverkehrsstärke und nur in der hochfrequenten Konzentrationskomponente erkennbar ist. Für das hochfrequente Modell für Hamburg ist die Kenngröße Durchfahrten für den verkehrlichen Erklärungsbeitrag verantwortlich. Die für das niederfrequente Modell geschilderten Zusammenhänge werden auch hier als gültig angesehen und die Aufnahme dieser Kenngröße als plausibel bewertet.

Die Modellierungsgüte der beiden niederfrequenten Erklärungsmodelle wird aufgrund der statistischen Kenngrößen und der visuellen Prüfung als „befriedigend" bewertet.

Die Modellierungsgüte des hochfrequenten Erklärungsmodells wird anhand der visuellen Prüfung für Bremerhaven als „befriedigend" und für Hamburg als „gut" bewertet, sofern die erste Messwoche des Testfelds Hamburg verworfen wird.

4.2.4.4. Erklärungsmodelle für die gemessene $PM_{2,5}$-Konzentration

Tabelle 16 zeigt die übergreifenden Modellparameter der $PM_{2,5}$-Erklärungsmodelle. Die niederfrequenten Modelle erklären in beiden Messwochen teils deutlich über 80 % der Varianz der $PM_{2,5}$-Konzentration. Der relative Standardfehler, bezogen auf die mittlere gemessene Immissionskonzentration, liegt in einer Größenordnung von 10 bis 30 %. Analog zu den PM_{10}-Modellen erklären die hochfrequenten Modelle, abgesehen von der ersten Messwoche im Testfeld Hamburg, mehr als 50 % der Varianz der hochfrequenten Komponente der $PM_{2,5}$-Konzentration bei einem relativen Standardfehler von etwa 30 %. Eine Varianzaufklärung von knapp 20 % und ein Standardfehler von knapp 50 % zeigen für das hochfrequente Modell der ersten Messwoche im Testfeld Hamburg eine deutlich schlechtere Modellgüte an.

Modell	Bestimmtheitsmaß R^2		Relativer Standardfehler r_{SE}	
	BH01 / BH02	HH01 / HH02	BH01 / BH02	HH01 / HH02
Niederfrequent	0,81 / 0,84	0,88 / 0,86	28% / 23%	7% / 12%
Hochfrequent	0,51 / 0,61	0,19 / 0,52	34% / 30%	47% / 35%
BH: Bremerhaven; HH: Hamburg				

Tabelle 16: Übergreifende Modellparameter der nieder- und hochfrequenten $PM_{2,5}$-Erklärungsmodelle.

Die graphische Gegenüberstellung von gemessenen und modellierten Werten (Bild 29) im niederfrequenten Erklärungsmodell für das Testfeld Bremerhaven zeigt sowohl für die absoluten Werte als auch für den relativen Verlauf der Tagesganglinie an nahezu allen Tagen eine hohe Ähnlichkeit.

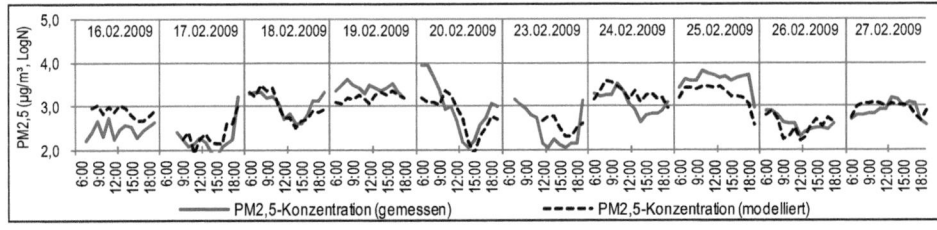

Bild 29: Gemessene und modellierte Zeitreihen der niederfrequenten $PM_{2,5}$-Konzentration im Testfeld Bremerhaven.

Die visuelle Prüfung der niederfrequenten Hamburger $PM_{2,5}$-Erklärungsmodelle (Bild 30) zeigt, dass der gemessene Tagesmittelwert meist gut abgebildet wird, einzelne Schwankungen innerhalb eines Messtages analog zum PM_{10}-Modell jedoch nur selten korrekt wiedergegeben werden.

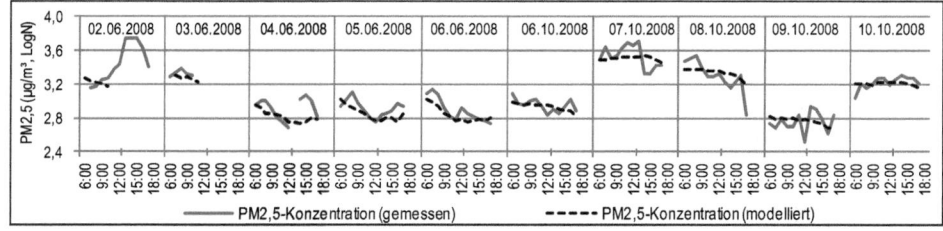

Bild 30: Gemessene und modellierte Zeitreihen der niederfrequenten $PM_{2,5}$-Konzentration im Testfeld Hamburg.

Die graphische Gegenüberstellung von gemessenen und modellierten Werten (Bild 31) im hochfrequenten Bremerhavener Modell zeigt ein heterogenes Bild: Während das Modell an 5 Tagen (17.02., 18.02., 19.02., 20.02., 26.02.) die $PM_{2,5}$-Konzentrationsschwankungen gut abbilden kann, ist die relative Ähnlichkeit an den anderen Tagen eher niedrig.

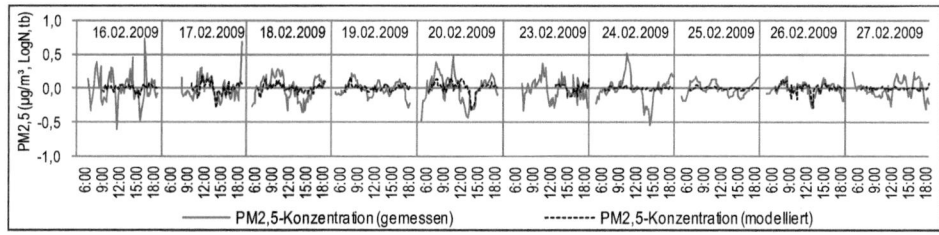

Bild 31: Gemessene und modellierte Zeitreihen der hochfrequenten $PM_{2,5}$-Konzentration im Testfeld Bremerhaven.

Die graphische Gegenüberstellung des hochfrequenten Modells für das Testfeld Hamburg (Bild 32) bestätigt die unbefriedigenden statistischen Kennwerte zur Modellgüte der ersten Messwoche. Weder die absoluten Werte noch die relativen Verläufe der Ganglinien zeigen erkennbare Übereinstimmungen. Für die zweite Messwoche ist eine deutliche Unterschätzung der absoluten Werte erkennbar, jedoch stimmen die relativen Verläufe an allen Tagen verhältnismäßig gut überein.

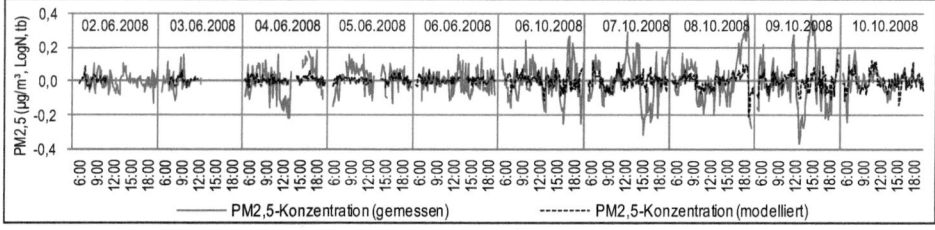

Bild 32: Gemessene und modellierte Zeitreihen der hochfrequenten $PM_{2,5}$-Konzentration im Testfeld Hamburg.

Tabelle 17 zeigt die Prädiktoren in den Erklärungsmodellen und die Vorzeichen ihrer Koeffizienten. Sofern eine Prädiktorkenngröße in einer Messwoche keinen signifikanten Einfluss besitzt, wird das Vorzeichen nicht angegeben.

Prädiktorkenngröße	Vorzeichen der Regressionskoeffizienten			
	niederfrequent		hochfrequent	
	BH01/BH02	HH01/HH02	BH01/BH02	HH01/HH02
Windgeschwindigkeit				-/-
Windrichtung Vektor				/-
Windvektor	+/+		+/+	
Luftfeuchte	+/	+/		
Luftdruck	/+	-/-		
PM10-Hintergrund	+/+	+/+		
SV-Anteil	+/			
Verkehrsstärke (Lag-Variable)			+/+	
Verkehrsstärke SV		+/		+/+

BH: Bremerhaven; HH: Hamburg

Tabelle 17: Prädiktoren der $PM_{2,5}$-Modelle im Testfeld Bremerhaven (95 %-Signifikanzniveau).

Interpretation und Bewertung der $PM_{2,5}$-Erklärungsmodelle

Wie auch im PM_{10}-Modell leistet der Windvektor für die nieder- und hochfrequenten Modelle einen signifikanten Erklärungsbeitrag mit positivem Vorzeichen des Regressionskoeffizienten. In Hamburg hingegen haben Windrichtung und Windgeschwindigkeit nur im hochfrequenten Modell ein signifikantes Gewicht.

Die Luftfeuchte weist in den niederfrequenten Modellen beider Testfelder eine signifikante Varianzaufklärung auf. Eine höhere Luftfeuchte führt hier zu höheren Konzentrationswerten. Dieser Zusammenhang ist allerdings nicht zwingend auf Kausalbeziehungen zurückzuführen (vgl. 2.3.2).

Wie in den niederfrequenten NO_X- und PM_{10}-Modellen leistet der Luftdruck auch für die $PM_{2,5}$-Konzentration einen signifikanten indirekten Beitrag zur Varianzaufklärung. Die PM_{10}-Hintergrundbelastung trägt in beiden Testfeldern mit einem plausiblen positiven Vorzeichen erheblich zur Aufklärung der $PM_{2,5}$-Varianz bei.

Der Schwerverkehrsanteil ist der verkehrsbezogene Prädiktor in der ersten Messwoche des niederfrequenten Bremerhavener $PM_{2,5}$-Modells. Die meteorologische Situation (durchweg hohe Windgeschwindigkeiten) in der zweiten Messwoche erklärt die zu diesem Zeitraum vernachlässigbare Bedeutung verkehrsbezogener Prädiktoren. Im niederfrequenten Modell für Hamburg ist der Prädiktor Schwerverkehrsstärke in der ersten Messwoche hochsignifikant und in der zweiten Messwoche knapp unterhalb der Signifikanzgrenze. Im Vergleich zum PM_{10}-Modell für Hamburg ist die Aufnahme der Schwerverkehrsstärke im Gegensatz zu den Durchfahrten plausibel, da der Anteil der emittierten (primären) motorbedingten Partikel an der $PM_{2,5}$-Massenkonzentration größer ist als an der PM_{10}-Massenkonzentration. Analog zum Bremerhavener PM_{10}-Modell ist die

Verkehrsstärke als Lag-Variable im hochfrequenten Modell signifikant. Die Auswahl der Lag-Variable für das Bremerhavener Modell sollte aber kritisch hinterfragt werden, da der zeitliche Versatz verkehrlicher Kenngrößen in keinem der weiteren Modelle eine höhere Modellgüte mit sich bringt. Das hochfrequente $PM_{2,5}$-Modell für Hamburg verwendet ebenfalls die SV-Verkehrsstärke und ist damit konsistent zum niederfrequenten Modell.

Festgehalten werden kann, dass die Prädiktorenauswahl der niederfrequenten $PM_{2,5}$-Erklärungsmodelle weitgehend plausibel ist. Die Modellierungsgüte wird für das Bremerhavener Modell als „gut" und für das Hamburger Modell als „befriedigend" bis „gut" bewertet.

Das hochfrequente $PM_{2,5}$-Erklärungsmodell im Testfeld Bremerhaven zeugt nur an etwa 50 % der Messtage von hoher Güte und wird daher als „befriedigend" bewertet. Die Ursache für die unbefriedigende Datenqualität an einzelnen Tagen ist unklar. Die reduzierte Qualität der windbezogenen Kenngrößen in der ersten Messwoche in Hamburg wirkt sich auch beim hochfrequenten $PM_{2,5}$-Modell erheblich auf die Gesamtmodellgüte aus – das entsprechende Modell der ersten Messwoche wird daher verworfen. Die Modellgüte des hochfrequenten Modells der zweiten Messwoche wird als „gut" bewertet.

4.2.4.5. Erklärungsmodelle für die gemessene $PM_{10-2,5}$-Konzentration

Tabelle 18 zeigt die übergreifenden Modellparameter der $PM_{10-2,5}$-Erklärungsmodelle im Testfeld Bremerhaven. Das niederfrequente Modell erklärt in der ersten Messwoche etwa 70 % und in der zweiten Messwoche 45 % der Varianz der $PM_{10-2,5}$-Konzentration. Der relative Standardfehler, bezogen auf die mittlere gemessene Immissionskonzentration, liegt bei etwa 15 % in der ersten Messwoche und bei 10 % in der zweiten Messwoche.

Das hochfrequente Modell erklärt etwa 30 % der Varianz der hochfrequenten Komponente der $PM_{10-2,5}$-Konzentration. Der relative Standardfehler, bezogen auf die doppelte Standardabweichung der trendbereinigten Immissionskonzentration, liegt für die erste Messwoche bei 25 % und in der zweiten Messwoche bei 10 %.

Für die $PM_{10-2,5}$-Erklärungsmodelle des Testfelds Hamburg wurden keine signifikanten verkehrlichen Prädiktoren identifiziert und daher auch keine Modelle entwickelt.

Modell	Bestimmtheitsmaß R^2		Relativer Standardfehler rSE	
	BH01 / BH02	HH01 / HH02	BH01 / BH02	HH01 / HH02
Niederfrequent	0,68 / 0,45	-	16% / 8%	-
Hochfrequent	0,34 / 0,32	-	25% / 10%	-
BH: Bremerhaven; HH: Hamburg				

Tabelle 18: Übergreifende Modellparameter der nieder- und hochfrequenten $PM_{10-2,5}$-Erklärungsmodelle.

Die graphische Gegenüberstellung von gemessenen und modellierten Werten (Bild 33) im niederfrequenten Modell zeigt, dass der Tagesgang an den meisten Tagen nur ansatzweise wiedergegeben wird. Einzelne gemessene Maxima und Minima werden vom Modell generell nicht oder nur rudimentär abgebildet.

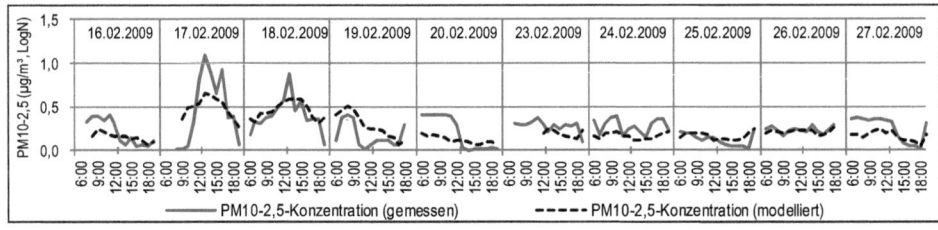

Bild 33: Gemessene und modellierte Zeitreihen der niederfrequenten $PM_{10-2,5}$-Konzentration im Testfeld Bremerhaven.

Die graphische Gegenüberstellung von gemessenen und modellierten Werten (Bild 34) im hochfrequenten Modell zeigt an fünf Messtagen (17.02., 18.02., 24.02., 26.02., 27.02.) eine hohe relative Ähnlichkeit, an den weiteren Messtagen jedoch eine unbefriedigende Modellierung.

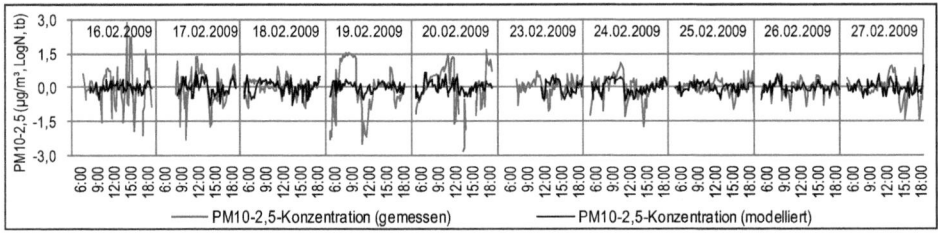

Bild 34: Gemessene und modellierte Zeitreihen der hochfrequenten $PM_{10-2,5}$-Konzentration im Testfeld Bremerhaven.

Tabelle 19 zeigt die Prädiktoren in den Erklärungsmodellen und die Vorzeichen ihrer Koeffizienten. Sofern eine Prädiktorkenngröße in einer Messwoche keinen signifikanten Einfluss besitzt, wird das Vorzeichen nicht angegeben.

Prädiktorkenngröße	Vorzeichen der Regressionskoeffizienten			
	niederfrequent		hochfrequent	
	BH01/BH02	HH01/HH02	BH01/BH02	HH01/HH02
Windrichtung-Vektor	/+		+/+	
Luftfeuchte	-/-			
Luftdruck	/-			
SV-Anteil	+/		+/	

BH: Bremerhaven; HH: Hamburg

Tabelle 19: Prädiktoren der $PM_{10-2,5}$-Modelle im Testfeld Bremerhaven (95 %-Signifikanzniveau).

Bewertung der $PM_{10-2,5}$-Erklärungsmodelle

Die lokale Windrichtung leistet in der ersten Messwoche einen geringen und in der zweiten Messwoche einen wesentlichen Erklärungsbeitrag zum nieder- und hochfrequenten Modell mit einem plausiblen positiven Vorzeichen. Die Luftfeuchte ist in beiden Messwochen des niederfrequenten Modells mit einem negativen Vorzeichen signifikant. Im $PM_{2,5}$-Modell für Bremerhaven ist das Vorzeichen hingegen positiv. Für die groben Partikel ist dieser antiproportionale Zusammenhang allerdings plausibel, da bei hoher Luftfeuchte von einer verminderten Aufwirbelung ausgegangen werden kann. In der zweiten Messwoche ist der Luftdruck der Prädiktor mit dem größten Beitrag zur Varianzaufklärung, jedoch im Gegensatz zum Erklärungsmodell der PM_{10}-Konzentration mit einem negativen Vorzeichen. Das positive Vorzeichen wird als *nicht plausibel* eingestuft und auf Suppressionseffekte im Regressionsmodell zurückgeführt, da der Toleranzwert des Luftdrucks in diesem Zeitraum niedrig ist (vgl. statistische Kenngrößen zum Regressionsmodell im Anhang A5).

Der Prädiktor Schwerverkehrsanteil ist im nieder- und hochfrequenten Modell jeweils in der ersten Messwoche signifikant; in der zweiten Messwoche liegt er unterhalb der Signifikanzgrenze. Aufgrund der bereits dargestellten meteorologischen Verhältnisse ist dies plausibel.

Festgehalten werden kann, dass die Modellierungsgüte des nieder- und hochfrequenten Modells der $PM_{10-2,5}$-Konzentration, wie insbesondere die graphischen Gegenüberstellungen von Messung und Modell deutlich machen, nicht ausreichend ist. Die aufgenommenen Prädiktoren sind teilweise fachlich unplausibel. *Aus diesen Gründen werden sowohl das niederfrequente als auch das hochfrequente $PM_{10-2,5}$-Erklärungsmodell verworfen.*

4.2.5. Quantifizierung der Wirkungen verkehrlicher Kenngrößen

Im Folgenden werden die Wirkungen derjenigen verkehrlichen Kenngrößen quantifiziert, die als Prädiktoren in die Erklärungsmodelle aufgenommen wurden. Die *ermittelten Wirkungen entsprechen dem maximalen Reduktionspotenzial* bei einer entsprechenden Optimierung dieser Kenngrößen (vgl. 3.3). Analog zur Merkmalsselektion, die im Rahmen der Modellentwicklung angewendet wurde, wird unterschieden zwischen Kenngrößen die sich auf die Verkehrsnachfrage oder Verkehrszusammensetzung beziehen, sowie zwischen Kenngrößen die sich auf den Verkehrsablauf beziehen. Ferner wird das Reduktionspotenzial differenziert für Eingriffe in den Tagesgang der Kenngrößen (niederfrequenter Ansatz), und für kurzzeitige Eingriffe im einzelnen Umlauf (hochfrequenter Ansatz) ermittelt. Das Reduktionspotenzial bei kurzzeitigen Eingriffen ist dabei als Teilmenge des entsprechenden tagesgangbezogenen Reduktionspotenzials zu verstehen.

Bild 35 zeigt die auf diese Weise ermittelten maximalen verkehrsbezogenen Wirkungen bzw. maximalen Reduktionspotenziale als relative Anteile der mittleren gemessenen Immissionskonzentration[40].

---

[40] Die Wirkungen wurden für die beiden Messwochen der Testfelder getrennt ermittelt und zu einem mittleren Wirkungswert zusammengefasst.

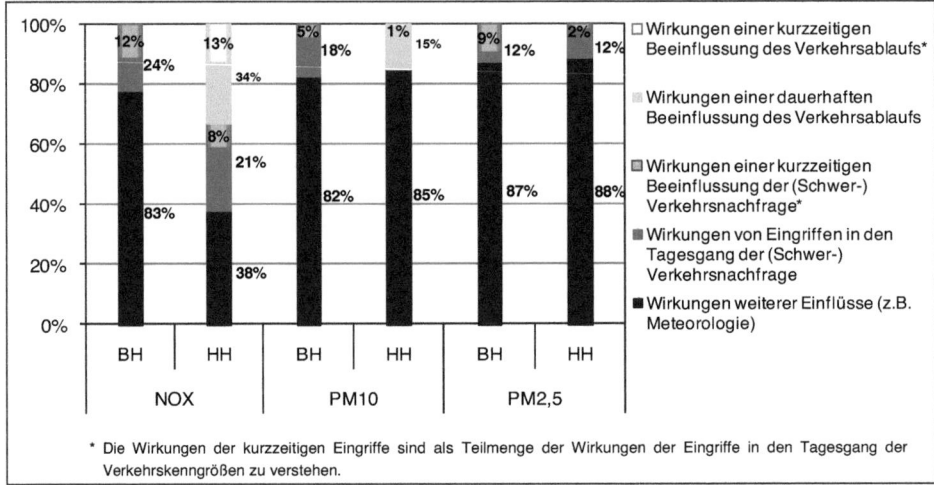

Bild 35: Maximale verkehrsbezogene Wirkungen bzw. Reduktionspotenziale relativ zur mittleren gemessenen Immissionskonzentration.

Für die *NO$_X$-Konzentration im Testfeld Bremerhaven* ergibt sich ein maximales Reduktionspotenzial in einer Größenordnung von 20 % der mittleren gemessenen Immissionskonzentration, wobei kurzzeitige Eingriffe einzelne Spitzen der Immissionskonzentration um etwa 10 % reduzieren können. Die verkehrlichen Prädiktoren im Modell beziehen sich auf die Verkehrsnachfrage. Eine Quantifizierung der Wirkungen von Eingriffen in den Verkehrsablauf ist in diesem Fall nicht möglich.

Im *Testfeld Hamburg zeigt sich für die NO$_X$-Konzentration* ein erhebliches Reduktionspotenzial: Bezogen auf die Minimierung einzelner Immissionsspitzen ergibt sich bei einer kurzzeitigen Beeinflussung der Schwerverkehrsstärke und der Anfahrvorgänge eine Reduktion bis 20 % der mittleren Gesamtbelastung. Bei Eingriffen in den Tagesgang der genannten Verkehrskenngrößen zeigt das Modell für verkehrlich hochbelastete Zeiten Reduktionspotenziale bis zu 60 % an, die sich zu etwa gleichen Teilen auf die Optimierung des Verkehrsablaufs und auf die Reduzierung der Nachfrage des Schwerverkehrs aufteilen.

Die sich aus den Erklärungsmodellen für die *Partikelbelastung im Testfeld Bremerhaven* ergebenden Reduktionspotenziale für kurzzeitige Eingriffe liegen im Mittel bei 5 % bis 10 % der Gesamtbelastung. Für Eingriffe in den Tagesgang der verkehrlichen Kenngrößen ergeben sich Reduktionspotenziale von 10 % bis 20 %. Die verkehrlichen Kenngrößen beziehen sich auf die Verkehrsnachfrage und die Verkehrszusammensetzung. Wirkungen des Verkehrsablaufs sind hier nicht quantifizierbar.

Eine kurzzeitige Optimierung der verkehrsbezogenen Kenngrößen *im Testfeld Hamburg* geht mit einer Reduktion von weniger als 5 % einher, bezogen auf die mittlere gemessene Partikelkonzentration. Vor dem Hintergrund der im Abschnitt 2.1.1 beschriebenen Zusammenhänge ist dies plausibel. Das Reduktionspotenzial bei Eingriffen in den Tagesgang der verkehrsbezogenen

Prädiktoren liegt in einer Größenordnung von 5 % bis 15 %. Für die Wirkungen des Verkehrsablaufs ergibt sich, zumindest gemäß des empirischen Modells für die PM_{10}-Konzentration, ein Zielkonflikt für die Verbesserung des Verkehrsablaufs: Nach dem PM_{10}-Modell müssten Durchfahrten des Schwerverkehrs vermieden werden, was gegen eine gute Koordinierung eines Straßenzugs spricht. Vor einer etwaigen Implementierung dieses Sachverhalts in einem Verkehrssteuerungsalgorithmus sollten jedoch weitere detaillierte Untersuchungen durchgeführt werden: Möglicherweise löst sich der Zielkonflikt bei einer dauerhaft guten Koordinierung wieder auf, da weniger Kupplungs- und Bremsvorgänge zu einer niedrigeren Staubladung der Knotenpunktzufahrt und damit zu einem geringen Wiederaufwirbelungspotenzial führen. In Bezug auf die $PM_{2,5}$-Konzentration ist die Schwerverkehrsstärke der einzige verkehrsbezogene Prädiktor sowohl im hoch- als auch im niederfrequenten Modell. Eine Beeinflussung des Verkehrsablaufs führt hier folglich nicht zu einer messbar reduzierten Immissionskonzentration.

4.3. Sensitivität und Übertragbarkeit der Ergebnisse

4.3.1. Allgemeines

Die Aussagekraft der Ergebnisse der Datenanalyse und damit auch die Güte des entwickelten Verfahrens hängen maßgeblich von der Sensitivität und der Übertragbarkeit der ermittelten Wirkungen der untersuchten verkehrlichen Kenngrößen ab. Zur Überprüfung der *Sensitivität* der Ergebnisse werden alternative Verfahren zur Modellentwicklung eingesetzt und die Auswirkungen auf die Modellergebnisse geprüft. Dies betrifft

- die Auswahl eines Verfahrens zur Trendbereinigung,
- die Auswahl bestimmter Aggregationsintervalle und
- die Auswahl des Modellansatzes für die Erklärungsmodelle.

Die beiden erstgenannten Arbeitsschritte betreffen die Modellierung der hochfrequenten Immissionskomponente. Der letztgenannte Arbeitsschritt betrifft die Modellierung sowohl der niederfrequenten als auch der hochfrequenten Immissionskomponente.

Ferner wird die zeitliche Übertragbarkeit der ermittelten Ergebnisse aus fachlicher und statistischer Sicht bewertet und es werden Aussagen zur räumlichen Übertragbarkeit getroffen.

Detaillierte Informationen zu den einzelnen Prüfungen können Unterkapitel 3.5 entnommen werden.

4.3.2. Sensitivität gegenüber alternativen Tiefpassfiltern

Tabelle 20 zeigt die maximalen Reduktionspotenziale der verkehrlichen Kenngrößen in den bisherigen und in den neuen Erklärungsmodellen mit alternativer Tiefpassfilterung. Erwartungsgemäß reduziert sich der Erklärungsanteil der Kenngrößen im NO_X-Modell deutlich bei einer Erhöhung der zeitlichen Auflösung des Tiefpassfilters. Da die Verkehrskenngrößen im lokalen NO_X-Modell einen erheblichen Anteil an der Gesamtbelastung haben, ist es plausibel, dass bei einer Trendbereinigung mit einem zeitlich höher aufgelöstem Tiefpassfilter nicht nur der Tagesgang, sondern auch Erklärungsanteile der hochfrequenten Komponente der Verkehrskenngrößen eliminiert werden. Beim PM$_{2,5}$-Modell hingegen hat die Erhöhung der zeitlichen Auflösung des Tiefpassfilters keine Auswirkung auf den Erklärungsanteil des verkehrlichen Prädiktors. Aufgrund des niedrigen Gewichts der Verkehrskenngröße im hochfrequenten Modell ist ihr Einfluss vom besser angepassten Tiefpassfilter nicht betroffen. Erwartungsgemäß reduziert sich der Anteil der Lag-Variable als Störgröße im Modell für eine bessere Anpassung des Tiefpassfilters.

Prädiktorkenngröße bzw. Lag-Variable	Ermittelter Einfluss der Prädiktoren bzw. der Lag-Variable in Abhängigkeit der verwendeten Tiefpassfilterfunktion		
	kubische Regression (NO$_X$ / PM$_{2,5}$)	gleitender 2 h Mittelwert (NO$_X$ / PM$_{2,5}$)	gleitender 1 h Mittelwert (NO$_X$ / PM$_{2,5}$)
Schwerverkehrsstärke [%]	6 / 2	4 / 2	4 / 2
Anfahrvorgänge [%]	9 / -	5 / -	4 / -
Lag-Variable [-]	0,26 / 0,59	0,08 / 0,44	-0,06 / 0,11

Tabelle 20: Vergleich der Reduktionspotenziale zwischen der bisher verwendeten kubischen Regression und einem besser angepassten Tiefpassfilter zur Trendbereinigung.

4.3.3. Sensitivität gegenüber der zeitlichen Auflösung der hochfrequenten Komponente

Die im Abschnitt 4.2.3 für die beiden Erklärungsmodelle ausgewählten Prädiktoren werden auf die im Testfeld Hamburg geschalteten Umlaufzeiten[41] aggregiert. Anschließend werden die Prädiktoren logtransformiert und nach dem gewählten Ansatz trendbereinigt. Mit den in dieser Form aufbereiteten Kenngrößen werden neue Erklärungsmodelle für die hochfrequente Komponente der NO$_X$- und PM$_{2,5}$-Konzentration ermittelt. Tabelle 21 zeigt eine tabellarische Gegenüberstellung der übergreifenden statistischen Parameter der neuen Modelle zu den bisherigen Modellen.

Modellansatz	Hochfrequentes Modell 450 s (NO$_X$ / PM$_{2,5}$)	Hochfrequentes Modell 90 s bzw. 75 s (NO$_X$ / PM$_{2,5}$)
Bestimmtheitsmaß R²	0,38 / 0,52	0,25 / 0,36
relativer Standardfehler rSE nach Rücktransformation	40 % / 35 %	43 % / 40 %

Tabelle 21: Vergleich der statistischen Parameter zur Modellgüte zwischen einer Modellierung mit einer zeitlichen Aggregationsebene von 450 s und einer zeitlichen Aggregationsebene von 90 bzw. 75 s.

Die neuen Modelle besitzen demnach eine deutlich reduzierte Varianzaufklärung und einen geringfügig höheren relativen Fehler. In Bezug auf die ermittelten maximalen Reduktionspotenziale der verkehrlichen Prädiktoren ist der Modellansatz jedoch stabil. Wie in Tabelle 22 dargestellt, sind die Erklärungsanteile im Vergleich zum bisherigen Modell nahezu unverändert. *Eine Erhöhung der Aussagekraft infolge einer Erhöhung der zeitlichen Auflösung des Modells ist folglich nicht zu erwarten.*

---

[41] Von 06:00 bis 10:00 Uhr und von 14:00 bis 18:30 Uhr hatte die LSA-Steuerung im Testfeld eine Umlaufzeit von 90 s und von 10:00 bis 14:00 Uhr hatte die LSA-Steuerung eine Umlaufzeit von 75 s.

Prädiktoren	Einfluss von Prädiktoren in Abhängigkeit der zeitlichen Aggregationsebene	
	Hochfrequentes Modell 450 s (NO_X / $PM_{2,5}$)	Hochfrequentes Modell 90 s bzw. 75 s (NO_X / $PM_{2,5}$)
SV-Verkehrsstärke [%]	6 / 2	7 / 3
Anfahrvorgänge [%]	9 / -	9 / -

Tabelle 22: Vergleich der verkehrlichen Reduktionspotenziale zwischen einer Modellierung mit einer zeitlichen Aggregationsebene von 450 s und einer zeitlichen Aggregationsebene von 90 bzw. 75 s.

4.3.4. Sensitivität gegenüber alternativen Modellansätzen

Die Korrelationsuntersuchung im Kapitel 3.3 umfasst auch die Prüfung von Korrelationen zwischen den nicht-logarithmierten Kenngrößen (vgl. Anhang A5). Für die im nichtlinearen Modell verwendeten Prädiktoren ergeben sich nur minimal veränderte Korrelationskoeffizienten. Die bereits ausgewählten Prädiktoren können daher bedenkenlos in das lineare Modell eingebunden werden. Tabelle 23 zeigt die Ergebnisse der rein linearen Regressionsanalyse im Vergleich zum verwendeten quasi-linearen Ansatz.

Erklärungsmodell	Verkehrlicher Prädiktor	Ermitteltes Reduktionspotenzial relativ zur mittleren gemessenen Immissionskonzentration	
		Gewählter quasi-linearer Ansatz (NO_X / $PM_{2,5}$)	Alternative lineare Regression (NO_X / $PM_{2,5}$)
Niederfrequent	SV-Stärke [%]	27 / 7	21 / 7
	Anfahrvorgänge [%]	31 / -	21 / -
Hochfrequent	SV-Stärke [%]	6 / 2	8 / 2
	Anfahrvorgänge [%]	9 / -	9 / -

Tabelle 23: Ermittelte maximale Reduktionspotenziale bei Optimierung der verkehrlichen Prädiktorkenngrößen für den gewählten quasi-linearen Ansatz und für den alternativen rein linearen Ansatz..

Mit dem alternativen Modellansatz verändern sich nahezu alle quantifizierten Reduktionspotenziale nur minimal. Die einzige Ausnahme bildet die Kenngröße Anfahrvorgänge im niederfrequenten NO_X-Modell mit einer Veränderung um etwa 10 %. Aufgrund der eingeschränkten Aussagekraft der niederfrequenten Modelle infolge der kleinen Stichprobengröße ist eine Schwankung in dieser Größenordnung plausibel. Die Spannweite der Konfidenzintervalle für die Prädiktorenkoeffizienten sowohl des verwendeten Ansatzes als auch des alternativen Ansatzes (siehe Anhang A5) deutet diese Unsicherheit bereits an. Die grundsätzliche Aussage, dass mittelfristig ein erheblicher Anteil der NO_X-Immissionen durch die Verkehrssteuerung und auch die LSA-Steuerung beeinflusst werden kann, bleibt von der Schwankung des Ergebnisanteils jedoch unberührt.

Tabelle 24 zeigt die übergreifenden Kenngrößen zur Güte des alternativen Modellansatzes im Vergleich zum verwendeten Ansatz. Das Bestimmtheitsmaß und der relative Standardfehler beider Modelle liegen in der gleichen Größenordnung.

Modell	Bestimmtheitsmaß R^2		Relativer Standardfehler rSE	
	Verwendeter nichtlinearer autoregressiver Ansatz	Alternativer linearer Ansatz	Verwendeter nichtlinearer autoregressiver Ansatz	Alternativer linearer Ansatz
	NO_X / $PM_{2,5}$	NO_X / $PM_{2,5}$	NO_X / $PM_{2,5}$	NO_X / $PM_{2,5}$
Niederfrequent	0,85 / 0,86	0,80 / 0,85	21% / 12%	22% / 13%
Hochfrequent	0,38 / 0,52	0,36 / 0,51	40% / 35%	40% / 9%

Tabelle 24: Statistische Kennwerte zur Güte des verwendeten Modellansatzes im Vergleich zum alternativen Ansatz.

Die Prüfung der statistischen Anforderungen an das lineare Modell ist im Anhang dargestellt. Demnach verletzen das niederfrequente NO_X-Modell und das niederfrequente $PM_{2,5}$-Modell die Anforderung an Varianzhomogenität. Die Auswirkungen dieser Verletzung sind allerdings nicht gravierend, da dies lediglich in einem höheren Standardfehler resultieren würde. Die Häufigkeitsverteilung der Residuen zeigt eine gute Anpassung an die Normalverteilung. Das vereinfachte lineare Modell zeigt somit zumindest im Rahmen dieser exemplarischen Prüfung keine deutlichen Nachteile im Vergleich zum verwendeten Ansatz. Ein intensiver Vergleich in weiteren Untersuchungen erscheint sinnvoll.

4.3.5. Zeitliche und räumliche Übertragbarkeit der Ergebnisse

Auf Grund von mehreren saisonabhängigen Einflussgrößen (zum Beispiel Temperatur oder Globalstrahlung) in den niederfrequenten Erklärungsmodellen ist die zeitliche Übertragbarkeit bei einer Stichprobe von 10 Messtagen je Testfeld stark eingeschränkt.

Die hochfrequenten Erklärungsmodelle werden mittels tagestrendbereinigten Zeitreihen entwickelt. Die erheblichen Einflüsse niederfrequenter meteorologischer Kenngrößen werden durch die Trendbereinigung weitestgehend eliminiert und die verbleibende Varianz der Immissionskenngrößen kann maßgeblich durch windbezogene und verkehrliche Kenngrößen erklärt werden. Die erforderliche Stichprobengröße kann nach rein statistischen Gesichtspunkten ermittelt werden. Für die multiple Regression mit vier Prädiktoren, einer voraussichtlichen Varianzaufklärung von 40 %, einer statistischen Sicherheit von 0,95 und einer Wahrscheinlichkeit für einen Fehler 2. Art von 20 % beträgt die Stichprobengröße N=68 (für Details zur Berechnung siehe Anhang A5). *Eine zeitliche Übertragbarkeit der im hochfrequenten Ansatz quantifizierten Wirkungen bei kurzzeitigen Eingriffen ist folglich gegeben.*

In Kapitel 2 wurde an verschiedenen Stellen dargestellt, dass statistisch-empirische Ansätze zur Wirkungsermittlung aufgrund ihrer Anpassung an vorhandene meteorologische, strukturelle und vor allem bauliche Randbedingungen grundsätzlich nur lokale Gültigkeit besitzen. Analog zum in 2.6.4 dargestellten Ansatz des Immissions-Screenings sind für ähnliche Randbedingungen an unterschiedlichen Orten ähnliche Wirkungszusammenhänge zu erwarten. GRUBER (2010) hat im Rahmen einer Studienarbeit die relevanten Parameter zur Prüfung einer möglichen räumlichen Übertragbarkeit bestehender Ursache-Wirkungszusammenhänge zusammengestellt. Nichtsdestotrotz ist die eingangs in dieser Arbeit geforderte Präzision, die für eine umweltadaptive Verkehrssteuerung erforderlich ist, bei einer pauschalen räumlichen Übertragung eines lokalen

Modells nicht gegeben. *Vor dem räumlichen Transfer eines bestehenden Erklärungs- oder Prognosemodells ist zumindest eine erneute Parametrierung erforderlich.*

4.4. Zwischenfazit

Datenanalyse

Die in Bremerhaven und Hamburg erfassten Daten wurden geprüft und für die Datenanalyse aufbereitet. Eine erste qualitative Interpretation der Daten zeigt, dass die beiden Testfelder sich hinsichtlich ihrer verkehrlichen, baulichen und meteorologischen Randbedingungen deutlich unterscheiden: Beispielsweise ist die mittlere Verkehrsstärke im Testfeld Bremerhaven um 30 % niedriger als im Testfeld Hamburg – bei einer um 70 % höheren mittleren Windgeschwindigkeit. Aber auch die Messzeiträume *in* den jeweiligen Testfeldern stellen sich in Bezug auf die erhobenen meteorologischen und immissionsbezogenen Kenngrößen heterogen dar, so dass die einzelnen Messwochen als unterschiedliche Grundgesamtheiten betrachtet werden.

Im Anschluss an die qualitative Interpretation wurden Zusammenhänge zwischen den hochfrequenten Verkehrszeitreihen und den hochfrequenten Immissionskomponenten untersucht. Anhand einer spektralen Zusammenhangsanalyse konnte auf Grundlage der zeitlich hochaufgelösten und trendbereinigten Daten ein signifikanter Zusammenhang zwischen verkehrlichen und immissionsbezogenen Kenngrößen festgestellt werden, der mit der Periode der jeweils geschalteten Umlaufzeit am Knotenpunkt auftritt. Der Zusammenhang ist für sämtliche Immissionskenngrößen erkennbar, für die Kenngröße $PM_{10-2,5}$ jedoch weniger deutlich als für NO_X, PM_{10} und $PM_{2,5}$.

Im Vorfeld der Modellentwicklung wurden mittels einer umfassenden Korrelationsanalyse mögliche relevante Einflussgrößen auf die gemessenen Immissionen identifiziert. Die Vielzahl an meteorologischen und verkehrlichen Kenngrößen mit statistisch signifikanter Korrelation zu den Immissionskenngrößen wurde mittels eines mehrstufigen Merkmalsselektionsverfahrens auf eine kleine Gruppe fachlich abgrenzbarer Eingangsgrößen oder Prädiktoren für die Modellentwicklung reduziert. Die Erklärungsmodelle wurden differenziert nach Testfeldern, nach Messwochen in den Testfeldern, nach untersuchten Immissionskenngrößen und nach nieder- und hochfrequentem Ansatz entwickelt. Insgesamt wurden 30 Modelle entwickelt, fachlich interpretiert und hinsichtlich ihrer Modellgüte qualitativ bewertet.

Die *niederfrequenten Modelle* erklären mit Ausnahme der groben Fraktion $PM_{10-2,5}$ etwa 80 % und damit einen hohen Anteil der Varianz der gemessenen Schadstoffkonzentration. Der relative Standardfehler liegt meist unter 30 % und die visuelle Prüfung zeigt eine hohe Ähnlichkeit mit den gemessenen Zeitreihen. Bei den PM-Modellen im Testfeld Hamburg fällt allerdings auf, dass einzelne Maxima und Minima in der gemessenen Belastung häufig nicht korrekt abgebildet werden. Insgesamt werden die niederfrequenten Modelle anhand der definierten Kriterien mindestens als „befriedigend", die NO_X- und $PM_{2,5}$-Modelle in Hamburg als „gut" bewertet. Die niederfrequenten Modelle der groben Partikel ($PM_{10-2,5}$) werden aufgrund der als „nicht ausreichend" bewerteten Modellgüte für das Testfeld Bremerhaven und aufgrund der nicht signifikanten verkehrlichen Prädiktoren für das Testfeld Hamburg nicht weiter betrachtet.

Windbezogene Kenngrößen klären in den niederfrequenten Modellen beider Testfelder einen großen Anteil der Varianz der Immissionen auf. Während die Windgeschwindigkeit in nahezu jedem Modell als Prädiktor enthalten ist, spielt im Testfeld Bremerhaven mit einem breiteren und besser durchlüfteten Querschnitt die Windrichtung eine größere Rolle als in Hamburg. Alle Erklärungsmodelle verwenden zudem den Luftdruck als Prädiktor[42]. Dies ist zunächst erstaunlich, da diese Kenngröße üblicherweise nur eine geringe Varianz aufweist und in den recherchierten Untersuchungen keine direkte Kausalität zur Immissionskonzentration festgestellt wurde. In Anbetracht der hohen Varianz des Luftdrucks in der zweiten Messwoche in Hamburg und mehrerer Inversionswetterlagen in der zweiten Woche in Bremerhaven erscheint die Aufnahme dieser Kenngröße zumindest für die betrachteten Zeiträume und auch als Indikator für die Gesamtwetterlage plausibel. Eine Recherche weiterer statistisch-empirischer Untersuchungen zeigt zudem, dass der Luftdruck häufig als Prädiktor zur Modellierung von Immissionskonzentrationen eingesetzt wird (BERTACCINI, DUKIC, IGNACOLLO [2009], CORANI [2005][43], HRUST ET AL. [2009], KUKKONEN ET AL. [2003], VARDOULAKIS ET AL. [2007]). Grundsätzlich erscheint jedoch die Aufnahme von direkten Einflussgrößen wie der Mischungsschichthöhe (vgl. 2.3.2.4), die für diese Untersuchung allerdings nicht vorliegt, sinnvoller. Als Reaktionspartner für die Bildung und den Abbau von NO_2 ist zudem die regionale Ozonkonzentration für die NO_X-Modelle in beiden Testfeldern ein wichtiger Prädiktor. In den PM_X-Modellen ist die PM_{10}-Hintergrundbelastung eine wichtige erklärende Kenngröße in allen Messwochen.

Nahezu alle niederfrequenten Modelle enthalten eine verkehrliche Prädiktorkenngröße mit Bezug zum Schwerverkehr. Im NO_X-Modell für Hamburg ist zusätzlich die Anzahl der Anfahrvorgänge ein wesentlicher Prädiktor. Das PM_{10}-Modell für Hamburg enthält mit den Durchfahrten des Schwerverkehrs ebenfalls eine durch die Koordinierung beeinflussbare Kenngröße, die jedoch aus Modellsicht zu einem Zielkonflikt hinsichtlich einer Optimierung der Koordinierung führt. Die Aufnahme dieser Kenngröße mit einem positiven Vorzeichen wird aber als plausibel angesehen, da durchfahrende Fahrzeuge erheblich zur Wiederaufwirbelung grober Partikel beitragen können.

Einschränkend ist zu bemerken, dass *mit nur 10 Messtagen je Testfeld kein allgemein gültiges Modell für die niederfrequente Immissionsbelastung entwickelt werden kann.* Aus der Literaturrecherche wird deutlich, dass die Stärke und auch die Richtung meteorologischer Einflüsse jahreszeitabhängig sein können. Ferner konnte der relevante Einflussfaktor Niederschlag mangels einer ausreichenden Anzahl an Niederschlagsereignissen nicht in das Modell mit einbezogen werden. Zur Verdeutlichung der Tatsache, dass mit nur wenigen, dafür aber lokal und differenziert erhobenen Kenngrößen eine hohe Modellgüte erreichbar ist, wird der Umfang der Messungen jedoch als ausreichend angesehen.

---

[42] Das NO_X-Modell im Testfeld Hamburg bezieht den Luftdruck über die rechnerisch ermittelte Kenngröße Wasserdampf-Verhältnis mit ein, die als Eingangsgrößen die Temperatur, die Luftfeuchte und den Luftdruck hat.

[43] Der Luftdruck wurde in den Modellen von Corani [2005] zwar als Prädiktor verwendet, jedoch nur mit untergeordneter Bedeutung.

Die *hochfrequenten Erklärungsmodelle* zeigen, dass die kurzzeitigen Schwankungen in der Immissionskonzentration anhand von windbezogenen und verkehrlichen Kenngrößen in Bezug auf ihren relativen Verlauf in befriedigender bis guter Qualität modelliert werden können. Mit nicht mehr als vier Prädiktoren werden mindestens 30 %, meist jedoch 40 % bis 50 % der Varianz der hochfrequenten Komponente der NO_X- und PM_X-Konzentration aufgeklärt. Die nicht erklärte Varianz ist vermutlich in nichtlinearen Abhängigkeiten und in der nicht erfassten Einflussgröße „Schadstoffklasse" begründet.

Die verkehrlichen Prädiktoren in den Modellen beziehen sich meist auf Kenngrößen der Verkehrsnachfrage in Form der Verkehrsstärke oder der Schwerverkehrsstärke. Analog zu den niederfrequenten Modellen enthalten nur die Modelle für die NO_X- und PM_{10}-Konzentration in Hamburg Kenngrößen zur Qualität des Verkehrsablaufs.

In der Mehrzahl der Modelle sind die Prädiktoren in den hochfrequenten Modellen konsistent zu den maßgebenden Prädiktoren in den niederfrequenten Modellen und entsprechen den trendbereinigten Kenngrößen mit hoher Änderungsrate aus dem entsprechenden niederfrequenten Modell.

Quantifizierte Wirkungen / ermittelte Reduktionspotenziale

Anhand der entwickelten Erklärungsmodelle konnten die Wirkungen einer Optimierung der eingebundenen verkehrlichen Kenngrößen quantifiziert werden. Die Wirkung einer minimierten / maximierten Kenngröße entspricht dabei dem maximalen immissionsbezogenen Reduktionspotenzial. Die in die Modelle eingebundenen verkehrlichen Kenngröße können in Kenngrößen der Verkehrsnachfrage, der Verkehrszusammensetzung und des Verkehrsablaufs unterschieden werden.

Die Modelle für das *Testfeld Bremerhaven* enthalten ausschließlich Kenngrößen mit Bezug zur Verkehrsnachfrage und zur Verkehrszusammensetzung. Aufgrund der geringen Auslastung der untersuchten Zufahrt und dem daraus resultierenden geringen Anteil an Anfahrvorgängen ist es plausibel, dass anhand der Messdaten kein statistisch signifikanter Zusammenhang zum Verkehrsablauf identifiziert wurde. Vielversprechende Minderungsmaßnahmen sind folglich die Zuflussdosierung und differenzierte Zufahrtsbeschränkungen für den Schwerverkehr. Generell liegen die möglichen Reduktionspotenziale im Testfeld Bremerhaven für alle untersuchten Schadstoffe unter 20 %.

Die NO_X-Modelle für das *Testfeld Hamburg* enthalten mit der Anzahl der Anfahrvorgänge eine Kenngröße mit Bezug zum Verkehrsablauf. Das maximale Reduktionspotenzial einer Verbesserung des Verkehrsablaufs beträgt zu verkehrlich hochbelasteten Zeiträumen bis zu 30 % der Gesamtkonzentration. Eine Beeinflussung der Schwerverkehrsstärke ermöglicht darüber hinaus eine Reduktion in einer Größenordnung weiterer 30 %. In Bezug auf die PM_X-Konzentration erscheinen Reduktionspotenziale in einer Größenordnung bis maximal 20 % möglich.

5. Bewertung des Verfahrens hinsichtlich seiner weiteren Verwendbarkeit

5.1. Allgemeines

Grundsätzlich lassen sich die Einsatzbereiche für das hier entwickelte Verfahren nach der Anwendung im *Online-* oder *Offline-Betrieb* und damit der kontinuierlichen oder lediglich periodischen Anwendung differenzieren. Der maßgebende Einsatzbereich für den Online-Betrieb wird die *umweltabhängige Verkehrssteuerung* sein. Als Offline-Anwendungsfall ist ein Einsatz des Verfahrens im Rahmen einer begutachtenden oder beratenden Tätigkeit zur *Wirkungsabschätzung verkehrlicher Maßnahmen* denkbar.

Beide Einsatzbereiche können ferner nach dem Einsatz des Verfahrens als *erklärendes Verfahren* mit paralleler Messung von Immissionen und dem Einsatz als *prognostisches Verfahren* zur Vorhersage von Immissionen unterschieden werden. Der Einsatz eines erklärenden Verfahrens ist sinnvoll, wenn primär Aussagen zur aktuellen Belastungssituation getroffen werden sollen. Ein Einsatz als prognostisches Verfahren ist anzustreben, wenn frühzeitig Aussagen zu Belastungen am Folgetag oder generell zu zukünftigen Belastungsszenarios benötigt werden. Während für das erklärende Modell kontinuierlich die entsprechende Immissionsmesstechnik vorgehalten werden sollte, ist diese für den Einsatz als Prognosemodell lediglich zur Kalibrierung und Validierung sowie zur periodischen Überprüfung des Modells erforderlich. Für die Verwendung als Prognosemodell muss das hier vorgestellte Verfahren aber noch weiterentwickelt werden: So sollte vor allem eine Validierung auf Grundlage einer weiteren Felduntersuchung durchgeführt werden. Zudem ist für eine Prognose mit hoher Güte voraussichtlich eine Anpassung des niederfrequenten Modellansatzes erforderlich; das Modell muss in diesem Fall *einen* Parametersatz mit dauerhafter Gültigkeit für sämtliche klimatischen Zustände aufweisen. Es ist zu erwarten, dass das verwendete lineare parametrische Modell diese Bedingung nicht erfüllen kann und dass auf komplexere Ansätze (vgl. 2.6.5) zurückgegriffen werden muss.

Detaillierte Informationen zu den Einsatzbereichen können den weiteren Abschnitten entnommen werden. Ein Überblick ist Tabelle 25 zu entnehmen.

	Einsatzbereich	Erklärungs-modell	Prognose-modell
Online	Umweltabhängige Verkehrssteuerung		
	o Steuerung auf Grundlage aktueller Belastungen, z. B. für kurzfristig zu aktivierende verkehrliche Maßnahmen.	X	X
	o Steuerung auf Grundlage aktueller und prognostizierter Belastungen, z. B. für mittelfristig zu aktivierende Maßnahmen, die zur Erhöhung der Akzeptanz frühzeitig kommuniziert werden sollten.		X
Offline	Wirkungsabschätzung für verkehrliche Maßnahmen		
	o Abschätzung des immissionsbezogenen Reduktionspotenzials bestimmter Maßnahmen	X	X
	o Abschätzung der absoluten Immissionsbelastungen für zukünftige Belastungsszenarios		X

Tabelle 25: Einsatzbereiche für das entwickelte Verfahren.

5.1.1. Umweltabhängige Verkehrssteuerung (Online-Betrieb)

Der wesentliche Einsatzbereich für das entwickelte Verfahren ist die umweltabhängige Verkehrssteuerung. Darunter wird hier die *Verkehrsbeeinflussung in Abhängigkeit aktueller oder prognostizierter Immissions- sowie weiterer Kenngrößen* verstanden.

Eine umfassende umweltabhängige Verkehrssteuerung sollte

- differenziert nach der Betroffenheit[44] die Luftschadstoff- und Lärm-Immissionen minimieren,
- netzweit die Emission klimaschädlicher Treibhausgase minimieren und gleichzeitig
- die Angemessenheit der Steuerungsmaßnahmen unter Berücksichtigung der Verkehrsqualität für alle Verkehrsteilnehmer und der Erreichbarkeit im Verkehrsnetz wahren.

Bild 36 stellt die umweltabhängige Verkehrssteuerung schematisch als Regelkreis dar.

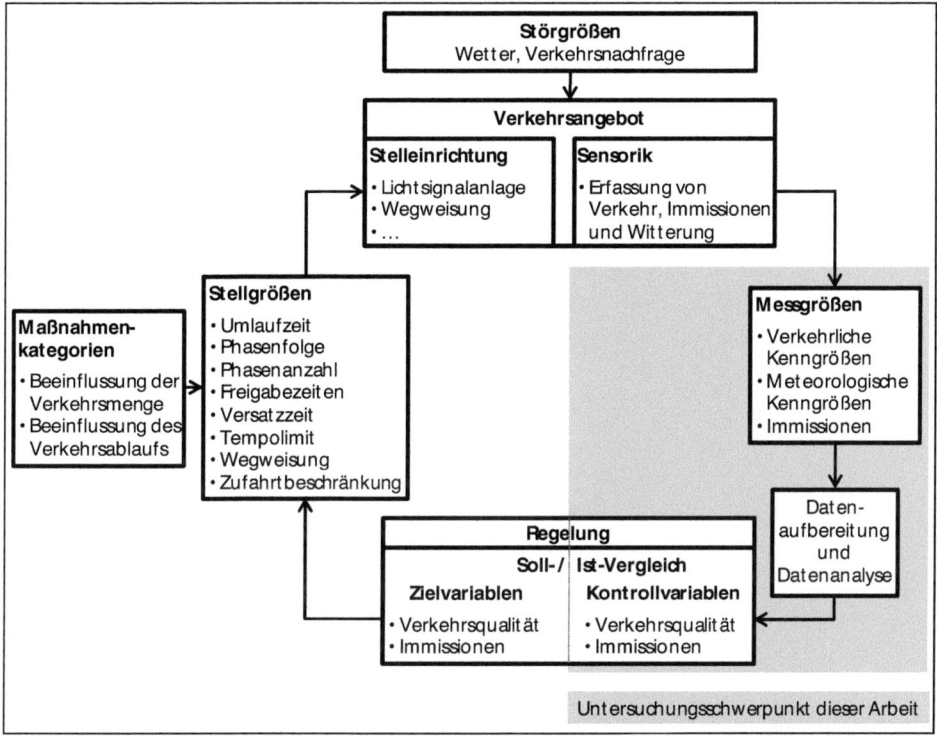

Bild 36: Umweltabhängige Verkehrssteuerung als Regelkreis (vereinfachte Darstellung nach BOLTZE, KOHOUTEK [2009]).

---

[44] Unter Betroffenheit wird eine Kenngröße verstanden, die sich aus der Verschneidung der Immissionsbelastung einer Fläche oder einem Streckenzug und der Anzahl der Personen in diesem Bereich ergibt.

Die Handlungsfelder der Verkehrsbeeinflussung umfassen demnach

- die Lichtsignalsteuerung,
- die dynamische Geschwindigkeitsbeschränkung,
- die dynamische Zufahrtsbeschränkung und
- die dynamische Wegweisung.

Zur systematischen Priorisierung betroffener Streckenabschnitte, auf denen Steuerungsmaßnahmen aktiviert werden sollen, ist eine präzise immissionsbezogene und netzweite Wirkungsermittlung erforderlich. Grundlegende konzeptionelle Ideen können BOLTZE ET AL. [2010] und KOHOUTEK [2009] entnommen werden.

Eine teilweise Implementierung oder Pilotversuche für eine umweltabhängige Verkehrssteuerung wurden bereits in verschiedenen deutschen Städten vorgenommen. So setzt die Stadt Hagen eine dynamische Wegweisung mit einer dynamischen Zufahrtsbeschränkung für den Schwerverkehr in Abhängigkeit der Verkehrsnachfrage und verschiedener meteorologischer Kenngrößen ein, um NO_2-Grenzwertüberschreitungen zu verhindern und um die Partikelbelastung zu mindern (LUDES ET AL. [2008]). In der Stadt Braunschweig wird derzeit eine immissionsabhängige Aktivierung von Zuflussdosierungs-, Koordinierungs- und Wegweisungsmaßnahmen untersucht (FORSBLAD, THIERSING [2009]), und die Stadt Köln passt nach ARENTZ, SORICH [2008] die Signalprogramme der LSA-Steuerung in Abhängigkeit von meteorologischen Kenngrößen und Immissionskenngrößen an.

Der hier entwickelte Ansatz kann als ein Baustein einer umweltabhängigen Verkehrssteuerung gesehen werden, mit dem die Wirkungen angepasster verkehrlicher Kenngrößen auf die Luftschadstoffbelastung präzise abgeschätzt werden können. Dies kann entweder auf Grundlage eines *Immissionsmodells* oder einer *vereinfachten Potenzialabschätzung* geschehen (vgl. Bild 37).

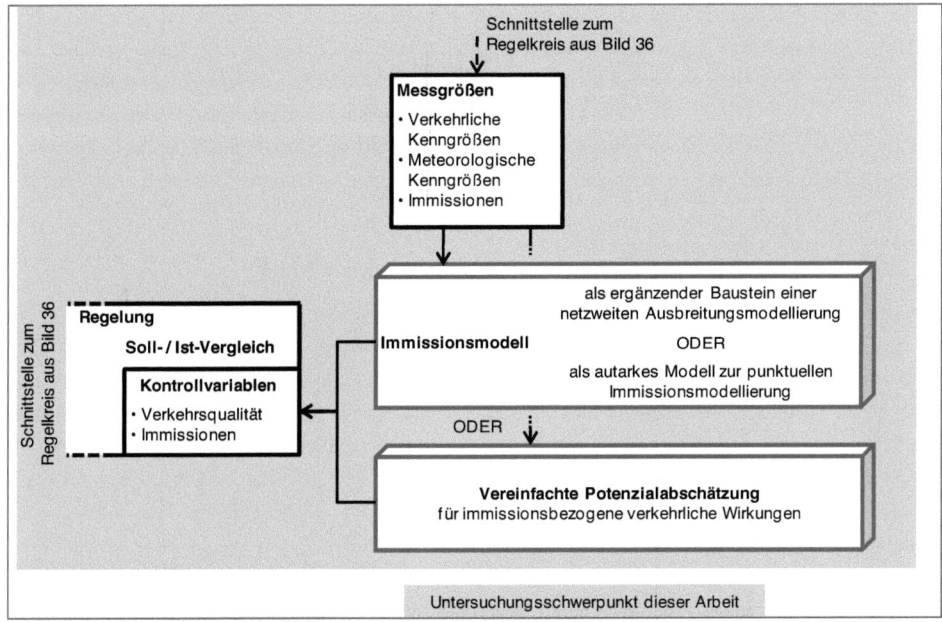

Bild 37: Einsatzmöglichkeiten im Rahmen der umweltabhängigen Verkehrssteuerung.

Immissionsmodellierung

Der Einsatz des Verfahrens zur Immissionsmodellierung ist *ergänzend zu verbreiteten Ausbreitungsmodellen*, jedoch auch als *autarker Modellierungsansatz* denkbar. Mit einer detaillierten Erfassung und Verarbeitung lokaler windbezogener und verkehrlicher Kenngrößen kann eine punktuelle Modellierung in vergleichsweise hoher Güte erreicht werden. Denkbar ist außerdem die Ergänzung eines bestehenden Immissionsmodells um den hochfrequenten Ansatz aus dem hier entwickelten Verfahren. Die in diesem Kontext entwickelten hochfrequenten Erklärungsmodelle zeigen deutlich, dass auch kurzzeitige Schwankungen verkehrlicher Kenngrößen die Immissionen maßgeblich beeinflussen und dass zumindest aus verkehrlicher Sicht eine entsprechend hochaufgelöste Wirkungsermittlung möglich und sinnvoll ist.

Vereinfachte Potenzialabschätzung für immissionsbezogene verkehrliche Wirkungen

Im Rahmen der umweltabhängigen Verkehrssteuerung ist der Einsatz des Verfahrens auch in einem deutlich vereinfachten Ansatz zur Abschätzung immissionsbezogener Reduktionspotenziale vorstellbar. Mit gängiger Messtechnik für lokale verkehrliche und meteorologische Kenngrößen können hierbei Aussagen hinsichtlich der Immissionswirksamkeit einer Verkehrssteuerungsmaßnahme gemacht werden. Auf Grundlage des bereits entwickelten Erklärungsmodells werden dann *keine Immissionskonzentrationen modelliert, sondern lediglich die „realisierten Luftschadstoffreduktionen"* abgeschätzt, die sich aus beeinflussten verkehrlichen Kenngrößen unter Berücksichtigung der aktuellen meteorologischen Situation ergeben. Bei diesem vereinfachten Ansatz werden die im Regressionsmodell bestimmten Koeffizienten der verkehrlichen und meteorologischen Kenngrößen als dauerhaft gültig angenommen. Anhand der meteorologischen Modellzusammenhänge kann auf Situationen mit Handlungsbedarf geschlossen werden. Die verkehrlichen Modellzusammenhänge ermöglichen schließlich eine Abschätzung des immissionsbezogenen verkehrlichen Reduktionspotenzials. Der Ansatz besitzt zwar eine verringerte Aussagekraft, da keine Abschätzung konkreter Immissionsbelastungen möglich ist, dafür kann von einem erheblich reduzierten Aufwand für die Implementierung und den Betrieb ausgegangen werden.

5.1.2. Wirkungsabschätzung für verkehrliche Maßnahmen (offline)

Der Einsatz des Verfahrens als Immissionsmodell und als „vereinfachte Potenzialabschätzung" ist auch unabhängig von der umweltabhängigen Verkehrssteuerung möglich. Im Sinne eines eher statischen Ansatzes kann das Verfahren die planerische oder politische Entscheidungsfindung für oder gegen bestimmte verkehrliche Maßnahmen unterstützen. Während bei der umweltabhängigen Verkehrssteuerung fortlaufend Daten erhoben und Wirkungen modelliert werden (Online-Betrieb), findet die Wirkungsermittlung in diesem Fall periodisch statt (Offline-Betrieb). Beispielsweise empfehlen die RiLSA (FGSV [2010]) die Beobachtung des Verkehrsablaufs im Rahmen der Qualitätsüberprüfung einer Lichtsignalanlage im Turnus von ein bis zwei Jahren. Eine Überprüfung der Gültigkeit von festgestellten Umweltwirkungen verkehrlicher Maßnahmen erscheint vor dem Hintergrund einer Veränderung der Flotten- und der Verkehrszusammensetzung im gleichen Turnus angebracht.

5.2. Bewertung der Eignung

5.2.1. Allgemeines

Mit der durchgeführten Untersuchung wurde ein erster Schritt zur Verfahrensentwicklung geleistet. Für eine (testweise) Implementierung des entwickelten Ansatzes in bestehende Verfahren zur Immissionsmodellierung oder eine umweltabhängigen Verkehrssteuerung sind aber umfassende konkrete Machbarkeitsuntersuchungen erforderlich. Eine Bewertung der Verwendbarkeit des Verfahrens ist daher für den derzeitigen Entwicklungsstand nur eingeschränkt möglich. Anstelle einer Bewertung für einen oder mehrere fiktive Anwendungsfälle, die jeweils Randbedingungen mit erheblichem Einzelfallcharakter aufweisen, werden im Folgenden die wesentlichen zur Bewertung heranzuziehenden Kriterien und Messgrößen vorgestellt.

Im Rahmen des Projektes TASTe (AXHAUSEN, BOLTZE, RETZKO [1999]) wurden Ziele und Zielkriterien zur Bewertung von Verkehrsmanagementstrategien definiert. Eine Auswahl der erarbeiteten Zielkriterien ist geeignet, um das hier entwickelte Verfahren zu bewerten:

- Die *Aussagekraft in Form der Güte und die (verfahrensbedingte) Sensitivität* der Ergebnisse.
- Die *Fehleranfälligkeit* bei der Anwendung des Verfahrens.
- Die *Akzeptanz in Form der Nachvollziehbarkeit* der Ergebnisse.
- Der *Aufwand* für die Implementierung und die Anwendung des Verfahrens.

Bei der Bewertung wird grundsätzlich davon ausgegangen, dass das zur Anwendungsreife weiterentwickelte Verfahren folgende Eigenschaften aufweist:

- Automatisierte und zumindest innerhalb eines Messzeitraums kontinuierliche Datenerhebung.
- Automatisierte Zusammenführung und Aufbereitung der erhobenen Daten.
- Standardisierte Plausibilitätsprüfung der erhobenen Daten.
- Automatisierte Auswahl möglicherweise geeigneter Prädiktoren.
- Standardisierte Prozesse bei der endgültigen Auswahl der Prädiktoren für das statistisch-empirische Modell.
- Automatisierte Parametrierung des Modells und automatisierte Ermittlung der verkehrlichen Reduktionspotenziale.
- Standardisierte Prozesse bei der Plausibilitätsprüfung des Modells und der verkehrlichen Reduktionspotenziale.

Die Bewertung wird aus Sicht der potenziellen Anwender durchgeführt. Typische Anwender könnten städtische Mitarbeiter oder auch beratende Ingenieurbüros sein.

5.2.2. Güte und Sensitivität der Ergebnisse

Die Ergebnisse des hier entwickelten oder eines alternativen modellbasierten Ansatzes stellen bei einer Verwendung in der Praxis eine wesentliche Entscheidungsgrundlage für oder gegen bestimmte Maßnahmen dar. Diese Maßnahmen sind häufig mit erheblichen Restriktionen für die Erreichbarkeit und die netzbezogene Verkehrsqualität verbunden. Folglich ist eine optimale Maßnahmenauswahl und -ausgestaltung elementar für die Akzeptanz des gesamten Steuerungsansatzes. Die Güte und die Sensitivität der Ergebnisse sind daher die maßgebenden Kriterien für die Tauglichkeit eines Verfahrens zur Ermittlung der umweltbezogenen Wirkungen verkehrlicher Maßnahmen.

Das hier entwickelte Verfahren wurde hinsichtlich beider Kriterien umfassend in Kapitel 4 bewertet. Im Mittel klären die entwickelten Modelle 82 % der Varianz der Immissionen bei einem relativen Fehler von 20 % auf. Aufgrund unterschiedlicher Randbedingungen (zum Beispiel abweichende zeitliche und räumliche Auflösung) ist ein direkter Vergleich zur Güte der in Abschnitt 2.6.5 recherchierten Modelle nur sehr eingeschränkt möglich. Dennoch ist erkennbar, dass die in dieser Untersuchung erreichte *Modellgüte* den recherchierten bisherigen Untersuchungen mindestens gleichwertig ist. Im Rahmen weiterführender Untersuchungen zu alternativen Modellansätzen wie neuronalen Netzen oder generalisierten additiven Modellen kann die erreichte Modellgüte möglicherweise noch weiter gesteigert werden.

Die *Sensitivität* der Ergebnisse wurde durch Anwendung alternativer mathematischer Ansätze zur Modellierung überprüft. Die Sensitivität der Ergebnisse des hochfrequenten Ansatzes wurde mittels Anwendung alternativer Tiefpassfilter zur Trendbereinigung und mittels alternativer zeitlicher Aggregationsebenen für die Modellierung bewertet. Die Ergebnisse des hoch- und des niederfrequenten Ansatz wurden durch Anwendung eines alternativen linearen Modellansatzes neu ermittelt. Die ermittelten relativen Reduktionspotenziale schwanken mit einer Ausnahme nur minimal im Bereich von einem oder zwei Prozentpunkten. Lediglich bei Anwendung des alternativen linearen Modellansatzes reduziert sich das geschätzte Reduktionspotenzial durch Beeinflussung der Qualität des Verkehrsablaufs von 31 % zu 21 %. Allerdings wird eine Unsicherheit von ±10 % durchaus immer noch als akzeptabel angesehen. Die Güte und Stabilität der Ergebnisse des entwickelten Ansatzes werden folglich als ausreichend für die genannten Einsatzbereiche bewertet.

5.2.3. Fehleranfälligkeit bei der Anwendung des Verfahrens

Bewertet werden an dieser Stelle mögliche Fehler bei der Anwendung des Verfahrens. Verfahrensbedingte Fehler, wie beispielsweise die Annahme falscher Modellzusammenhänge oder die Anwendung nicht zulässiger statistischer Methoden werden ebenso wie Fehler der eingesetzten Messtechnik (vgl. 2.6) an dieser Stelle nicht bewertet.

Sofern das Verfahren hinsichtlich der Automatisierung und der Standardisierung einzelner Prozesse wie oben beschrieben weiterentwickelt wird, können Fehler bei der Anwendung durch

- fehlerhafte Bedienung von Messgeräten,
- nicht ausreichende oder nicht qualifizierte „manuelle" Plausibilitätsprüfung der aufbereiteten Daten und der Ergebnisse oder durch
- nicht qualifizierte oder subjektive Interpretationen der Ergebnisse einzelner Arbeitsschritte

entstehen.

Die Qualität der Dokumentation, die Menge der subjektiv-beeinflussbaren Entscheidungen und der *Grad der erforderlichen fachlichen Qualifikation des Anwenders* werden daher als maßgebende Kriterien zur Bewertung der Fehleranfälligkeit gesehen. Zur Qualität der Dokumentation können an dieser Stelle keine konkreten Hinweise gegeben werden. Dies sollte nach der Weiterentwicklung des Verfahrens spezifisch für den jeweiligen Einsatzbereich erfolgen. Die subjektive Komponente hingegen kann im Rahmen der Datenaufbereitung (Bedienung der Messtechnik) und der Datenerhebung (Plausibilitätsprüfung aufbereiteter Daten) durch eine präzise Dokumentation und Definition von Schwellenwerten, weitgehend eliminiert werden. Im Zuge der Modellentwicklung, beispielsweise bei der Auswahl maßgebender Prädiktoren für das Erklärungs- oder Vorhersagemodell, können Entscheidungen des Bearbeiters durch eine präzise Dokumentation zwar unterstützt, subjektiv behaftete Entscheidungen allerdings nicht vollständig ausgeräumt werden. Ähnliches gilt für die kritische Interpretation der Ergebnisse: So kann die Modellgüte anhand (noch zu definierender) Schwellenwerte der relevanten statistischen Kennwerte weitgehend objektiv bewertet werden. Die detaillierte Interpretation, beispielsweise von korrelierenden Prädiktoren und damit verbundenen Änderungen des Gewichts der Prädiktoren im Modell, wird jedoch weiterhin eine subjektive Komponente besitzen. Dies ist allerdings bei alternativen Verfahren zur Immissionsmodellierung auch der Fall. Wesentlich für den entwickelten Ansatz und abweichend von gängigen Modellansätzen ist jedoch, dass der Anwender sowohl ein gewisses mathematisch-statistisches Grundverständnis für die eingesetzten Methoden als auch das fachliche Hintergrundwissen zu den Einflussfaktoren auf die lokale Immissionskonzentration besitzen sollte.

5.2.4. Nachvollziehbarkeit der Ergebnisse

Die Nachvollziehbarkeit der Ergebnisse wird als maßgebend für die Akzeptanz des Verfahrens angesehen. Sofern davon ausgegangen werden kann, dass die einzelnen Verfahrensschritte dem Stand der Technik und den Regeln guter wissenschaftlicher Praxis entsprechen, werden auch hier die *Qualität der Dokumentation* und die *erforderliche Qualifikation* des Anwenders als wesentliche Kriterien für die Nachvollziehbarkeit gesehen. Hieraus wird deutlich, dass bei einem hohen Automatisierungsgrad, bei dem Flüchtigkeitsfehler infolge einer großen Anzahl sich wiederholender Arbeitsschritte minimiert sind, die Fehleranfälligkeit mit der Nachvollziehbarkeit zusammenhängt. Die Wahrscheinlichkeit für Anwendungsfehler sinkt mit erhöhter Nachvollziehbarkeit der Ergebnisse.

5.2.5. Aufwand bei der Implementierung und Anwendung des Verfahrens

Der Aufwand für die Anwendung des Verfahrens hängt von

- der Anwendung des Verfahrens im Online- oder Offline-Betrieb,
- dem Einsatz als erklärendes oder prognostisches Verfahren sowie
- von der bereits vorhandenen technischen Infrastruktur und damit erforderliche Investitionen zur (verkehrlichen) Datenerfassung, zur Datenübermittlung, zur Schnittstellenentwicklung sowie zur Datenverarbeitung ab.

Tabelle 26 zeigt eine Grobschätzung möglicher Aufwandspositionen, differenziert nach Anwendung des Verfahrens im Online- und im Offline-Betrieb sowie nach erklärendem oder prognostischem Verfahren. Es wird sowohl der finanzielle Aufwand für die Anschaffung etwaiger technischer Infrastruktur als auch der personelle Aufwand zur Installation, Implementierung und zum Betrieb bewertet. Der Aufwand wird für einen Messquerschnitt und einen Messzeitraum qualitativ anhand einer dreistufigen Skala mit den Stufen gering, mittel und hoch bewertet. Als geringe Investitionen werden hier Ausgaben im niedrigen vierstelligen Bereich gesehen; Investitionen in einer Größenordnung ab etwa 30000,- Euro werden als hoch eingestuft. Der Personalaufwand wird als gering eingestuft, wenn nur wenige Tage Aufwand pro Jahr (Online-Betrieb) bzw. je Messperiode (Offline-Betrieb) anfallen. Als hoch wird der Personalaufwand eingestuft, wenn der Aufwand größer als etwa ein Mannmonat pro Jahr bzw. Messperiode geschätzt wird.

Mögliche Aufwandspositionen	Online-Betrieb		Offline-Betrieb	
	Erklärend	Prognostisch	Erklärend	Prognostisch
	(Invest / Personalaufwand)		(Invest / Personalaufwand)	
Erfassungstechnik (Anschaffung, Installation, Inbetriebnahme)				
o Verkehr[1]	mittel/ gering	mittel/ gering	gering/ gering	gering/ gering
o Meteorologie[1]	gering/ gering	gering/ gering	gering/ gering	gering/ gering
o Immissionen[1,2]	hoch/ gering	gering/ gering	mittel/ gering	gering/ gering
Schnittstellen zum Datenaustausch[3]	gering/ hoch	gering/ mittel	nicht erforderlich	nicht erforderlich
Verfahrensanwendung				
o Datenerhebung (Betrieb d. Messtechnik)[4]	gering/ hoch	gering/ mittel	gering/ mittel	gering/ gering
o Datenaufbereitung[5]	gering/ hoch	gering/ mittel	gering/ mittel	gering/ gering
o Datenanalyse	gering/ mittel	gering/ mittel	gering/ mittel	/ mittel

[1] Beim Online-Betrieb wird von einer dauerhaften Installation ausgegangen, beim Offline-Betrieb von einer temporären Installation.
[2] Beim Prognosemodell muss die Immissionsmesstechnik nur zur Parametrierung des Modells vorgehalten werden.
[3] Beim einmaligen oder periodischen Offline-Betrieb erscheint die Programmierung von Schnittstellen zur bestehenden Infrastruktur nicht zweckmäßig. Beim Online-Betrieb ist für den Einsatz des Erklärungsmodells eine größere Anzahl an Schnittstellen erforderlich.
[4] Der Betrieb der Immissionsmesstechnik erfordert einen höheren Personalaufwand zur Qualitätssicherung als die sonstige Messtechnik.
[5] Der Aufwand für nicht-automatisierbare Tätigkeiten zur Datenaufbereitung verhält sich weitestgehend proportional zur Datenmenge, wobei in den Immissionszeitreihen mehr Extremwerte auftreten und daher eine aufwändigere Plausibilitätsprüfung erforderlich wird.

Tabelle 26: Grobschätzung des Aufwands für eine Messperiode.

5.3. Zwischenfazit

Als wesentlicher Einsatzbereich für das entwickelte Verfahren wird die umweltabhängige Verkehrssteuerung gesehen. Hierbei kann das Verfahren entweder zur Immissionsmodellierung eingesetzt werden, wobei zwischen dem Einsatz als erklärendes Modell mit paralleler Immissionsmessung und als prognostisches Modell zur Vorhersage von Immissionen zu unterscheiden ist. Oder das Verfahren wird als vereinfachte Potenzialabschätzung zur isolierten Bewertung der immissionsbezogenen Wirkungen auf Grund angepasster verkehrlicher Kenngrößen verwendet. Ein sekundärer Einsatzbereich wird in eher statischen Ansätzen gesehen, die in einmaligen oder periodischen Untersuchungen als Entscheidungshilfe für oder gegen bestimmte Maßnahmen dienen.

Wesentliche Kriterien für einen Einsatz des Verfahrens in der Praxis sind die Güte und die Sensitivität der Ergebnisse, die Fehleranfälligkeit und die Nachvollziehbarkeit sowie der personelle und der finanzielle Aufwand. Im Rahmen einer qualitativen Bewertung werden die Modellgüte und die Stabilität der Ergebnisse für einen Einsatz im genannten Kontext als geeignet bewertet. Eine konkrete Bewertung der weiteren Kriterien ist jedoch stark einzelfallabhängig und hier nur eingeschränkt möglich. Grundsätzlich kann festgehalten werden, dass der hohe Abstraktionsgrad sowie der interdisziplinäre Ansatz gewisse Anforderungen an die mathematisch-naturwissenschaftliche Ausbildung des späteren Anwenders stellt. Mit einer entsprechenden Dokumentation können die Nachvollziehbarkeit erhöht und die Fehleranfälligkeit minimiert werden. Der Aufwand für die Anwendung des Verfahrens ergibt sich wesentlich aus der

Betriebsweise als Online-Verfahren oder als Offline-Verfahren sowie aus dem Einsatz mit parallel erforderlicher Immissionsmesstechnik oder als autarkes Modell. Zur Abschätzung des Aufwands für einen konkreten Einsatzfall müssen aber auch die bereits vorhandene Detektions- und Kommunikationsinfrastruktur berücksichtigt werden. Je nach vorhandenen Randbedingungen kann der Aufwand zur Anwendung des Verfahrens erheblich sein. Der Einsatz des Verfahrens ist daher vor allem an den kritischen Stellen im Netz (HotSpot) mit einem hohen Grenzwertüberschreitungsrisiko sinnvoll.

6. Fazit und weiterer Forschungsbedarf

6.1. Fazit

Die vorliegende Untersuchung hatte zwei wesentliche Ziele: Zum einen sollte ein *Verfahren zur Quantifizierung der Wirkungen des Straßenverkehrs* auf die Feinstaub- und Stickoxid-Immissionen, insbesondere unter Berücksichtigung kurzzeitiger Schwankungen der verkehrlichen Kenngrößen, entwickelt werden. Zum anderen sollten unter Anwendung des entwickelten Verfahrens in den Städten Bremerhaven und Hamburg die *immissionsbezogenen Reduktionspotenziale* infolge einer Beeinflussung des Verkehrsablaufs, der Verkehrsnachfrage oder der Verkehrszusammensetzung quantifiziert werden. Die wesentlichen Ergebnisse der Verfahrensentwicklung und -anwendung sind im Folgenden als Kernaussagen mit ergänzenden Erläuterungen dargestellt:

Das entwickelte Verfahren eignet sich zur zeitlich hochaufgelösten Wirkungsabschätzung von Einflüssen des Straßenverkehrs auf die lokale Immissionsbelastung.

Das Verfahren basiert auf einem multiplen regressionsanalytischen Ansatz und verwendet zeitlich hochaufgelöste verkehrliche, meteorologische und immissionsbezogene Kenngrößen zur Ermittlung von Wirkungsmechanismen zwischen Einflussgrößen und Immissionskonzentrationen. Ein wesentliches Merkmal des Verfahrens ist die Unterscheidung zwischen Wirkungen auf verschiedenen zeitlichen Ebenen: Auf einer makroskopischen Ebene werden Wirkungen untersucht, die sich aus längerfristigen Eingriffen in den Tagesgang der verkehrlichen Einflussgrößen ergeben; auf einer mikroskopischen Ebene werden Wirkungen untersucht, die sich aus kurzzeitigen Eingriffen, zum Beispiel in einzelnen Umläufen der LSA-Steuerung ergeben. Anhand von lokal gültigen Erklärungsmodellen für die unterschiedlichen zeitlichen Ebenen und die untersuchten Schadstoffkenngrößen ermöglicht das Verfahren eine differenzierte Quantifizierung der Wirkungen verkehrlicher Kenngrößen.

Die in dem Verfahren angewendeten Methoden erfüllen die statistischen Anforderungen an die Zeitreihenanalyse. Die Ergebnisse sind fachlich plausibel und stabil. Schwächen des Verfahrens sind der hohe Aufwand für die Datenerhebung und die Datenaufbereitung. Für eine periodische oder dauerhafte Anwendung des Verfahrens wird zu einer automatisierten Datenerhebung und zu einer standardisierten Datenaufbereitung geraten.

Das Verfahren kann als ergänzender Baustein in einer umweltabhängigen Verkehrssteuerung eingesetzt werden.

Im Rahmen einer umweltabhängigen Verkehrssteuerung kann das Verfahren zur Immissionsmodellierung eingesetzt werden, wobei zwischen dem Einsatz als erklärendes Modell mit paralleler Immissionsmessung und als prognostisches Modell zur Vorhersage von Immissionen zu unterscheiden ist. Alternativ kann das Verfahren als vereinfachte Potenzialabschätzung zur isolierten Bewertung der immissionsbezogenen Wirkungen angepasster verkehrlicher Kenngrößen verwendet werden. Ferner besteht die Möglichkeit, das Verfahren für eher statische Ansätze im Rahmen von einmaligen oder periodischen Untersuchungen als Entscheidungshilfe für oder gegen bestimmte Maßnahmen zu verwenden.

Bei der Anwendung des Verfahrens ist der Einfluss des Straßenverkehrs auf die lokale Immissionskonzentration messbar.

In Bezug auf die ermittelten Wirkungsmechanismen und Reduktionspotenziale kann zunächst festgehalten werden, dass der Einfluss von Schwankungen der Verkehrskenngrößen auf die Luftschadstoff-Immissionen anhand der durchgeführten Messungen nachweisbar ist. Mittels eines frequenzanalytischen Ansatzes konnte erstmals die Erkennbarkeit der Umlaufzeit der LSA-Steuerung in den gemessenen Immissionszeitreihen aufgezeigt werden und die Zweckmäßigkeit einer hochaufgelösten Kenngrößenerfassung und –Analyse bestätigt werden.

Differenzierte Zufahrtsbeschränkungen sind eine grundsätzlich sinnvolle Maßnahme zur Reduzierung der Immissionsbelastung.

In nahezu allen Erklärungsmodellen zeigen Kenngrößen mit Bezug zum Schwerverkehr einen wesentlichen Einfluss auf die gemessenen Immissionen. Zufahrtsbeschränkungen für den Schwerverkehr zu Streckenabschnitten mit hohem Grenzwertüberschreitungsrisiko sind daher grundsätzlich sinnvoll. Aufgrund der Dominanz meteorologischer Einflüsse und der erheblichen Beeinträchtigung für den Güterverkehr sollte insbesondere diese Maßnahme dynamisch und situationsangepasst eingesetzt werden.

Am hochbelasteten Untersuchungsquerschnitt Hamburg-Habichtstraße ist ein Einfluss der Qualität des Verkehrsablaufs auf die Immissionsbelastung messbar.

Für den verkehrlich hochbelasteten Untersuchungsquerschnitt in Hamburg wurde mit der Aufnahme der Kenngröße Anfahrvorgänge in das NO_X-Erklärungsmodell ein deutlicher Einfluss der Qualität des Verkehrsablaufs festgestellt. Für die PM_{10}-Belastung in Hamburg wird mit der Anzahl der Durchfahrten des Schwerverkehrs ebenfalls eine durch die Koordinierung beeinflussbare Kenngröße in das Modell eingebunden. Eine Verbesserung der Koordinierung führt hier allerdings aufgrund der höheren fahrzeuginduzierten Turbulenz und der damit verbundenen Wiederaufwirbelung grober Partikel zu einer Erhöhung der Immissionen. Zumindest aus Sicht des empirischen Modells ergibt sich damit ein Zielkonflikt für die Koordinierung. Vor einer Berücksichtigung dieses Sachverhalts in einer dynamischen Verkehrssteuerung sollten zur Absicherung aber weitere Untersuchungen mit einer größeren Stichprobe durchgeführt werden. Am Messquerschnitt im Testfeld Bremerhaven, mit einer erheblich niedrigeren Auslastung, wurde kein statistisch signifikanter Einfluss der Qualität des Verkehrsablaufs auf die Immissionen festgestellt.

Zu verkehrlich hochbelasteten Zeiten können die Reduktionspotenziale erheblich sein.

Die ermittelten maximalen Reduktionspotenziale durch Beeinflussung der verkehrlichen Kenngrößen sind insbesondere für die NO_X-Belastung erheblich: Eingriffe auf der zeitlich makroskopischen Ebene in den Tagesgang der Verkehrsnachfrage oder der Verkehrszusammensetzung könnten die lokalen Immissionen um 20 % (Bremerhaven) bis 30 % (Hamburg) reduzieren. Mit Eingriffen zur Verbesserung des Verkehrsablaufs könnten im Testfeld Hamburg ebenfalls Reduktionspotenziale bis 30 % der lokalen NO_X-Belastung realisiert werden. Eine Optimierung der Kenngröße „Anzahl der Halte" erscheint in diesem Zusammenhang sinnvoll.

Auf der zeitlich mikroskopischen Ebene, zum Beispiel bei Eingriffen in einzelnen Umläufen der LSA-Steuerung mit Ziel der Minimierung einzelner Konzentrationsspitzen, ergeben sich für die NO_X-Konzentration Reduktionspotenziale in einer Größenordnung von 15 bis 20 %.

Die Reduktionspotenziale für die PM_X-Immissionen sind, entsprechend dem Verursacheranteil des Verkehrs an der PM_X-Gesamtbelastung, niedriger als für die NO_X-Immissionen. Für Eingriffe in den Tagesgang der relevanten Verkehrskenngrößen wurden maximale Reduktionspotenziale in einer Größenordnung von 15 % bis 20 % festgestellt. Bei nahezu allen Modellen ergibt sich dieses Reduktionspotenzial aus einer Beeinflussung der Verkehrsnachfrage oder des Schwerverkehrsanteils. Lediglich im Testfeld Hamburg beeinflussen die Durchfahrten des Schwerverkehrs im empirischen Modell etwa 15 % der lokalen PM_{10}-Konzentration (siehe obenstehende Erläuterungen zum daraus resultierenden Zielkonflikt).

Für die zeitlich mikroskopische Ebene der PM_X-Immissionen betragen die Reduktionspotenziale meist weniger als 5 %, bezogen auf die mittlere gemessene Immissionskonzentration. In Bezug auf die ermittelten Wirkungsmechanismen und die festgestellten Reduktionspotenziale wurden keine wesentlichen Unterschiede zwischen den Kenngrößen PM_{10}- und $PM_{2,5}$-Konzentration festgestellt.

Festzuhalten ist hierbei, dass die Datenerhebung und damit auch die Modellierung sowie die Quantifizierung von Reduktionspotenzialen für werktägliche Tageszeiten und damit für verkehrlich hochbelastete Zeiträume stattgefunden haben. Es ist davon auszugehen, dass die Reduktionspotenziale für größere Mittelungszeiträume unter Einbeziehung von Nachtzeiten, Wochenenden und Ferientagen niedriger sind. Nichtsdestotrotz sind es gerade die verkehrlichen Spitzenzeiten, zu denen eine Beeinflussung der verkehrlichen Kenngrößen durch eine Verkehrssteuerung an Tagen mit hohem Grenzwertüberschreitungsrisiko effektiv und effizient ist.

6.2. Weiterer Forschungsbedarf

Im Zuge der Bearbeitung wurden verschiedene Wissenslücken und Schwierigkeiten bei der Quantifizierung von Wirkungen verkehrlicher Kenngrößen identifiziert. Weitere Forschung und Entwicklung sind demnach in den nachfolgend aufgeführten Themenbereichen sinnvoll.

Systematische und umfängliche Ansätze zur Lösung von Zielkonflikten im Zusammenhang mit umweltbezogenen verkehrlichen Maßnahmen sollten erarbeitet werden.

Neben eher grundsätzlichen Zielkonflikten wie der Minimierung der Umweltwirkungen versus der Sicherung der Mobilität sind insbesondere auch kleinteiligere Zielkonflikte zwischen der Luftreinhaltung und der Lärmminderung sowie zwischen der Minimierung der Feinstaub- und der Stickoxidkonzentration zu untersuchen. Insbesondere vor dem Hintergrund der Entwicklung einer dynamischen umweltabhängigen Verkehrssteuerung sind zueinander konsistente Maßnahmen zu identifizieren, die als Maßnahmenbündel zeitlich und räumlich differenziert eingesetzt werden können. Neben der Identifikation und Bewertung der Zielkonflikte auf einer eher qualitativen Ebene besteht auch ein Bedarf zur Entwicklung von Entscheidungsverfahren, auf deren Grundlage eine umweltabhängige Verkehrssteuerung autark eine sinnvolle Maßnahmenauswahl treffen kann.

Gängige Ausbreitungsmodelle sollten stärker mit statistisch-empirischen Ansätzen verknüpft werden.

Während die Aussagekraft gängiger Ausbreitungsmodelle für weite Teile des Verkehrsnetzes ausreicht, kann an kritischen Stellen für eine optimale Maßnahmenauswahl durch eine umweltabhängige Verkehrssteuerung häufig eine höhere Modellierungsgüte erforderlich sein. Dies könnte durch eine Verknüpfung mit lokal gültigen statistisch-empirischen Ansätzen erreicht werden. Ferner erscheinen weitere *vergleichende Untersuchungen verschiedener mathematischer Ansätze* zur Modellierung lokaler Immissionen, zum Beispiel von neuronalen Netzen im Vergleich zu parametrischen und nichtparametrischen regressionsanalytischen Verfahren, angebracht.

Geeignete Detektionsverfahren zur Erhebung der umweltrelevanten Verkehrskenngrößen sind zu entwickeln.

Insbesondere im Bereich von Umwelt-HotSpots ist eine möglichst genaue Abschätzung der Umweltwirkungen verkehrlicher Maßnahmen empfehlenswert. Eine Detektion der Kenngröße „Verkehrsstärke" ist hierfür nicht ausreichend. Bestehende Detektionsverfahren, z. B. die videobasierte Erfassung, sind ggfs. weiterzuentwickeln, um den Verkehrsablauf und die Verkehrszusammensetzung im Bereich von Umweltmessstellen in hoher Qualität zu erfassen. Diese hochwertige Datengrundlage kann zur Erhöhung der Aussagekraft gängiger Emissions- und Immissionsmodellierungen eingesetzt werden.

Zusammenhänge zwischen Verkehrskenngrößen und alternativen Kenn- und Messgrößen der Partikelbelastung sind weiter zu untersuchen.

Beispielsweise unterscheidet sich die Partikelfraktion der groben Partikel zwischen 2,5 und 10 µm, die etwa die Hälfte der PM_{10}-Gesamtbelastung ausmacht, in ihren Wirkungsmechanismen deutlich von den anderen untersuchten Kenngrößen. Zur Bewertung der gesundheitlichen Wirkungen von Verkehrssteuerungsmaßnahmen hingegen ist die Partikelanzahlkonzentration voraussichtlich besser geeignet als die Partikelmassenkonzentration. Weitere detaillierte Untersuchungen zu den Zusammenhängen zwischen differenziert erfassten Verkehrskenngrößen und der nicht-motorbedingten Partikelmassenkonzentration sowie der Partikelanzahlkonzentration erscheinen daher sinnvoll.

Bildverzeichnis

Bild 1: Vereinfachte Darstellung der Einflüsse auf die Immissionsbelastung mit Luftschadstoffen. 2

Bild 2: Vereinfachte schematische Darstellung der Größenverteilung des atmosphärischen Aerosols in Quellennähe und der Anteile der Größenfraktionen an der Partikelmasse. A: ultrafeine Partikel, B: Akkumulationsmodus, C: grobe Partikel (BAFU [2006]). 7

Bild 3: Relative Anzahlhäufigkeit der verschiedenen Partikelgruppen in Abhängigkeit der Größe (VESTER [2006]). 8

Bild 6: Einfluss der Bebauung auf die Schadstoffbelastung (DÜRING [2006]). 13

Bild 7: $PM_{2,5}$ und NO_X-Emissionen in Abhängigkeit der Längsneigung (nach HBEFA (INFRAS [2010]), SV-Anteil 10 %, Flottenzusammensetzung Basisentwicklung 1994-2020, Bezugsjahr 2005, Verkehrssituation IO LSA2). 14

Bild 8: Einfluss der Mischungsschichthöhe auf die PM_{10}-Immissionskonzentration (dargestellt sind Tagesmittelwerte) an einer innerstädtischen Straßenschlucht (eigene Darstellung, Daten entnommen aus KLINGNER ET AL. [2006]). 18

Bild 9: Motorbedingte Partikel-Emissionen je Fahrzeug und Kilometer für verschiedene Fahrzeugarten, Krafstoffkonzepte und Schadstoffklassen (nach HBEFA (INFRAS [2010]), Bezugsjahr 2008, Verkehrssituation gesättigte Hauptverkehrsstraße innerorts). 19

Bild 10: NO_X-Emissionen je Fahrzeug und Kilometer für verschiedene Fahrzeugarten, Krafstoffkonzepte und Schadstoffklassen (nach HBEFA (INFRAS [2010]), Bezugsjahr 2008, Verkehrssituation gesättigte Hauptverkehrsstraße innerorts). 20

Bild 11: NO_X-Emissionen in Abhängigkeit der Geschwindigkeit für unterschiedliche Streckenlängen (Kuwahara [2001]). 22

Bild 12: PM_{10}-Emissionsfaktoren (Auspuff = rot; Aufwirbelung und Abrieb = blau) in Abhängigkeit von der Verkehrssituation, für das Bezugsjahr 2003 mit einem SV-Anteil von 10% (DÜRING ET AL. [2004]). 24

Bild 13: Übersicht gängiger Ansätze zur Ermittlung emissions- und immissionsbezogener Kenngrößen. 33

Bild 14: Tagesgang der PM_{10}-Konzentration in einer LSA-gesteuerten Knotenpunktszufahrt, dargestellt als aggregierte niederfrequente, als hochfrequente, und als trendbereinigte hochfrequente Tagesganglinie. 45

Bild 15: Arbeitsschritte und Elemente des entwickelten Verfahrens zur Wirkungsermittlung. ...46

Bild 16: Differenzierung zwischen Anfahrvorgängen und Durchfahrten in Abhängigkeit vom definierten Einflussbereich (EB). 49

Bild 17: Auswirkungen einer geänderten Filterfrequenz auf die hochfrequente (hochpassgefilterte) Komponente der PM_{10}-Immissionskonzentration. 54

Bild 18:	Gegenüberstellung der gefilterten hochfrequenten Zeitreihe mittels gleitender Mittelung (GM) für eine und drei Stunden, mittels Gaußscher Tiefpassfilterung für eine und drei Stunden sowie für die alternative zeitabhängige Regression.	56
Bild 19:	Standort der Umweltmessung im Testfeld Bremerhaven (unmaßstäblich, Bildquelle: GOOGLE [2009]).	75
Bild 20:	Standort der Umweltmessung im Testfeld Hamburg (unmaßstäblich; Bildquelle: GOOGLE [2009]).	76
Bild 19:	Ausgewählte Zeitreihen der Messungen im Testfeld Bremerhaven (gleitende 1h Mittelwerte).	78
Bild 20:	Ausgewählte Zeitreihen der Messungen im Testfeld Hamburg (gleitende 1h Mittelwerte).	80
Bild 25:	Gemessene und modellierte Zeitreihen der niederfrequenten NO_X-Konzentration im Testfeld Bremerhaven.	87
Bild 26:	Gemessene und modellierte Zeitreihen der niederfrequenten NO_X-Konzentration im Testfeld Hamburg.	88
Bild 27:	Gemessene und modellierte Zeitreihen der hochfrequenten NO_X-Konzentration im Testfeld Bremerhaven.	88
Bild 28:	Gemessene und modellierte Zeitreihen der hochfrequenten NO_X-Konzentration im Testfeld Hamburg.	88
Bild 29:	Gemessene und modellierte Zeitreihen der niederfrequenten PM_{10}-Konzentration im Testfeld Bremerhaven.	91
Bild 30:	Gemessene und modellierte Zeitreihen der niederfrequenten PM_{10}-Konzentration im Testfeld Hamburg.	91
Bild 31:	Gemessene und modellierte Zeitreihen der hochfrequenten PM_{10}-Konzentration im Testfeld Bremerhaven.	92
Bild 32:	Gemessene und modellierte Zeitreihen der hochfrequenten PM_{10}-Konzentration im Testfeld Hamburg.	92
Bild 33:	Gemessene und modellierte Zeitreihen der niederfrequenten $PM_{2,5}$-Konzentration im Testfeld Bremerhaven.	94
Bild 34:	Gemessene und modellierte Zeitreihen der niederfrequenten $PM_{2,5}$-Konzentration im Testfeld Hamburg.	95
Bild 35:	Gemessene und modellierte Zeitreihen der hochfrequenten $PM_{2,5}$-Konzentration im Testfeld Bremerhaven.	95
Bild 36:	Gemessene und modellierte Zeitreihen der hochfrequenten $PM_{2,5}$-Konzentration im Testfeld Hamburg.	95
Bild 37:	Gemessene und modellierte Zeitreihen der niederfrequenten $PM_{10-2,5}$-Konzentration im Testfeld Bremerhaven.	98
Bild 38:	Gemessene und modellierte Zeitreihen der niederfrequenten $PM_{10-2,5}$-Konzentration im Testfeld Hamburg.	98

Bild 39:	Maximale verkehrsbezogene Wirkungen bzw. Reduktionspotenziale relativ zur mittleren gemessenen Immissionskonzentration	100
Bild 40:	Umweltabhängige Verkehrssteuerung als Regelkreis (vereinfachte Darstellung nach BOLTZE, KOHOUTEK [2009]).	109
Bild 41:	Einsatzmöglichkeiten im Rahmen der umweltabhängigen Verkehrssteuerung.	111

Tabellenverzeichnis

Tabelle 1:	Anteile bestimmter Größenfraktionen an der Partilanzahl und der Partikelmasse (Daten entnommen aus TUCH ET AL. [1997]).	7
Tabelle 2:	Grenzwerte und Zielwerte für die Belastung mit Partikeln und Stickoxiden nach 39. BIMSCHV.	11
Tabelle 3:	Datenqualitätsziele für die Beurteilung der Luftqualität nach 39. BIMSCHV.	12
Tabelle 4:	Bewertende Analysen zu Ausbreitungsmodellen (mit: CFD: Computational Fluid Dynamics; CPB: Canyon Plume Box Modell; SM: Stundenmittelwert; MM: Monatsmittelwert; JM: Jahresmittelwert; u. d. N.: unterhalb der Nachweisgrenze).	39
Tabelle 5:	Recherchierte statistisch-empirische Modelle mit MCPA: Multiple Principal Component Analysis, SM: Stundenmittelwert, TM Tagesmittelwert, BIC: Bayessches Informationskriterium.	41
Tabelle 6:	Im Rahmen der Feldmessungen erhobene Kenngrößen sowie zugehörige Messgrößen, Messverfahren und zeitliche Auflösung der Erfassung.	48
Tabelle 7:	Bestimmung der Länge des Einflussbereichs anhand der Korrelation zwischen gemessenen Immissionen und Anfahrvorgängen.	50
Tabelle 8:	Zeiträume aus den Feldmessungen, für die ein signifikanter spektraler Zusammenhang zwischen gemessener Immissionskonzentration und Verkehrsstärke vorliegt.	82
Tabelle 9:	Signifikante Korrelationen (Irrtumswahrscheinlichkeit 5 %) zwischen Einflussfaktoren und Immissionskenngrößen (alle logarithmiert) für den niederfrequenten Ansatz	84
Tabelle 10:	Signifikante Korrelationen (Irrtumswahrscheinlichkeit 5 %) zwischen Einflussfaktoren und Immissionskenngrößen (alle trendbereinigt und logarithmiert) im hochfrequenten Ansatz	85
Tabelle 11:	Korrelationskoeffizienten zwischen (logarithmierten) Schadstoffkenngrößen	85
Tabelle 12:	Übergreifende Modellparameter der nieder- und hochfrequenten NO_X-Erklärungsmodelle.	87
Tabelle 13:	Prädiktoren der NO_X-Modelle (95 %-Signifikanzniveau).	89
Tabelle 14:	Übergreifende Modellparameter der nieder- und hochfrequenten NO_X-Erklärungsmodelle.	91
Tabelle 15:	Prädiktoren der PM_{10}-Modelle (95 %-Signifikanzniveau).	92
Tabelle 16:	Übergreifende Modellparameter der nieder- und hochfrequenten $PM_{2,5}$-Erklärungsmodelle.	94
Tabelle 17:	Prädiktoren der $PM_{2,5}$-Modelle im Testfeld Bremerhaven (95 %-Signifikanzniveau).	96
Tabelle 18:	Übergreifende Modellparameter der nieder- und hochfrequenten $PM_{10-2,5}$-Erklärungsmodelle.	97
Tabelle 19:	Prädiktoren der $PM_{10-2,5}$-Modelle im Testfeld Bremerhaven (95 %-Signifikanzniveau).	98

Tabelle 20: Vergleich der Reduktionspotenziale zwischen der bisher verwendeten kubischen Regression und einem besser angepassten Tiefpassfilter zur Trendbereinigung..........102

Tabelle 21: Vergleich der statistischen Parameter zur Modellgüte zwischen einer Modellierung mit einer zeitlichen Aggregationsebene von 450 s und einer zeitlichen Aggregationsebene von 90 bzw. 75 s..........102

Tabelle 22: Vergleich der verkehrlichen Reduktionspotenziale zwischen einer Modellierung mit einer zeitlichen Aggregationsebene von 450 s und einer zeitlichen Aggregationsebene von 90 bzw. 75 s..........103

Tabelle 23: Ermittelte maximale Reduktionspotenziale bei Optimierung der verkehrlichen Prädiktorkenngrößen für den gewählten quasi-linearen Ansatz und für den alternativen rein linearen Ansatz..........103

Tabelle 24: Statistische Kennwerte zur Güte des verwendeten Modellansatzes im Vergleich zum alternativen Ansatz..........104

Tabelle 25: Einsatzbereiche für das entwickelte Verfahren..........108

Tabelle 26: Grobschätzung des Aufwands für eine Messperiode..........116

Literaturverzeichnis

2005/78/EG: Richtlinie 2005/78/EG der Kommission vom 14. November 2005 zur Durchführung der Richtlinie 2005/55/EG des Europäischen Parlaments und des Rates zur Angleichung der Rechtsvorschriften der Mitgliedstaaten über Maßnahmen gegen die Emission gasförmiger Schadstoffe und luftverunreinigender Partikel aus Selbstzündungsmotoren zum Antrieb von Fahrzeugen und die Emission gasförmiger Schadstoffe aus mit Flüssiggas oder Erdgas betriebenen Fremdzündungsmotoren zum Antrieb von Fahrzeugen und zur Änderung ihrer Anhänge I, II, III, IV und VI. In: Amtsblatt der Europäischen Union, L313.

2008/50/EG: Richtlinie 2008/50/EG des Europäischen Parlaments und des Rates vom 21. Mai 2008 über Luftqualität und saubere Luft für Europa. 2008/50/EG. In: Amtsblatt der Europäischen Union. In: Amtsblatt der Europäischen Union, L 152.

22. BImSchV: Zweiundzwanzigste Verordnung zur Durchführung des Bundes-Immissionsschutzgesetzes, Verordnung über Immissionswerte für Schadstoffe in der Luft. In der Fassung der Bekanntmachung vom 4. Juni 2007 (BGBl. S. 1006).

39. BImSCHV: Neununddreißigste Verordnung zur Durchführung des Bundes-Immissionsschutzgesetzes (Verordnung über Luftqualitätsstandards und Emissionshöchstmengen – 39. BImSchV). Ausfertigungsdatum 02.08.2010.

70/220/EWG: M6 Richtlinie des Rates vom 20. März 1970 zur Angleichung der Rechtsvorschriften der Mitgliedstaaten über Maßnahmen gegen die Verunreinigung der Luft durch Emissionen von Kraftfahrzeugen. In der Fassung vom 01.01.2007. In: Amtsblatt der Europäischen Union, L 76.

96/62/EG: Richtlinie 96/62/EG des Rates vom 27. September 1996 über die Beurteilung und die Kontrolle der Luftqualität. In: Amtsblatt der Europäischen Union, L 296.

AHRENS, D. (2003): Leitfaden Anforderungen an Eingangsdaten für verkehrsbedingte Immissionsprognosen. Landesamt für Umweltschutz Baden-Württemberg. Karlsruhe.

ALDRIN, M.; HAFF, I. H. (2005): Generalised additive modelling of air pollution, traffic volume and meteorology. In: Atmospheric Environment, Jg. 39, H. 11, S. 2145–2155.

ALTHEN, S. (2010): Environmental traffic management - improve air quality without sacrificing mobility. In: 12th WCTR - World Conference on Transport Research, WCTR Society, Lissabon, Portugal.

ANDRÉ, M. (2004): Real-world driving cycles for measuring cars pollutant emissions – Part A: The ARTEMIS European driving cycles. ARTEMIS - Assessment and reliability of transport emission models and inventory systems (Report INRETS-LTE 0411). Bron, Frankreich.

ANKE, K.; ILLGEN, A.; SÄHN, E.; KLINGNER, M. (2004): Auswertung von Immissionsdatensätzen aus automatischen Messstationen in Baden-Württemberg auf Basis von Screeningfunktionen. Dresden.

ARENTZ, L.; SORICH, H. (2008): Umweltzone und umweltbasierte Lichtsignalanlagensteuerung als Maßnahme zum Luftreinhalteplan Köln. Posterbeitrag in: Luftqualität an Straßen. Bundesanstalt für Straßenwesen. Bergisch-Gladbach.

AXHAUSEN, K. W.; BOLTZE, M.; RETZKO, H. –G. (1999): TASTe - Analysis and Development of Tools for Assessing Traffic Demand Management Strategies. Guidelines on the Use of Tools for Assessing TDM Strategies – Final Report. Frankfurt a. M.

BÄCHLIN, W.; MÜLLER, W. J.; LOHMEYER, A. (2000): Vergleich von Modellanwendungen zur Berechnung von Immissionswerten innerhalb eines beidseitig bebauten Straßenquerschnitts.

Forschungsbericht FZKA-BWPLUS. Förderkennzeichen PEF29707 und BWE99002. Karlsruhe und Dresden.

BÄCHLIN, W.; FRANTZ, H.; LOHMEYER, A.; DREISEIDLER, A.; BAUMBACH, G.; THEURER, W.; HEITS, B.; MÜLLER, W. J.; GIESEN, K. -P (2003): Feinstaub und Schadgasbelastungen in der Göttinger Straße, Hannover. Niedersächsisches Landesamt für Ökologie NLÖ. Hannover.

BAFU (2006): PM10 - Fragen und Antworten zu Eigenschaften, Emissionen, Immissionen, Auswirkungen und Massnahmen. Bundesamt für Umwelt. Bern, Schweiz.

BALTES-GÖTZ, B. (2008): Lineare Regressionsanalyse mit SPSS: Universitäts-Rechenzentrum Trier. Trier.

BAUM, A. (2008): Einfluss meteorologischer und verkehrlicher Parameter auf die Partikelbelastung an BAB. Tagungsband Luftqualität an Straßen. Bundesanstalt für Straßenwesen. Bergisch-Gladbach.

BAUM, A. (2010): Stickoxidbelastungen an Straßen unter dem Einfluss besonderer verkehrlicher Ereignisse. Forschung Straßenbau und Straßenverkehrstechnik. Band 1032. Bericht zum Forschungs- und Entwicklungsvorhaben F1100.6308007 des Bundesministeriums für Verkehr, Bau und Stadtentwicklung. Bonn.

BAUM, A.; BECKER, R.; HASSKELO, H.; WEIDNER, W. (2006): PMX-Belastungen an BAB. Berichte der Bundesanstalt für Straßenwesen, Band V137. Bergisch-Gladbach.

BAUM, A.; DUTZI, R.; ROPERTZ, A.; SURITSCH, N. (2009): Einfluss von offenporigem Asphalt (OPA) auf die Feinstaubbelastung an Straßen. Kurzfassung. Bundesanstalt für Straßenwesen. Bergisch-Gladbach.

BAUMBACH, G. (1994): Luftreinhaltung. Entstehung, Ausbreitung und Wirkung von Luftverunreinigungen; Meßtechnik, Emissionsminderung und Vorschriften. 3. Auflage. Springer-Verlag. Berlin.

BEIER, R.; BUNZEL, F.; KLASMEIER, E.; LASKUS, L.; LÖSCHAU, G.; LOHBERGER, M.; LUMPP, R.; PALME, F.; PFEFFER, U.; TRAVNICEK, W. (2005): PM10-Vergleichsmessungen der deutschen Bundesländer im Rahmen der STIMES-Arbeitsgruppe PM10. Materialien Luft des Landesumweltamtes Nordrhein-Westfalen, des Hessischen Landesamtes für Umwelt und Geologie und des Umweltbundesamtes, Band 66. Essen.

BEN-AKIVA, M.; Choudhury, C.; Toledo, T. (2010): Integrated Lane-changing Models. Transport Simulation Beyond Traditional Approaches, In: EPFL Press, Hg. Chung, E. and Dumont, A.

BERTACCINI, P.; DUKIC, V.; IGNACOLLO, R. (2009): Modeling the short-term Effect of Traffic on Air Pollution in Torino with generalized additive Models. In: Working Paper Series. Working Paper 10/2009).

BIMSCHG: Achtes Änderungsgesetz zum Bundes-Immissionsschutzgesetz (Entwurf). Bundesministerium für Umwelt, Naturschutz und Reaktorsicherheit. IG I 1 – 50111/0

BOLTZE (2007): Umweltabhängige Verkehrsregelung. In: Straßenverkehrstechnik, H. 3, S. 109.

BOLTZE (2009): Materialien zu den Vorlesungen Verkehr 2. Technische Universität Darmstadt, Fachgebiet Verkehrsplanung und Verkehrstechnik. Darmstadt.

BOLTZE, M.; BUSCH, F.; FRIEDRICH, B.; FRIEDRICH, M.; KOHOUTEK, S.; LÖHNER, H.; LÜSSMANN, J.; OTTERSTÄTTER, T. (2010): AMONES - Anwendung und Analyse modellbasierter Netzsteuerungsverfahren in städtischen Straßennetzen. Endbericht. Stuttgart.

BOLTZE, M.; DUNKER, L.; EVERTS, K.; KAEMMERER, H.; RUHNKE, D. (1987): Kraftstoffeinsparungen an Lichtsignalanlagen. In: Straßenverkehrstechnik, H. 3, S. 75–81.

BOLTZE, M.; FRIEDRICH, B.; BASTIAN, M. (2006): OptiV – Erschließung von Entscheidungs- und Optimierungsmethoden für die Anwendung im Verkehr. Forschungsvorhaben des Bundesministeriums für Bildung und Forschung, Förderkennzeichen: 19 P 4019A, 2004-2006. Berlin.

BOLTZE, M.; KOHOUTEK, S. (2009): Environment-responsive Traffic Control. In: Tagungsband mobil.TUM, International Scientific Conference in Mobility and Transport, München.

BORTZ, J.; WEBER, R. (2005): Statistik für Human- und Sozialwissenschaftler. 6. Auflage. Springer Medizin. Heidelberg.

BOSSERHOFF, D. (2007): Sonderformen der LSA-Steuerung. In: Handbuch für Verkehrssicherheit und Verkehrstechnik. HLSV - Hessisches Landesamt für Straßen- und Verkehrswesen. Wiesbaden.

BÖTTGER, R. (1990): Rückstau in einer überlasteten signalgesteuerten Kreuzungsfahrt. In: Straßenverkehrstechnik, Jg. 34, H. 3, S. 95–99.

BOX, G. E. P.; JENKINS, G. M. (1970): Time series analysis: Forecasting and control. Holden-Day. San Francisko (USA).

BREMEN (2006): Messprogramm Verkehrsstation Stresemannstraße in Bremerhaven. Freie Hansestadt Bremen - Der Senator für Bau, Umwelt und Verkehr. Bremen.

BRILON, W.; GROßMANN, M.; BLANKE, H. (1994): Verfahren für die Berechnung der Leistungsfähigkeit und Qualität des Verkehrsablaufs auf Straßen. Forschung Straßenbau und Straßenverkehrstechnik Band 669. Bundesministerium für Verkehr, Bau- und Wohnungswesen. Bonn.

BRINGFIELT, B.; BACKSTRÖM, H.; KINDELL, S.; OMSTEDT, G.; PERSSON, C.; ULLERSTIG, A. (1997): Calculations of PM10-concentrations in Swedish cities - Modelling of inhalable particles. Report number RMK No. 76. Norrköping, Schweden.

BROCKFELD, E.; WAGNER, P. (2004): Kalibrierung und Validierung von Mikroskopischen Verkehrsflussmodellen. Institut für Verkehrsforschung, DLR. Veranstaltung vom 08.01.2004. Berlin.

BUKOWIECKI, N.; DOMMEN, J.; RICHTER, R.; PRÉVÔT, A. S. H. (2002): A mobile pollutant measurement laboratory—measuring gas phase and aerosol ambient concentrations with high spatial and temporal resolution. Atmospheric Environment, H. 36, S. 5569-5579.

BUNDESAMT FÜR UMWELT (2009): NABEL – Luftbelastung 2008. Messresultate des Nationalen Beobachtungsnetzes für Luftfremdstoffe. In: Umwelt-Zustand, Nr. 0919. Bern, Schweiz.

BÜNDNIS90/DIE GRÜNEN: IVLZ Teilpaket 3: Immissionsabhängige Verkehrssteuerung. Pressemitteilung vom 24.03.2010. Online verfügbar unter http://www.domino1.stuttgart.de/grat/b90.nsf/520dd28abcee19ad41256717006476ce/41256a47004 b0b47c125746400305221?OpenDocument. Abgerufen am 26.03.2010. Stuttgart.

BURGETH, G.; CYROL, W.; MÜLLER, J.; DUTTLINGER, W. (2008): Photokatalytisch funktionale Oberflächen zur Reduktion von Stickoxiden und Ozon. Tagungsband Luftqualität an Straßen. bast - Bundesanstalt für Straßenwesen. Bergisch-Gladbach.

CERWENKA, P. (1997): Anwendungsorientierte Ermittlung von Kraftstoffverbrauch und Schadstoffemissionen des Kraftfahrzeugverkehrs in Deutschland für die Neufassung der RAS-W (EWS). In: Straßenverkehrstechnik, Jg. 41, H. 1.

CHEN, H.; BAI, S.; EISINGER, D.; NIEMEIER, D.; CLAGGETT, M. (2010): Prediction Near-Road PM2,5 Concentrations – Comparative Assessment of CALINE4, CAL3QHC, and AERMOD. IN: Transportation Research Record. Journal of the Transportation Research Board, No. 2123, S. 26-37.

CHOI, Y.-S.; HO, C.-H.; CHEN, D.; NOH, Y.-H.; SONG, C.-K. (2007): Spectral analysis of weekly variation in PM10 mass concentration and meteorological conditions over China. In: Atmospheric Environment, H. 4, S. 655-666.

CHOUDHURY, C.; BEN-AKIVA, M. (2010): A Lane Selection Model for Urban Intersections. IN: Transportation Research Record. Journal of the Transportation Research Board, No. 2088, S. 167-176.

COBIAN, R.; HENDERSON, T.; MITRA, S.; NUWORSOO, C.; SULLIVAN, E. (2009): Vehicle Emissions and Level of Service Standards: Exploratory Analysis of the Effects of Traffic Flow on Vehicle Greenhous Gas Emissions. In: ITE Journal, H. 4, S. 30–41.

COHEN, J.; COHEN, P.; WEST, S. G.; AIKEN, L. (2003): Applied Multiple Regression/Correlation Analysis for the Behavioral Sciences. Lawrence Erlbaum Associates. Mahwah, USA.

CORANI, G. (2005): Air quality prediction in Milan: feed-forward neural networks, pruned neural networks and lazy learning. In: Ecological Modelling, Jg. 185, H. 2-4, S. 513–529.

CYRYS, J.; HOCHADEL, M.; GEHRING, U.; HOEK, G.; DIEGMANN, V.; BRUNEKREEF, B. HEINRICH J. (2005): GIS-Based Estimation of Exposure to Particulate Matter and NO2 in an Urban Area: Stochastic versus Dispersion Modeling. In: Environmental Health Perspectives, H. 8, S. 987-992.

DANIELS, M. J.; DOMINICI, F.; SAMET, J. M.; ZEGER, S. L. (2000): Estimating particulate matter-mortality dose-response curves and treshold levels: An analysis of daily time-series for the 20 largest US cities. In: American Journal of Epidemiology, H. 152, S. 397–406.

DIEGMANN, V.; GÄßLER, G.; PFÄFFLIN, F. (2009): From Traffic Management to Environmental Traffic Management. Tagungsband: mobil.TUM 2009 - International Scientific Conference on Mobility and Transport. München.

DIEGMANN, V.; MAHLAU, A.; NEUNHÄUSERER, L.; PFÄFFLIN, F.; WURSTHORN, H. (2009): Leitfaden Modellierung verkehrsbedingter Immissionen. - Anforderungen an die Eingangsdaten - Freiburg.

DIEGMANN, V.; WIEGAND, G. (2007): Potenzial dynamischer Verkehrslenkungsmaßnahmen als Instrument der Luftreinhaltung. In: Gefahrstoffe - Reinhaltung der Luft, Jg. 67, H. 4, S. 155–161.

DÜRING (2006): Aktuelle Ergebnisse zu Messungen der PM10- und NO2-Konzentrationen an Stadtstraßen und der Korrelation zu Verkehrs- und Wetterdaten. Veranstaltung vom 2006, aus der Reihe "Praktische Erfahrungen zur Verringerung der verkehrsbed. Luftschadstoffbelastung in Städten". Veranstalter: Stiftung heureka, zuletzt geprüft am 26.10.2009. Berlin.

DÜRING (2007): Quantifizierung des Einflusses von verkehrsplanerischen Maßnahmen auf die PM10-Konzentrationen an Straßen. Wirkungsanalysen zum Straßenzustand, Verkehrsfluss und Fahrzeuggeschwindigkeit unter realen Bedingungen. Veranstaltung vom 2007, aus der Reihe "PM10-Workshop Reinhardtsgrimma am 04.07.2007", zuletzt geprüft am 29.09.2009.

DÜRING, I.; LOHMEYER, A. (2001): Validierung von PM10-Immissionsberechnungen im Nahbereich von Straßen und Quantifizierung der Feinstaubbildung von Straßen. Karlsruhe.

DÜRING, I.; LOHMEYER, A.; MOLDENHAUER, A.; KNÖRR, W.; KUTZNER, F.; BECKER, U. J.; RICHTER, F.; SCHMIDT, W. (2008): Einfluss von Straßenzustand, meteorologischen Parametern und Fahrzeuggeschwindigkeit auf die PMx-Belastung an Straßen. Bericht zum Forschungsprojekt FE 02.265/2005/LRB. Berichte der Bundesanstalt für Straßenwesen. Band V174. Bergisch-Gladbach.

DÜRING, I.; NITZSCHE, E.; MOLDENHAUER, A.; STOCKHAUSE, M.; LOHMEYER, A. (2004): Berechnung der Kfz-bedingten Feinstaubemissionen infolge Aufwirbelung und Abrieb für das Emissionskataster Sachsen. Arbeitspakete 1 und 2. Sächsisches Landesamt für Umwelt und Geologie. Dresden.

DÜRING, I.; PÖSCHKE, F.; LOHMEYER, A. (2010): Einfluss von verkehrsberuhigenden Maßnahmen auf die PM10-Belastung an Straßen. Bericht zum Forschungsprojekt FE 77.486/2006. Berichte der Bundesanstalt für Straßenwesen, Heft V 189. Bergisch-Gladbach 2010.

ECKHARDT, D. (2009): Bewertung der Eignung verschiedener Kenngrößen zur Qualität des Verkehrsflusses für die Abschätzung von Umweltwirkungen des Verkehrs. Diplomarbeit. Technische Universität Darmstadt. Darmstadt.

EICKELPASCH, D.; EICKELPASCH G. (2004): Feststellung und Bewertung von Immissionen. Leitfaden zur Immissionsüberwachung in Deutschland. Forschungsbericht 200 42 261. Umweltforschungsplan des Bundesministeriums für Umwelt, Naturschutz und Reaktorsicherheit. Berlin.

EUROPÄISCHE UMWELTAGENTUR (2009): EMEP/EEA air pollutant emission inventory guidebook. Technical Report, No 6/2009. Kopenhagen, Dänemark.

FELLENDORF, M.; VORTISCH, P. (2001): Validation of the Microscopic Traffic Flow Model VISSIM in Different Real-World Situations. In: Transportation Research Board (TRB). 80th annual meeting of the Transportation Research Board Compendium of Papers. Washington, USA.

FGSV (2005): Handbuch für die Bemessung von Straßenverkehrsanlagen HBS. Ausgabe 2001, Fassung 2005. Forschungsgesellschaft für Straßen- und Verkehrswesen. Köln.

FGSV (2003): Hinweise zur Datenvervollständigung und Datenaufbereitung in verkehrstechnischen Anwendungen. Ausgabe 2003. Forschungsgesellschaft für Straßen- und Verkehrswesen. Köln.

FGSV (2006a): Zusätzliche Technische Vertragsbedingungen und Richtlinien zur Zustandserfassung und Zustandsbewertung von Straßen (ZTV ZEB-StB). Forschungsgesellschaft für Straßen- und Verkehrswesen. Köln.

FGSV (2006b): Hinweise zur mikroskopischen Verkehrsflusssimulation. Grundlagen und Anwendungen. Ausgabe 2006. Forschungsgesellschaft für Straßen- und Verkehrswesen. Köln.

FGSV (2010): Richtlinien für Lichtsignalanlagen RiLSA. Lichtzeichenanlagen für den Straßenverkehr. Forschungsgesellschaft für Straßen- und Verkehrswesen. Köln.

FITZ, D. R. (2001): Measurements of PM10 and PM2,5 Emission Factors from paved Roads in California. Final report, contract No. 98-723. California Air Resources board Monitoring and Laboratory Division. Sacramento, USA.

FLASSAK, T.; BÄCHLIN, W.; BÖSINGER, R.; BLAZEK, R.; SCHÄDLER, G.; LOHMEYER, A. (1996): Einfluss der Eingangsparameter auf berechnete Immissionswerte für Kfz-Abgase: Sensitivitätsanalyse. Forschungszentrum Karlsruhe. Karlsruhe.

FLEER, H. (1983): Das Kreuzspektrum. In: promet, Meteorologische Fortbildung. Selbstverlag des Deutschen Wetterdienstes, S. 30–33. Offenbach am Main.

FORSBLAD, C.; THIERSING, G. (2009): Umweltorientiertes Verkehrsmanagement Braunschweig. Pressemitteilung vom 2009. UVM BS Konsortium. Braunschweig.

FRIEDRICH, B. (2008): Umweltzonen. In: Straßenverkehrstechnik, Jg. 52, H. 11. S. 673.

FRIEDRICH, R.; KRÜGER, R.; WICKERT, B.; KÜHLWEIN, J. (2001): Luftschadstoffemissionen des Straßen- und Luftverkehrs in Baden-Württemberg. In: ALS-Jahresbericht, 2000/2001 – Luftreinhaltung bei Kraftfahrzeugen und Flugzeugen. Stuttgart.

FRITZSCHE, H.-TH. (1999): Entwicklung und Anwendung eines mikroskopischen Modells zur Verkehrsflusssimulation auf mehrspurigen Richtungsfahrbahnen. Dissertation. Universität Stuttgart, Institut A für Mechanik. Stuttgart.

FRITZSCHE, L. (2004): Methoden zur Unterstützung der klinischen Entscheidungsfindung in der Nierentransplantation. Habilitation. Humboldt-Universität zu Berlin.

GAEGAUF, C.; SATTLER, M. (2007): Brennkammern für Holzfeuerstätten mit geringen Partikelemissionen - Erste Messergebnisse zum Stand der Technik. 1. Zwischenbericht. Bern.

GALATIOTO, E.; ZITO, P. (2007): Traffic Parameters Estimation to Predict Road Side Pollutant Concentrations using Neural Networks. In: Environmental Modeling and Assessment. Springer Science Business Media. S. 365-374.

GENIKHOVICH, E. L.; ZIV, A. D.; IAKOVLEVA, E. A.; PALMGREN, F.; BERKOWICZ, R. (2005): Joint analysis of air pollution in street canyons in St. Petersburg and Copenhagen. Im Rahmen von Fourth International Conference on Urban Air Quality: Measurement, Modelling and Management, 25-28 March 2003. In: Atmospheric Environment, Jg. 39, H. 15, S. 2747-2757.

GERDING, G. (2010): Sonnenaufgang, Sonnenuntergang und Dämmerung weltweit. Datenbank auf der Website www.sonnenaufgang-sonnenuntergang.de. Münster.

GIPPS, P. G. (1981): A behavioural car following model for Computer Simulation. In: Transportation Research 15 B, Jg. 1981, H. 15, S. 105–111.

GOOGLE (2009): Google Earth 2009 (v.5.0.11733.9347). Abgerufen am 10. Juni 2009.

GRIMM AEROSOL TECHNIK GMBH & CO. KG (2008): Mobiles Feinstaub-Messsystem zur gleichzeitigen Messung von PM, PM und PM 10 2.5 1 Modell #107. Produktbeschreibung. Verfügbar unter www.grimm-aerosol.com/downloads/Environmental/GrimmAerosolTechnik_Enviro_EDM107.pdf. Ainring.

GRIVAS, G.; CHALOULAKOU, A. (2006): Artificial neural network models for prediction of PM10 hourly concentrations, in the Greater Area of Athens, Greece. In: Atmospheric Environment, Jg. 40, H. 7, S. 1216–1229.

GRUBER, S. (2010): Ableiten von Klassifizierungsmerkmalen für einen Vergleich verkehrlicher Maßnahmen zur Luftreinhaltung. Vertieferarbeit. Technische Universität Darmstadt, Fachbereich Bauingenieurwesen und Geodäsie. Darmstadt.

GUSTAFSSON, M. (2001): Non-exhaust particles in the road environment. A literature review. Swedish National Road and Transport Research Institute. Linköping, Schweden.

HAMBURG (2005): Aktionsplan gegen Belastungen durch Feinstaub – Hamburg Habichtstraße. Freie und Hansestadt Hamburg. Behörde für Stadtentwicklung und Umwelt Hamburg.

HEIDELBERG CEMENT (2008): TioCem mit TX Active – High-Tech-Zement zur Reduktion von Luftschadstoffen. Posterbeitrag in: Luftqualität an Straßen, Bundesanstalt für Straßenwesen. Bergisch-Gladbach.

HIRSCHMANN, K.; FELLENDORF, M. (2009): Emission minimizing traffic control – simulation and measurements. Tagungsband: mobil.TUM 2009 - International Scientific Conference on Mobility and Transport. München.

HLUG (2009): Merkblatt - Eingangsdaten für eine Immissionsabschätzung mit IMMISLuft. HLUG - Hessisches Landesamt für Umwelt und Geologie. Wiesbaden. Online verfügbar unter http://www.hlug.de/medien/luft/planung/dokumente/merkblatt_immiss_luft.pdf.

HMULV (2002): Luftreinhalteplan für den Ballungsraum Rhein-Main. Belastungssituation 2002 mit Immissionsgrenzwertüberschreitungen an drei Stationen bei NO2 und an einer Station bei PM10. Hessisches Ministerium für Umwelt, ländlichen Raum und Verbraucherschutz. Wiesbaden.

HORIBA Europe GmbH (2010): APNA-370 Stickoxid Analysator - HORIBA. Produktbeschreibung. Online verfügbar unter www.horiba.com/at/process-environmental/products/ambient/details/apna-370-ambient-nox-monitor-274/, abgerufen am 30.03.2010.

HRUST, L.; KLAIC, Z. B.; KRIZAN, J.; ANTONIC, O.; HERCOG, P. (2009): Neural network forecasting of air pollutants hourly concentrations using optimised temporal averages of meteorological variables and pollutant concentrations. In: Atmospheric Environment, Jg. 43, H. 35, S. 5588–5596.

INFRAS (2010): Handbuch Emissionsfaktoren des Straßenverkehrs 3.1. HBEFA. Infras. Bern, Schweiz.

ISO (1994): ISO 5725-1:1994 - Accuracy (trueness and precision) of measurement methods and results -- Part 1: General principles and definitions. Genf (Schweiz).

ISO (2005): ISO/IEC 17025:2005 - General requirements for the competence of testing and calibration laboratories. Genf (Schweiz).

KAMINSKI, U. (2005): Minderung von Feinstaub in der Luft: Was können Dieselrußfilter beitragen? In: GAW Brief des Deutschen Wetterdienstes, Nr. 28. Meteorologisches Observatorium Hohenpeißenberg. Hohenpeißenberg.

KANDLER, K. (2009): Experteninterview zur Interpretation vertikaler Temperaturverläufe während der AMONES-Messzeiträume. Technische Universität Darmstadt, Fachgebiet Umweltmineralogie. Darmstadt.

KANDLIKAR, M. (2007): Air pollution at a hotspot location in Delhi: Detecting trends, seasonal cycles and oscillations. In: Atmospheric Environment, Jg. 41, H. 28, S. 5934-5947.

KANTAMANENI, R.; ADAMS, G.; BAMESBERGER, L.; ALLWINE, E.; WESTBERG, H.; LAMB, B.; CLAIBORN, C. (1996): The measurement of roadway PM10 emission rates using atmospheric tracer ratio techniques. In: Atmospheric Environment, Jg. 30, H. 24, S. 4209–4223.

KARAJAN, R. H. (2007): Schadstoffreduktion durch verbesserte Signalsteuerung des Straßenverkehrs. Vortrag im Rahmen von Umweltforum am 20. Juli 2007 an der Hochschule für Technik Stuttgart. Stuttgart.

KELLER, M.; HAN, P. DE; KNÖRR, W.; HAUSBERGER, S.; STEVEN, H. (2004): Handbuch für Emissionsfaktoren des Straßenverkehrs 2.1. Dokumentation. Bern, Heidelberg, Graz, Essen.

KETZEL, M.; OMSTEDT, G.; JOHANSSON, C.; DÜRING, I.; GIDHAGEN, L.; LOHMEYER, A.; BERKOWICZ, R.; WÅHLIN, P. (2005): Estimation and Validation of PM2,5/PM10 Exhaust and Non-Exhaust Emission Factors for Street Pollution Modelling. Tagungsband zu 5th International Conference on Urban Air Quality (UAQ 2005). Valencia, Spanien.

KETZEL, M.; OMSTEDT, G.; JOHANSSON, C.; DÜRING, I.; GIDHAGEN, L.; LOHMEYER, A.; BERKOWICZ, R.; WÅHLIN, P. (2006): Intercomparison of PM2.5/PM10 exhaust and non-exhaust emission factors in nordic and central european countries. Im Rahmen von Nätverkssymposium 2006. Lund, Schweden.

KLINGNER, M.; SÄHN, E.; ANKE, K.; HOLST, T.; ROST, J.; MAYER, H.; AHRENS, D. (2006): Reduktionspotenziale verkehrsbeschränkender Maßnahmen in Bezug zu meteorologisch bedingten Schwankungen der PM10- und NOX-Immissionen. In: Gefahrstoffe - Reinhaltung der Luft, H. 7-8, S. 326–334.

KLINGNER, SÄHN (2006): Auswirkungen ordnungsrechtlicher Verkehrsmaßnahmen auf die lokale Feinstaubbelastung unter Berücksichtigung meteorologischer Einflüsse. Im Auftrag des Bundesministeriums für Verkehr, Bau- und Wohnungswesen. Berlin.

KOCH (2006): Innovative Verkehrssteuerung in Hamburg. Einführung einer verkehrsadaptiven Netzsteuerung im Rahmen eines Pilotprojektes im Stadtteil Barmbek. Vereinigung der Straßenbau- und Verkehrsingenieure in Hamburg e.V. In: VSVI Information 2006, S. 46-52.

KOHOUTEK, S. (2009): Ansätze der Verkehrssteuerung zur Reduzierung der Umweltbelastung im Straßenverkehr. In: Tagungsband zu 1. Darmstädter Ingenieurkongress Bau und Umwelt. Darmstadt.

KORDA (2008): ORINOKO: Ergebnisse aus kommunaler Sicht. Im Rahmen von Fachkonferenz: Verkehrsmanagement und Technologien am 20./21.05.2008. Halle/Saale.

KRAMPE, S. (2006): NUTZUNG VON FLOATING TRAVELLER DATA (FTD) FÜR MOBILE LOTSENDIENSTE IM VERKEHR. Dissertation. Technische Universität Darmstadt. Darmstadt.

KUKKONEN, J.; PARTANEN, L.; KARPPINEN, A.; RUUSKANEN, J.; JUNNINEN, H.; KOLEHMAINEN, M.; NISKA, H.; DORLING, S.; CHATTERTON, T.; FOXALL, R.; CAWLEY, G. (2003): Extensive evaluation of neural network models for the prediction of NO2 and PM10 concentrations, compared with a deterministic modelling system and measurements in central Helsinki. In: Atmospheric Environment, Jg. 37, H. 32, S. 4539–4550.

KUMAR, P. (2005): Mass and Number Concentration of Respirable Suspended Particulate Matter (RSPM) on Selected Urban Corridors of Delhi City. M.Tech Thesis. Indian Institute of Technology. Delhi, Indien.

KUTTLER, W.; WACKER, T. D. (2001): Analyse der urbanen Luftqualität mittels mobiler Messungen. Tagungsband DACH-Meteorologentagung, 18. – 21. Sept. 2001. Österreichische Beiträge zur Meteorologie und Geophysik. Wien, Österreich.

KUWAHARA, M.; ONEYAMA, H.; OGUCHI, T. (2001): Estimation Model of vehicle emission considering variation of running speed. In: Journal of the Eastern Asia Society for Transportation studies, Jg. 4, H. 5, S. 105–117.

LEHNHOFF, N. (2005): Überprüfung und Verbesserung der Qualität von automatisch erhobenen Daten an Lichtsignalanlagen. Dissertation. Universität Hannover, Fakultät für Bauingenieurwesen und Geodäsie. Hannover.

LIU, P.-W. G. (2009): Simulation of the daily average PM10 concentrations at Ta-Liao with Box-Jenkins time series models and multivariate analysis. In: Atmospheric Environment, Jg. 43, H. 13, S. 2104–2113.

LOHSE, LÄTZSCH (2006): Grundlagen der Straßenverkehrstechnik und der Verkehrsplanung. Band 2: Verkehrsplanung. 2. Auflage: Beuth Verlag. Berlin.

LUDES, G.; SIEBERS, B.; KUHLBUSCH, T.; QUASS, U.; BEYER, M.; WEBER, F. (2008): Feinstaub und NO2 – Entwicklung und Validierung einer Methode zur immissionsabhängigen dynamischen Verkehrssteuerung. Hagen.

MAILER, M. (2008): Neue Verfahren für effiziente und flexible Verkehrssteuerung. Im Rahmen von Abschlusspräsentation zum Projekt arrive am 05.12.2008. München.

MANIER, G. (2004): Internetvorlesung Umweltmeteorologie. Technische Universität Darmstadt, Fachgebiet Meteorologie. Darmstadt.

MAIER, F., ROTH, C. (2008): Fahrzeugwiedererkennung unter Verwendung der Signaturen aus Induktivschleifendetektoren. In: Straßenverkehrstechnik, Jg. 52, H. 2, S. 66-74.

MARR, L. C.; HARLEY, R. A. (2002): Spectral analysis of weekday-weekend differences in ambient ozone, nitrogen oxide, and non-methane hydrocarbon time series in California. In: Atmospheric Environment, H. 14, S. 2327-2335.

MEIßNER, J.-D. (2004): Statistik- Verstehen und sinnvoll nutzen – anwendungsorientierte Einführung für Wirtschaftler. Oldenbourg Verlag. München.

MÜCK, J. (2002): Schätzverfahren für den Verkehrszustand an Lichtsignalanlagen unter Verwendung halteliniennaher Detektoren. In: Straßenverkehrstechnik, Jg. 46, H. 11, S. 589–593.

NAGEL, K.; SCHRECKENBERG, M. (1992): A cellular automaton model for freeway traffic. In: Journal de Physique I, H. 2, S. 2221–2225.

NATIONAL RESEARCH COUNCIL (2000): Highway Capacity Manual. Transportation Research Board (TRB). Washington, USA.

NICHOLSON, H.; SWANN, C. D. (1974): The prediction of traffic flow volumes based on spectral analysis. In: Transportation Research, H. 6, S. 533–538.

PANWAI, S.; HUSSEIN, D. (2005): Comparative Evaluation of Microscopic Car-Following Behavior. In: IEEE Transactions on Intelligent Transportation Systems, Jg. Vol. 6, H. 3, S. 314–325.

PARK, J. Y.; NOLAND, R. B.; POLAK, J. W. (2000): A Microscopic Model of Air Pollutant Concentrations: Comparison of Simulated Results with Measured and Macroscopic Estimates. Tagungsband Transportation Research Board (TRB), 80th Annual Meeting. Washington, USA.

PRIJOLA, L.; KUPIAINEN, K.; TERVAHATTU, H. (2007): The Mobile Laboratory "Sniffer" for Non-exhaust Emission Measurements: Validation of the System and the First Results. In Tagungsband zu 6th International Conference on Urban Air Quality, Limassol, Cyprus 27-29 March 2007. Hertfordshire, Vereinigtes Königreich Großbritannien und Nordirland.

PSCHYREMBEL, W.; DORNBLÜTH, O. (2004): Pschyrembel Klinisches Wörterbuch. 260. Auflage. De Gruyter Verlag. Berlin.

PTV AG (2010): VISSIM - Multimodale Verkehrssimulation. PTV Planung Transport Verkehr AG. Karlsruhe.

QUADSTONE (2010): Paramics. Version 6.7. Quadstone Paramics. Boston, USA.

RABL, P. (2003): Informationen über Abgase des Kraftfahrzeugverkehrs. Bayerisches Landesamt für Umweltschutz (LfU). Augsburg.

RABL, P.; DEIMER, R. (2001): Pkw-Emissionen bei 50 und 30 km/h - ein Vergleich. Tätigkeitsbericht 2000. Bayerisches Landesamt für Umweltschutz (LfU). Augsburg.

REUSSWIG, A. (2005): Qualitätsmanagement für Lichtsignalanlagen. Dissertation. Technische Universität Darmstadt, Fachbereich Bauingenieurwesen und Geodäsie. Darmstadt.

RÖCKLE, R.; RICHTER, C.-J. ; SALOMON, TH.; DRÖSCHER, DRÖSCHER, F.; KOST, J. (1998): Ausbreitung von Emissionen in komplexer Bebauung. Vergleich zwischen numerischen Modellen und Windkanalmessungen. PEF - Projekt europäisches Forschungszentrum für Maßnahmen der Luftreinhaltung, Förderkennzeichen PEF 295002. Freiburg.

RUDOLF, MÜLLER (2004): Multivariate Verfahren. Eine praxisorientierte Einführung mit Anwendungsbeispielen in SPSS. Hogrefe Verlag. Göttingen.

RYAN, T. P. (1997): Modern Regression Methods. John Wiley & Sons Verlag. New York, USA.

SACHS, L. (2002): Angewandte Statistik. 10. Auflage. Springer-Verlag Berlin Heidelberg.

SCHADE (2005): Konzept zur verkehrlichen Schadstoffbegrenzung, u. a. am Beispiel Berlin. Dokumentation und Vortragsunterlagen der Podiumsdiskussion „Feinstaub – verkehrliche Beiträge zur Entlastung" am 6.10.2005 im Verkehrszentrum, Deutsches Museum. Gesellschaft für Verkehrstelematik München - Intelligent Transport Systems Munich e.V. München.

SCHÄDLER, G.; BÄCHLIN, W.; LOHMEYER, A. (1999): Immissionsprognosen mit mikroskaligen Modellen - Vergleich von berechneten und gemessenen Größen. Forschungsbericht FZKA-BWPlus / Förderkennzeichen PEF296004. Projektträgerschaft Programm Lebensgrundlage Umwelt und ihre Sicherung. Karlsruhe.

SCHATZMANN, M.; LEITL, B.; LIEDTKE, J. (1999): Ausbreitung von Kfz-Abgasen in Straßenschluchten. PEF - Projekt europäisches Forschungszentrum für Maßnahmen der Luftreinhaltung, Förderkennzeichen PEF 296001. Hamburg.

SCHÖNWIESE, C.-D. (1983): Zeitreihenfilterung. In: promet – Meteorologische Fortbildung. H. 1/2 1983. Selbstverlag des Deutschen Wetterdienstes, S. 19–22. Offenbach am Main.

SCHÖNWIESE. C-D. (2006): Praktische Statistik für Meteorologen und Geowissenschaftler. 4. Auflage. Borntraeger Verlag. Berlin.

SCHÖNWIESE, C.-D. (2010): Expertengespräch zur geplanten Auswertungsmethodik der erhobenen Daten aus den AMONES-Feldmessungen. Frankfurt am Main.

SCHUBÖ, W., HAAGEN, K. & OBERHOFER, W. (1983): Regressions- und kanonische Analyse. In J. Bredenkamp & H. Feger: Strukturierung und Reduzierung von Daten. S. 207-292. Hogrefe-Verlag. Göttingen.

SCHULZE, E. (2002): Räumliche und zeitliche Analyse von kontinuierlichen Luftschadstoffmessungen in Berlin. Einfluss von Regen und Luftfeuchtigkeit auf die PM10-Emission und -Immission. Diplomarbeit. Technische Universität Dresden, Institut für Geographie. Dresden.

SCHWARTZ, J. (2000): Assessing confounding, effect modification, and treshold in the association between ambient particles and daily deaths. In: Environmental Health Perspectives, H. 108, S. 563–568.

SEBALD, L.; TREFFEISEN, R.; REIMER, E.; HIES, T. (2000): Spectral analysis of air pollutants. Part 2: ozone time series. In: Atmospheric Environment, Jg. 34, H. 21, S. 3503-3509.

SHI, J. P.; HARRISON, R. M. (1997): Regression Modelling of hourly NOx and NO2 Concentrations in Urban Air in London. In: Atmospheric Environment, Jg. 31, H. 24, S. 4081–4094.

SMIT, R. (2006): An Examination of Congestion in Road Traffic Emission Models and their Application to Urban Road Networks. Dissertation. Griffith University, Faculty of Environmental Sciences. Griffith, Australien.

SPANGL, W.; SCHNEIDER, J.; NAGL, C.; LORBEER, G.; PLACER, K.; LICHTBLAU, G.; KURZWEIL, A.; ORTNER, R.; BÖHMER, S.; ANDERL, M. (2003): Fachgrundlagen für eine Statuserhebung zur NO2-Belastung an der Messstelle Wien-Hietzinger Kai. Umweltbundesamt. Wien, Österreich.

SPARMANN, U. (1978): Spurwechselvorgänge auf zweispurigen BAB-Richtungsfahrbahnen. In: Forschung Straßenbau und Straßenverkehrstechnik. H. 263. Bonn.

SPSS (2009): PASW Statistics 18. Online-Dokumentation. SPSS GmbH Software, an IBM Company München.

STEIERWALD, G. (2005): Stadtverkehrsplanung. Grundlagen, Methoden, Ziele. 2. Auflage. Springer Verlag. Berlin.

TA LUFT (2002): Erste Allgemeine Verwaltungsvorschrift zum Bundes–Immissionsschutzgesetz – Technische Anleitung zur Reinhaltung der Luft – TA Luft. Bundesministerium für Umwelt, Naturschutz und Reaktorsicherheit. Berlin.

TOLEDO, T.; CHOUDHURY, C.; BEN-AKIVA, M. E. (2006): Lane-Changing Model with Explicit Targe Lane Choice. Transportation Research Board (TRB) – 85th Annual Meeting. Washington, USA.

TSS (2010): Aimsun - The integrated transport modelling software Version 6. Transport Simulation Systems. Barcelona, Spanien.

TUCH, TH; BRAND, P.; WICHMANN, H. E.; HEYDER, J. (1997): Variation of particle number and mass concentration in various size ranges of ambient aerosols in Eastern Germany. In: Atmospheric Environment, Jg. 31, H. 24, S. 4193–4197.

TULLIUS, K.; LUTZ, M. (2002): Information Society Programme - Project HEAVEN. Demonstration Berlin.

U.S. Environmental Protection Agency (2001): Mobile6 Vehicle Emission Software. Washington, USA.

UMWELTBUNDESAMT (2009a): Luft und Luftreinhaltung - Luftschadstoffe - Schwefeldioxid (SO2) (2009). Umweltbundesamt. Online verfügbar unter http://www.umweltbundesamt.de/luft/schadstoffe/so2.htm, zuletzt geprüft am 13.02.2010.

UMWELTBUNDESAMT (2009b): Feinstaubbelastung in Deutschland - Hintergrund. Umweltbundesamt. Dessau-Roßlau.

UMWELTBUNDESAMT (2009c): Entwicklung der Luftqualität in Deutschland. Umweltbundesamt. Dessau-Roßlau.

UMWELTBUNDESAMT (2010): Auswertung der Luftbelastungssituation 2009. Umweltbundesamt. Dessau-Roßlau.

UNAL, A.; ROUPHAIL, N. M.; FREY, C. (2003). Effect of Arterial Signalization and Level of Service on Measured Vehicle Emissions. In: Transportation Research Record, Vol. 1842, 47-56.

URBAN, D.; MAYERL, J. (2008): Regressionsanalyse: Theorie, Technik und Anwendung. 3. Auflage. VS Verlag für Sozialwissenschaft. Wiesbaden.

VAN BASSHUYSEN, R. (2007): Handbuch Verbrennungsmotor. Grundlagen, Komponenten, Systeme, Perspektiven. 4. Auflage. Vieweg Verlag. Wiesbaden.

VAN DER PUETTEN, N. (2006): Messungen oder Modellrechnungen. Wege zur Bewertung der Umweltqualität vor dem Hintergrund aktueller und zukünftiger Anforderungen an die kommunale Verkehrsplanung. Im Rahmen des FIV-Symposium „Qualität von Daten, Modellen und Informationen im Verkehr" am 20.11.2006. Förderverein Integrierte Verkehrssysteme. Darmstadt.

VARDOULAKIS, S.; VALIANTIS, M.; MILNER, J.; APSIMON, H. (2007): Operational air pollution modelling in the UK--Street canyon applications and challenges. In: Atmospheric Environment Jg. 41, 22/2007, S. 4622-4637.

VESTER, B. (2006): Feinstaubexposition im urbanen Hintergrundaerosol des Rhein-Main-Gebietes: Ergebnisse aus Einzelpartikelanalysen. Dissertation. Technische Universität Darmstadt, Fachbereich Material- und Geowissenschaften. Darmstadt.

VORTISCH, P. (2009): Emission Modelling in Vissim. The Volkswagen Emission Modell. Kurzvortrag am 23.04.2008 im Rahmen eines AMONES-Partnertreffens. Stuttgart.

VOß, W. (2004): Taschenbuch der Statistik. 2. Auflage. Fachbuchverlag Leipzig im Hanser-Verlag. München.

WANNER, H. (2004): Klimedia – Interaktives Lernmittel zur Vorlesung Landschaftsökologie. Universität Berlin. Online verfügbar unter: http://www.klimedia.ch/kap3/a13.html.

WEBSTER, F. V. (1958): Traffic signal settings. Road Research Technical Paper. Paper No. 39. Great Britain Road Research Laboratory. London, Vereinigtes Königreich Großbritannien und Nordirland.

WIEDEMANN, R. (1974): Simulation des Straßenverkehrsflusses. Schriftenreihe des Instituts für Verkehrswesen der Universität Karlsruhe. H. 8. Karlsruhe.

WHO (2006): Air Quality Guidelines – Global Update 2005. World Health Organization. WHO Regional Office for Europe. Kopenhagen, Dänemark.

WU, N. (1992): Wartezeiten an festzeitgesteuerten Lichtsignalanlagen unter zeitlich veränderlichen (instationären) Verkehrsbedingungen. In: Straßenverkehrstechnik, Jg. 36, H. 3, S. 147–153.

WU, N. (1996): Rückstaulängen an Lichtsignalanlagen unter verschiedenen Verkehrsbedingungen. In: Straßenverkehrstechnik, H. 5, S. 226–234.

Anhang

A 1 Verfahren zur direkten Erfassung immissionsbezogener Kenngrößen 2
A 2 Verfahren zur indirekten Erfassung immissionsbezogener Kenngrößen 4
   A 2.1 Mikroskalige Ausbreitungsmodelle 4
   A 2.2 Statistisch-empirische Modelle 5
A 3 Datenerhebung 13
   A 3.1 Allgemeine Ergänzungen 13
   A 3.2 Erhobene Daten im Testfeld Bremerhaven 14
   A 3.3 Erhobene Daten im Testfeld Hamburg 15
A 4 Datenaufbereitung 16
   A 4.1 Ableitung weiterer Kenngrößen aus den erhobenen Kenngrößen 16
   A 4.2 Korrektur fehlerhafter Daten 17
A 5 Datenanalyse 18
   A 5.1 Statistische Kennwerte der erhobenen und aufbereiteten Daten 18
   A 5.2 Fourier Transformation 20
   A 5.3 Kovarianz und Kreuzkovarianz 20
   A 5.4 Korrelationsanalyse 21
   A 5.5 Statistische Voraussetzungen für die Anwendung der Korrelationsanalyse ... 21
   A 5.6 Merkmalsselektion im Rahmen der Regressionsanalyse 22
   A 5.7 Statistische Kennwerte zu den Erklärungsmodellen 24
   A 5.8 Ermittlung der Stichprobengröße für multiple Fragestellungen 45

A 1   Verfahren zur direkten Erfassung immissionsbezogener Kenngrößen

Betastrahlenabsorption

Bei der Staubmessung mittels der Betastrahlenabsorption wird die Probeluft über ein sich (schrittweise) fortbewegendes Filterband gesaugt. Die auf dem Filterband abgeschiedene Staubmenge wird von einem Betastrahler angestrahlt. Die Schwächung der Beta-Strahlung ist abhängig von der Staubmasse auf dem Filterpapier und wird beim Durchtritt durch den bestaubten Filter gemessen. Das Verfahren ermöglicht eine quasikontinuierliche Messung der Staubkonzentration auf dem Filter und ist somit gut geeignet für zeitlich hochaufgelöste Untersuchungen (EICKELPASCH, EICKELPASCH [2004]).

Gravimetrie

Die Gravimetrie ist nach 39. BImSchV das Referenzverfahren zur Messung der PM_{10}-Massenkonzentration sowie die vorläufige Referenzmethode für die $PM_{2,5}$ Massenkonzentration. Bei der gravimetrischen Messung wird über 24 Stunden ein definiertes Luftvolumen durch einen Filter gesogen. Die angesaugten Partikel werden anhand eines größenselektiven Einlasses getrennt und die relevante Fraktion auf einem vorgewogenen und konditionierten Filter gesammelt. Die Bestimmung der gesammelten Partikelmasse erfolgt schließlich unter Laborbedingungen. Die Gravimetrie ist ein diskontinuierliches Messverfahren und ermöglicht daher keine zeitlich lückenlose Luftüberwachung. Eine kurzfristige Datenverfügbarkeit ist verfahrensbedingt nicht gegeben: Aus Kostengründen werden üblicherweise mehrere Filter in einem Gerät gesammelt und schließlich gebündelt gewechselt. Dadurch liegen zwischen Probenahme und Laborergebnis lange Zeiträume. Aufgrund der groben zeitlichen Auflösung eignet sich das gravimetrische Verfahren primär zur Kontrolle alternativer Messverfahren, nicht jedoch für eine tages- oder stundenaktuelle Information über die Luftqualität und Aussagen zu der hier untersuchten Fragestellung.

Messung der Schwingung eines staubbeladenen Filters (TEOM)

Hierbei wird die Probeluft durch einen Filter geleitet, der Element eines in Eigenresonanz schwingenden Systems ist. Durch den im Filter abgeschiedenen Staub vergrößert sich die schwingende Masse und führt zu einer Verringerung der Resonanzfrequenz. Die Schwebstaubkonzentration ergibt sich anhand der bei der Kalibrierung ermittelten Beziehung zwischen Frequenz und Staubbeladung unter Berücksichtigung des Probeluftvolumens (EICKELPASCH, EICKELPASCH [2004], BAUMANN, BAUMÜLLER [1994]).

Streulichtmessung

In optischen Partikelzählern werden die angesaugten Partikel mit dem Probenahmevolumenstrom durch ein beleuchtetes Messvolumen transportiert. Das Licht wird von den Partikeln gestreut und von einem Photodetektor in elektrische Signale umgewandelt. Anschließend werden die Signale meist anhand von definierten Schwellenwerten hinsichtlich Partikelgröße und Partikelanzahl ausgewertet. Das Prinzip der Streulichtmessung wird auch als Nephelometrie bezeichnet (EICKELPASCH, EICKELPASCH [2004]).

Kondensationspartikelzähler

Mit einem Kondensationspartikelzähler (CPC) kann die Anzahlkonzentration von Partikeln im Größenbereich weniger Nanometer bis ca. 30 Mikrometer gemessen werden. Dabei wird das angesaugte Aerosol in einen Sättiger geleitet und dort mit Dampf gesättigt (mit steigender Temperatur kann ein Gas mehr Flüssigkeit aufnehmen). Anschließend wird der gesättigte Luftstrom in einem Kondensor abgekühlt, wodurch die Menge der aufnehmbaren Flüssigkeit wieder sinkt und die Luft einen übersättigten Zustand erreicht. Die Flüssigkeit, die nun von der Luft nicht mehr aufgenommen werden kann, kondensiert auf der Oberfläche der Partikel und ermöglicht durch den nun größeren Durchmesser ihre optische Erfassung. Die anschließende Streulichtmessung (siehe auch „Partikelzählung nach dem Streulichtprinzip") ermöglicht die Bestimmung der Anzahlkonzentration. Nach Birmili [2006] erfassen CPC alle Partikel oberhalb ihrer unteren Nachweisschwelle (ca. 3 nm). Als Qualitätskenngröße für einen noch zu definierenden Standard sei eine Langzeitabweichung der Konzentration kleiner als ±10 % vorzusehen. CPC erfassen die für die Fragestellung relevanten Kenngrößen mit einer hohen Genauigkeit und einer unmittelbaren Verfügbarkeit.

Chemolumineszenzmessung

Die Chemolumineszenzmessung ist gem. 39. BImSchV das Referenzverfahren zur Messung der Stickoxidkonzentration. Unter Chemolumineszenz versteht man eine charakteristische Strahlung bei chemischen Reaktionen von Gasen. Unter konstanten Reaktionsbedingungen ist die Intensität der Chemolumineszenz zur Konzentration der Probe proportional (sofern das zur Reaktion benötigte Hilfsgas im Überschuss vorhanden ist). Die Strahlung wird von einem Photomultiplier als Strahlungsempfänger erfasst und in ein elektrisches Signal umgewandelt. Die Messung erfolgt in einer Reaktionskammer, die mit Luft durchströmt wird, welche zuvor über einen Ozonisator geleitet wurde. Der Reaktionskammer wird zusätzlich ein konstanter Probeluftstrom zugemischt. Dort reagieren nun Stickstoffmonoxid und Ozon zu Stickstoffdioxid und Sauerstoff. Nach optischer Filterung kann die Chemolumineszenz gemessen und hierdurch die Stickstoffmonoxid-Konzentration ermittelt werden. Die Gesamtstickstoffkonzentration (NO_X) wird in einer parallelen Messkammer durch Reduktion von Stickstoffdioxid zu Stickstoffmonoxid an einem Konverter und die anschließende Chemolumineszenzmessung der nun erhöhten Stickstoffmonoxidkonzentration ermittelt. Auf die Stickstoffdioxidkonzentration wird anhand der Differenz zwischen NO_X und Stickstoffmonoxid geschlossen. Das für die Reaktion benötigte Ozon wird durch eine elektrische Gasentladung in einem Luft- oder Sauerstoffstrom erzeugt (BAUMANN, BAUMÜLLER [1994]).

A 2 Verfahren zur indirekten Erfassung immissionsbezogener Kenngrößen

A 2.1 Mikroskalige Ausbreitungsmodelle

HOLMES, MORAWSKA [2006] haben sich intensiv mit den am Markt verfügbaren Produkten zur mikroskaligen Immissionsmodellierung und ihren Eigenschaften befasst. Die den Produkten zugrunde liegenden Ausbreitungsmodelle sind demnach das Box-Modell, Ausbreitungsmodelle nach Euler, Gauß und Lagrange sowie Modelle der numerischen Strömungsmechanik.

Das *Box-Modell* basiert auf dem Satz der Massenerhaltung. Das Untersuchungsgebiet wird in Quader („box") eingeteilt, deren Inhalt als durchmischt und homogen angenommen wird, die einen Zufluss und Abfluss von Schadstoffen erlauben sowie unter meteorologischen Einflüssen stehen. Innerhalb der Quader können detaillierte chemische Reaktionen berücksichtigt werden. Konzentrationsänderungen ergeben sich aus Depositions- und Umwandlungsvorgängen. Eine Abschätzung von Konzentration an unterschiedlichen Punkten innerhalb der Quader ist jedoch nicht möglich, was einen Einsatz für großräumige Bezugsebenen empfiehlt (HOLMES, MORAWSKA [2006]).

Das *Gauß-Modell* geht von der Annahme aus, dass sich eine Abgasfahne senkrecht zur Windrichtung (horizontal und vertikal) nach einer Gauß-Verteilung ausbreitet. Bei der Anwendung der Advektions[45]-Diffusions[46]-Gleichung werden u. a. ein homogenes Windfeld, Stationarität, ein ebenes und unbebautes Untersuchungsgebiet sowie einheitliche Diffusionskonstanten angenommen. Diese stark vereinfachenden Annahmen werden durch verschiedene empirische Terme in der Gleichung wieder kompensiert. Die empirischen Terme stellen Ausbreitungsklassen dar, die den Turbulenzzustand der Atmosphäre in Abhängigkeit der Windgeschwindigkeit, der Schichtung, der Strahlungsverhältnisse und dem Bedeckungsgrad. Gauß Modelle eignen sich insbesondere für die Ausbreitung von Schadstoffen aus Punktquellen, die sich während des Transportvorgangs nur minimal physikalisch und chemisch verändern (BAUMANN, BAUMÜLLER [1994]).

Lagrange-Modelle verwenden „Luftstöße" („puffs"), um kurzzeitige Einflüsse sowohl der Meteorologie als auch verschiedener Emittenten zu berücksichtigen. Kontinuierliche Emissionen werden als Serie von Luftstößen abgebildet. Jeder Luftstoß wird mit seinen Eigenschaften (u. a. Geschwindigkeit, Richtung, Stabilität und Volumen) vom Modell individuell in seiner zeitlichen Fortbewegung und Veränderung verfolgt. Während dieser Bewegung können von dem Luftstoß Schadstoffe aufgenommen und wieder abgegeben werden. Durch eine Überlagerung dieser Luftstöße können Schadstoffkonzentrationen räumlich und zeitlich differenziert bestimmt werden (NATIONAL WEATHER SERVICE [2009]).

---

[45] Advektion: „Horizontale Zufuhr von Luftmassen im Unterschied zu vertikalen Bewegungen der Konvektion" (Meyers [1969]).

[46] Diffusion: „Statistischer Ausgleichsprozess, in dessen Verlauf Teilchen (Atome, Moleküle, Kolloidteilchen) infolge ihrer Wärmebewegung auf unregelmäßigen Zickzackwegen von Orten höherer Konzentration zu solchen niederer Konzentration gelangen, so dass allmählich ein Dichte- bzw. Konzentrationsausgleich erfolgt." (Meyers [1969]).

Modelle aus dem Bereich der *numerischen Strömungsmechanik* (CFD) bzw. K-Modelle nach BAUMANN, BAUMÜLLER [1994] simulieren das Strömungsverhalten der Luft(-schadstoffe) in Abhängigkeit von Gebäuden und Straßenschluchten. Die turbulente Diffusion wird hier analog zur Brownschen Molekularbewegung behandelt. Dabei wird der turbulenzbedingte Stofftransport proportional zum Konzentrationsgradienten eines Schadstoffes zwischen Ein- und Austrittsort angenommen. Die mathematische Grundlage sind numerische Verfahren zur Lösung von Advektions- und Diffusionsgleichungen, die als Differentialgleichung aus der Kontinuitätsbedingung abgeleitet werden können. Die Differentialgleichung beschreibt die zeitliche Änderung der Schadstoffkonzentration an einem bestimmten Ort in Abhängigkeit des treibenden Windfelds und einem Diffusionsterm zur Berücksichtigung turbulenzinduzierter Bewegungen.

A 2.2 Statistisch-empirische Modelle

A 2.2.1 Grundlagen der vorgestellten mathematischen Verfahren

Lineare parametrische Regression

Anhand der linearen parametrischen Regression können lineare Zusammenhänge zwischen Einflussvariablen und abhängigen Variablen unter der Annahme der Normalverteilung sowohl der Einflussvariablen als auch der abhängigen Variablen abgebildet werden. Ein gängiger Ansatz zur Ermittlung der Zusammenhänge ist die Methode der kleinsten Quadrate. Hierbei werden Schätzwerte ermittelt, deren Summe der quadrierten Abweichungen zu den gemessenen Werten minimal wird. Damit wird erreicht, dass sowohl negative als auch positive Abweichungen für die Ermittlung der Regressionsfunktion herangezogen werden, allerdings bedeutet dies auch, dass einzelne Extremwerte einen großen Einfluss auf das Ergebnis haben. Die hiermit ermittelte Regressionsfunktion ist hinsichtlich des Kriteriums „Minimierung der quadrierten Abweichungen" optimal. Neben der Annahme der Normalverteilung ist die Anwendung der linearen parametrischen Regression an weitere Voraussetzungen geknüpft: Der Erwartungswert der Residuen muss gleich Null sein, die Residuen müssen ebenso wie ihre Varianz statistisch unabhängig sein (RUDOLF, MÜLLER [2004]).

Generalisierte Additive Modelle

Generalisierte Additive Modelle (GAM) sind nichtparametrische Regressionsverfahren, die eine flexible Modellierung des Einflusses metrischer Variablen, ohne Annahme einer bestimmten Parametrisierung (Verteilung) und unter Berücksichtigung additiver Prädiktor-Effekte, auf die Zielvariable erlauben. Üblicherweise wird die Art des Einflusses metrischer Variablen über Streudiagramme zwischen Einflussvariablen und abhängigen Variablen abgeschätzt. Bei einer größeren Anzahl von Einflussvariablen ist die praktische Umsetzung jedoch aufwändig, zudem ist die Anzahl der möglichen Transformationen zur Anpassung der funktionalen Form des Einflusses begrenzt (URBAN, MAYERL [2008]). Ferner besteht mit nichtparametrischen Regressionsverfahren die Möglichkeit der Modellierung von Einflüssen *zwischen* Einflussvariablen. Generalisierte Additive Modelle sind eine Untergruppe der nichtparametrischen Regressionsverfahren, die im Wesentlichen folgende Eigenschaften erfüllen:

- Die Verteilungen der abhängigen und der unabhängigen Variablen gehören einfachen Exponentialfamilien wie der Normalverteilung, der Gammaverteilung, der Binomialverteilung oder der Poissonverteilung an.
- Der Erwartungswert der abhängigen Variablen hängt über eine Responsefunktion
- Prädiktoren haben keine lineare Struktur von der Art $\eta_i = x'_i \beta$ sondern werden durch additive Prädiktoren vom Typ $\eta_i = \beta_0 + f_1(x_{i1}) + \cdots + f_p(x_{ip})$ abgebildet.

Neuronale Netze

Neuronale Netze (NN) stellen ein alternatives statistisches Konzept dar, das an die Nervenzellen von Organismen angelehnt ist. Im Gegensatz zur Regressionsanalyse suchen NN die Beziehungen zwischen Einfluss- und Wirkungsgrößen mittels einer Art Training selbst auf, wobei die mathematische Form der Beziehungen nicht festgelegt ist und auch Beziehungen zwischen verschiedenen Einflussgrößen möglich sind. NN bestehen üblicherweise aus mindestens zwei Schichten. Für den Benutzer sichtbar sind die Eingabeschicht und die Ausgabeschicht; nicht sichtbar sind gegebenenfalls vorhandene verborgene Schichten. Die Eingabeschicht nimmt die Einflussgrößen auf, die Ausgabeschicht die Wirkungsgröße(n). In der verborgenen Schicht findet die Entwicklung der Wirkungsmechanismen statt. Mittels verschiedener Lernverfahren werden die Gewichte zwischen den einzelnen Elementen der unterschiedlichen Schichten bestimmt. Aufgrund dieser komplexen Struktur sind die Wirkungsmechanismen meist jedoch schwieriger nachvollziehbar als gängige regressionsanalytische mathematische Ansätze (SCHÖNWIESE [2006]). Die dargestellten NN unterscheiden sich in Feed-Forward bzw. Multi-Layer-Perceptron Ansätze sowie in Lazy Learning Ansätze.

Feed-Forward bzw. Multi-Layer-Perceptron Ansätze sind rückkopplungsfreie Ansätze, es erfolgt also kein Informationsrückfluss von der Ausgabeschicht in die verarbeitende verborgene Schicht (BOLTZE, FRIEDRICH, BASTIAN [2006]). Eine weitere Differenzierung dieser Ansätze, die jedoch im Rahmen dieser Übersicht nicht erforderlich ist, kann nach den Regeln zur Ermittlung der Gewichte zwischen den Elementen auf den Ebenen erfolgen.

Lazy Learning Ansätze benötigen kein Training zur Entwicklung eines Algorithmus sondern versuchen, aus vergleichbaren Datensatzkonstellationen auf Wirkungen zu schließen. Lazy Learning Ansätze gehören zur Gruppe des case-based Reasoning („Fall-basiertes Schließen") und sind insbesondere für kontinuierlich wachsende Datenmengen geeignet (FRITZSCHE [2004]).

Autoregression

Sowohl die parametrischen als auch die nicht-parametrischen Verfahren ermöglichen die Berücksichtigung von autoregressiven Prozessen in ihrer Schätzung. Ein autoregressiver Prozess greift zu jedem Zeitpunkt t auf sich selbst zurück, wobei bei einem autoregressiven Prozess erster Ordnung die Zeiteinheit bzw. der time-lag gleich eins ist. Im nachfolgend abgebildeten Prozess X_t

mit dem Prozessparameter φ bezeichnet $ε_t$ weißes Rauschen[47] und c eine Konstante. Sofern der Prozessparameter zwischen -1 und 1 liegt, gilt der Prozess als stationär[48] (VOß [2004]).

$$X_t = c + \varphi X_{t-1} + \varepsilon_t$$

A 2.2.2 Lineare parametrische Ansätze mit autoregressiver Komponente

SHI, HARRISON [1997] haben ein autoregressives Modell für stündliche NO_X- und NO_2-Konzentrationen an sechs Messstellen in London entwickelt. Eingangsgrößen waren stündliche Messwerte von O_3 sowie verschiedene meteorologische Kenngrößen sowie eine empirisch ermittelte, wochentagabhängige Emissionsrate. In dieser Emissionsrate sind auch die Einflüsse des Straßenverkehrs enthalten. Die Emissionsrate Q ergibt sich demnach aus gemessenen NO_X-Konzentrationen, der atmosphärischen Schichtung und der Windgeschwindigkeit an unterschiedlichen Wochentagen.

$$Q/d = C_{NOx} \cdot BLD \cdot WS$$

mit

Q: Emissionsrate

C_{NOx}: Immissionskonzentration

d: Wochentag

BLD: Atmosphärische Schichtung

WS: Windgeschwindigkeit

Als Immissionsmodell wurde folgender Ansatz verwendet,

$$C_{Schadstoff,t} = F(X_1, \dots, X_k) = e^{B1} X_2^{B2} \dots X_k^{Bk}$$

der sich für eine lineare Regression wie folgt umformen lässt:

$$\ln(C) = B_1 + B_2 \ln(X_2) + \dots + B_k \ln(X_k)$$

mit

B: Regressionskoeffizienten

X: Einflussgröße auf die Immissionskonzentration

---

[47] Weißes Rauschen ist ein schwach stationärer Prozess mit einem Erwartungswert von Null und nicht vorhandener Korrelation zwischen den beobachteten Zufallsvariablen (VOß [2004]).

[48] Als stationär werden Prozesse bezeichnet, wenn sie einen konstanten Erwartungswert und eine konstante Varianz besitzen. Die Autokorrelation dieser Prozesse hängt nur von der Zeitdifferenz der untersuchten Zufallsvariablen ab und nicht von der absoluten Zeit (VOß [2004]).

Zusätzlich zum beschriebenen Regressionsmodell wurde ein Modell mit autoregressiver Komponente erster Ordnung (AR1-Prozess) berücksichtigt:

$$\ln(C_t) = \beta_1 + \beta_2 \ln(X_{2,t}) + \cdots + \beta_k \ln(X_{k,t}) + \beta_{k+1} Lag1_t + e_j$$

mit

$$Lag1_t = \ln(C_{t-1}) - B_1 - \sum_{i=2}^{k} B_i \ln(X_{i,t-1})$$

β_k: Angepasste Regressionskoeffizienten

e_j: Unabhängiges Residuum

Für das lineare Modell ohne autoregressive Komponente wurde ein Bestimmtheitsmaß von 0,67, für das Modell mit autoregressiver Komponente ein Bestimmtheitsmaß von 0,92 für die NO_X-Konzentration erreicht.

ANKE ET AL. [2004] haben versucht, durch eine kombinierte Anwendung von Filtermethoden auf Grundlage einer mehrdimensionalen Hauptkomponentenanalyse (MPCA - multiple principal component analysis) und einer anschließenden Regressionsanalyse die verkehrsbedingten Einflüsse auf die NO_2 und PM_{10}-Immissionen zu quantifizieren.

Ziel der MPCA im beschriebenen Projekt war zum Einen, die vorhandene Datenmenge zu verdichten, indem Veränderungen in den einzelnen Messreihen (Halbstundenwerte von Immissionen, meteorologischen und verkehrlichen Kenngrößen) nach der Ausprägung ihrer Veränderung geordnet werden. Auf diese Weise sollten die Wirkungen verschiedener Einflussgrößen isoliert und zufällige Störungen eliminiert werden. Zum Anderen sollten durch einen mehrdimensionalen Ansatz mittels einer zeitlichen Zerlegung der Messreihen (dies ergab die dritte Matrixdimension), periodische Einflüsse auf den Tagesgang und den Wochengang identifiziert werden. In Bezug auf den Wochen- und Tagesgang wurden klare Zusammenhänge, primär zwischen NO_2 und der (Schwer)Verkehrsstärke deutlich. Für PM_{10} konnte kein sinnvoller Zusammenhang zu dem Verkehrstagesgang festgestellt werden.

Darüber hinaus wurde in der gleichen Untersuchung versucht, für die in der HKA identifizierten maßgebenden Komponenten ein PM_{10}-Prognosemodell auf Grundlage einer linearen Regression zu entwickeln. Die Modellierungsgüte wurde allerdings als nicht befriedigend erachtet.

A 2.2.3 Nicht-lineare nicht-parametrische Ansätze ohne autoregressive Komponente

ALDRIN, HAFF [2004] haben auf Grundlage eines generalisierten additiven (=nicht-parametrischen) nichtlinearen Ansatzes PM_{10}, $PM_{2,5}$, $PM_{10-2,5}$, NO_2 und NO_X-Immissionen in vier norwegischen Städten modelliert. Eingangsgrößen waren verschiedene (regionale) meteorologische Kenngrößen und erhobene Verkehrsstärken in unmittelbarer Nähe der Immissionsmessstationen. Der gewählte Modellansatz lautet:

$$\log(C_t) = \beta_1(x_{1,t}) + \ldots + \beta_k(x_{k,t}) + e_t$$

mit:

C_t: Immissionskonzentration zum Zeitpunkt t

β_k: Regressionskoeffizient

$x_{k,t}$:   Einflussgröße zum Zeitpunkt t

e_t: Unabhängiges Residuum zum Zeitpunkt t

Eine autoregressive Komponente zur Berücksichtigung der Autokorrelation der Residuen wird in dem Modell vernachlässigt. Mit dem Ansatz werden folgende Bestimmtheitsmaße (an verschiedenen Messstellen) erreicht:

- 0,48 bis 0,72 für PM_{10},
- 0,55 bis 0,65 für $PM_{2,5}$,
- 0,61 bis 0,76 für $PM_{10-2,5}$
- 0,59 bis 0,77 für NO_2
- 0,64 bis 0,80 für NO_X.

BERTACCINI ET AL. [2009] haben für die Luftschadstoffbelastung in Turin mit den Schadstoffen NO, NO_2, NO_X, CO und PM_{10} ebenfalls einen Erklärungsansatz mittels generalisierten additiven Modellen entwickelt. Als Datengrundlage werden stündliche Werte der Verkehrsstärken, verschiedener regionaler meteorologischer Parameter und der genannten Immissionskenngrößen verwendet. Die Werte verschiedener Messstellen im gesamten Stadtgebiet wurden gemittelt. Das folgende autoregressive Modell wurde angewendet:

$$\log(C_t) = \beta_0 + \sum_{k=1}^{l} \beta_k(x_{k,t}) + \sum_{g=1}^{m} \sum_{h \in H_g} \eta_{g,h} z_{g,t-h} + \sum_{i=1}^{p} s(k_{i,t}, \lambda_i)$$

mit:

C_t: Immissionskonzentration zum Zeitpunkt t

β_k: Koeffizient der Einflussgröße x

$x_{k,t}$:   Einflussgröße zum Zeitpunkt t

β_k: Koeffizient der Einflussgröße x

$z_{g,t-h}$:   Autoregressive Komponente (Einflussgröße zum Zeitpunkt t-h)

$s(k_{i,t}, \lambda_i)$:   Glättungsfunktion für nichtlineare Einflüsse mit Glättungsparameter λ

Mit dem Modellansatz wird ein Bestimmtheitsmaß von über 0,80 für die Modellierung der NO, NO_2 und NO_X-Belastung erreicht. Die PM_{10}-Belastung wird anhand des Bayesschen

Informationskriteriums (BIC) bewertet. Daher ist die Bewetung nicht vergleichbar zu den anderen hier dargestellten Untersuchungen.

LIU [2009] hat in seinen Untersuchungen eine Kombination aus Hauptkomponentenanalyse (HKA) und einem linearen autoregressiven Modell angewendet. Sein Untersuchungsziel war die Modellierung von PM$_{10}$-Tageskonzentrationen in Ta-Liao (Taiwan). Als Eingangsgrößen wurden die PM$_{10}$-Werte der umliegenden Städte, O$_3$- und NO$_X$-Konzentrationen in Ta-Liao sowie verschiedene meteorologische Kenngrößen verwendet. Das autoregressive Modell zweiter Ordnung entsprach dem von Box, Jenkins [1970] entwickelten Ansatz:

$$C_t = \beta_1(x_{1,t}) + \ldots + \beta_k(x_{k,t}) + \frac{a_t}{(1 - \varphi_1 B - \varphi_2 B^2)}$$

mit:

C_t: Immissionskonzentration zum Zeitpunkt t

β_k: Regressionskoeffizient

$x_{k,t}$: Einflussgröße zum Zeitpunkt t

a_t: Unabhängige und zufällige Folge von Ereignissen

φ_n: Koeffizient der autoregressiven Komponente

B Autoregressive Komponente ($\varphi_n B Y_t = \varphi_n Y_{t-1}$)

Die HKA ergab als relevante Eingangsgrößen für die Regression die O$_3$-Konzentration, die Taupunkttemperatur, die NO$_X$-Konzentration, die Windgeschwindigkeit und die Windrichtung.

Mit diesen Eingangsgrößen und dem Box-Jenkins-Modell konnte die PM$_{10}$-Tageskonzentration mit einem Bestimmtheitsmaß von 0,88 modelliert werden.

A 2.2.4 Neuronale Netze

KUKONNEN ET AL. [2003] haben sich im Rahmen der EU-Projekte APPETISE und FUMAPEX intensiv mit neuronalen Netzen zur Vorhersage von NO$_2$- und PM$_{10}$-Konzentrationen in Helsinki beschäftigt. Eingangsgrößen für die Modelle waren stündliche Werte meteorologischer und verkehrlicher Kenngrößen sowie die genannten Immissionskenngrößen an zwei städtischen Stationen, die allerdings in flachem, offenen Terrain lagen[49]. Als verkehrliche Kenngrößen lagen Verkehrsstärken und durchschnittliche Geschwindigkeiten differenziert nach fünf Fahrzeugklassen vor. Es wurden mehrere Varianten von Multi-Layer-Perceptron Netzen (MLP) sowie ein lineares statistisches Modell (LIN) hinsichtlich ihrer Modellierungsgüte miteinander verglichen. Für den besten MLP-Ansatz sowie für das lineare Modell wurden folgende Bestimmtheitsmaße für die NO$_2$- und PM$_{10}$-Konzentration erreicht:

---

[49] Nach Kukkonen et al. [2003] ist die Immissionsmodellierung in Straßenschluchten deutlich anspruchsvoller.

MLP, NO$_2$: 0,70
LIN, NO$_2$: 0,48
MLP, PM$_{10}$: 0,42
LIN, PM$_{10}$: 0,24

Das zugrunde liegende statistische Modell für den linearen Ansatz wird im zugrunde liegenden Beitrag nicht näher dargestellt.

GRIVAS, CHALOULAKOU [2005] haben mit neuronalen Netzen ein Vorhersagemodell für stündliche PM$_{10}$-Konzentrationen im Raum Athen entwickelt. Eingangsgrößen für das neuronale Netz waren verschiedene (normierte) meteorologische Kenngrößen und erhobene Verkehrsstärken in unmittelbarer Nähe von vier städtischen Immissionsmessstationen. Die Messstationen wurden getrennt betrachtet. Drei Ansätze auf Grundlage eines Feed-Forward Multi-Layer-Perceptron wurden untersucht: Ein Modellansatz mit sämtlichen Eingangsgrößen (MLP$_f$), ein weiterer mit einer Auswahl an Eingangsgrößen (GA-MLP) und ein dritter ohne meteorologische Eingangsgrößen (MLP$_{nomet}$). Als Vergleichsbasis wurde ein lineares Regressionsmodell (MLR) von folgender Struktur eingesetzt.

$$C_t = \beta_0 + \beta_1(x_1) + ... + \beta_k(x_k) + e$$

Mit:

C_t: Immissionskonzentration

β_k: Regressionskoeffizient

$x_{k,t}$: Einflussgröße

e_t: Unabhängiges Residuum

Für die verschiedenen Ansätze wurden folgende Korrelationskoeffizienten für die PM$_{10}$-Konzentration (an verschiedenen Messstellen) erreicht:

MLP$_f$: 0,70 bis 0,82 (entspricht einem Bestimmtheitsmaß von 0,49 bis 0,67)
GA-MLP: 0,65 bis 0,83 (entspricht einem Bestimmtheitsmaß von 0,42 bis 0,69)
MLP$_{nomet}$: 0,43 bis 0,54 (entspricht einem Bestimmtheitsmaß von 0,19 bis 0,29)
MLR: 0,53 bis 0,59 (entspricht einem Bestimmtheitsmaß von 0,28 bis 0,35)

CORANI [2005] hat verschiedene Typen neuronaler Netze zur Vorhersage von O$_3$- und PM$_{10}$-Tageskonzentrationen in Mailand verglichen. Verglichen werden Feed-Forward-Netze (FFNN), Pruning-Netze (PNN) und Lazy-Learning-Verfahren (LL). Als Eingangsgrößen für die Modellierung werden stündliche meteorologische Kenngrößen, sowie die O$_3$-Belastung und die PM$_{10}$-Belastung verwendet. Verkehrliche Kenngrößen werden nicht verwendet. Aus der Darstellung geht allerdings nicht hervor, ob die verkehrlichen Kenngrößen keinen ausreichenden Erklärungsbeitrag geliefert haben oder ob sie schlicht nicht als Eingangsgröße zur Verfügung standen.

Für die verschiedenen Ansätze wurden folgende Korrelationskoeffizienten für die PM_{10}-Tageskonzentration (an verschiedenen Messstellen) erreicht:

    FFNN: 0,88 (entspricht einem Bestimmtheitsmaß von 0,77)
    PNN: 0,89 (entspricht einem Bestimmtheitsmaß von 0,79)
    LL: 0,90 (entspricht einem Bestimmtheitsmaß von 0,81)

HRUST [2009] hat ein Vorhersagemodell für stündliche NO_2- und PM_{10}-Konzentrationen in Zagreb entwickelt. Der Vorhersagezeitraum betrug einen Tag. Eingangsgrößen für verschiedene neuronale Netze und lineare Regressionsmodelle waren 15-Minuten-Werte von meteorologischen Kenngrößen (die 15-Minuten-Werte wurden zu gleitenden Stundenmittelwerten aggregiert) sowie von den gemessenen Immissionen zwischen 05:00 und 06:00 Uhr. Obwohl die Messstelle in der Nähe einer Straße lag, wurden keine verkehrlichen Kenngrößen als Eingangsgrößen verwendet. Ein wesentlicher Arbeitsschritt in der Arbeit war die Auswahl der zeitlichen Aggregationsintervalle für die verschiedenen Eingangsgrößen. Hierzu wurde die Korrelation zwischen Messung und Modell für unterschiedlich stark aggregierte Eingangsgrößen ermittelt. Dabei wurden Aggregationsintervalle von 1 bis 96 Stunden untersucht.

Für den besten getesteten linearen Ansatz und das beste neuronale Netz wurden folgende Bestimmtheitsmaße für die NO_2- und die PM_{10}-Konzentration erreicht:

    Linear NO_2:   0,63
    NN NO_2:   0,87
    Linear PM_{10}:   0,47
    NN PM_{10}:   0,72

Eine graphische Zeitreihendarstellung der gemessenen und der modellierten PM_{10}-Werte (NN) zeigt trotz dem vermeintlich hohen Bestimmtheitsmaß von 0,72 deutliche Abweichungen zwischen den Ganglinien.

A 3   Datenerhebung

A 3.1   Allgemeine Ergänzungen

Unterscheidung zwischen verschiedenen Fahrzeugarten

Im Zuge der Feldmessungen wird zwischen folgenden Fahrzeugarten unterschieden:

- Motorisierte Zweiräder auf der Hauptfahrbahn.
- Pkw (auch Pkw mit Anhänger, Vans, und SUV).
- Leichte Nutzfahrzeuge < 3,5 t (Kastenwagen, Sprinter, Pritschenwagen). Klassifizierung anhand des Merkmals „Einfachbereifung an der Hinterachse".
- Lkw > 3,5 t. Klassifizierung anhand der Merkmale „Doppelbereifung an der Hinterachse" und „2 Achsen".
- Lkw > 7,5 t. Klassifizierung anhand der Merkmale „Doppelbereifung an der Hinterachse" und „mehr als 2 Achsen".
- Bus. Klassifizierung anhand des Merkmals „Personenfahrzeug mit mehr als 8 Sitzen".

Unterscheidung zwischen Anfahrvorgängen und Durchfahrten

Als Anfahrvorgänge werden haltende und anschließend anfahrende Fahrzeuge im Einflussbereich erfasst. Maßgebend ist die Position des Auspuffendrohrs. Es werden aber auch langsam in den Einflussbereich „hineinrollende" und anschließend anfahrende Fahrzeuge erfasst. Diese Unterscheidung hat eine subjektive Komponente, ist aber für die Zählpersonen gut erkennbar.

A 3.2 Erhobene Daten im Testfeld Bremerhaven

Erfasste Kenngrößen	Messstandort	Messung in Messwoche	Zeitliche Auflösung der Erfassung
NO_x / NO / NO_2	TUD-Messquerschnitt	BH01 & BH02	5 s
	Städtische Messstelle Hansastraße	BH01 & BH02	30 min
PM_{10} / $PM_{2,5}$	TUD-Messquerschnitt	BH01 & BH02	6 s
	Städtische Messstelle Hansastraße	BH01 & BH02	30 min
Windrichtung	TUD-Messquerschnitt	BH01 & BH02	6 s
Windgeschwindigkeit	TUD-Messquerschnitt	BH01 & BH02	6 s
Temperatur	TUD-Messquerschnitt	BH01 & BH02	6 s
Luftfeuchte	TUD-Messquerschnitt	BH01 & BH02	6 s
Luftdruck	TUD-Messquerschnitt	BH01 & BH02	6 s
O_3	Städtische Messstelle Hansastraße	BH01 & BH02	1 h
Globalstrahlung	Regionale Daten (Bremerhaven)	BH01 & BH02	1 h
Mischungsschichthöhe	Regionale Daten (Flugh. Emden)	BH01 & BH02	ca. 0,5 d
Niederschlag	TUD-Messquerschnitt	BH01 & BH02	variiert
Verkehrsstärke	TUD-Messquerschnitt	BH01 & BH02	5 s
	Verkehrsdetektoren Lloydstraße		1 min
Fahrsituation	TUD-Messquerschnitt	BH01 & BH02	5 s
Fahrzeugart	TUD-Messquerschnitt	BH01 & BH02	5 s
Fahrstreifen (der erfassten Fahrsituation)	TUD-Messquerschnitt	BH01 & BH02	5 s

A 3.3 Erhobene Daten im Testfeld Hamburg

Erfasste Kenngrößen	Messstandort	Messung in Messwoche	Zeitliche Auflösung der Erfassung
NO$_x$ / NO / NO$_2$	TUD-Messquerschnitt	HH01 & HH02	5 s
	TUD-Hintergrundmessstelle	HH01	3 min
	Städtische Messstelle Habichtstr.	HH01 & HH02	1 min
	Städtischer Hintergrund Hamburg	HH01 & HH02	1 h
PM$_{10}$ / PM$_{2,5}$	TUD-Messquerschnitt	HH01 & HH02	6 s
	TUD-Hintergrundmessstelle	HH01	3 min
	Städtische Messstelle Habichtstr.	HH01 & HH02	3 h
	Städtischer Hintergrund Hamburg	HH01 & HH02	1 d
Windrichtung	TUD-Messquerschnitt	HH01 & HH02	2 min / 6 s
	Städtische Messstelle Habichtstr.	HH01 & HH02	1 min
Windgeschwindigkeit	TUD-Messquerschnitt	HH01 & HH02	2 min / 6 s
	Städtische Messstelle Habichtstr.	HH01 & HH02	1 min
Temperatur	TUD-Messquerschnitt	HH01 & HH02	2 min / 6 s
	Städtische Messstelle Habichtstr.	HH01 & HH02	1 min
Luftfeuchte	TUD-Messquerschnitt	HH01 & HH02	2 min / 6 s
	Städtische Messstelle Habichtstr.	HH01 & HH02	1 min
Luftdruck	TUD-Messquerschnitt	HH01 & HH02	2 min / 6 s
	Städtische Messstelle Habichtstr.	HH01 & HH02	1 min
Verkehrsstärke	TUD-Messquerschnitt	HH01 & HH02	5 s
	Verkehrsdetektoren Habichtstraße		1 min
Fahrsituation	TUD-Messquerschnitt	HH01 & HH02	5 s
Fahrzeugart	TUD-Messquerschnitt	HH01 & HH02	5 s
Fahrstreifen (zur erfassten Fahrsituation)	TUD-Messquerschnitt	HH01 & HH02	5 s

A 4 Datenaufbereitung

A 4.1 Ableitung weiterer Kenngrößen aus den erhobenen Kenngrößen

Abgeleitete Kenngröße	Berechnung der abgeleiteten Kenngröße
NO_X-Massenkonzentration	$1 \frac{cm^3\ Schadgas \cdot mg\ Schadgas}{m^3\ Luft \cdot cm^3\ Schadgas}$ mit Gasdichte= $\frac{Molmasse}{24}\ mg/cm^3$ (bei 20°C und 1013 mbar)
Große Partikel ($PM_{10-2,5}$)	$PM_{10} - PM_{2,5}$
Windrichtungsvektor bezogen auf Straßenquerschnitt	$-1 \ast \cos(\alpha+\beta)$ mit α: gemessene Windrichtung; β: Winkel Straßenquerschnitt zur Nordrichtung
Kehrwert der Windgeschwindigkeit	1/Windgeschwindigkeit
Windvektor	Windrichtungsvektor * Windgeschwindigkeit
Erste Ableitung der Temperatur	$Temperatur_t - Temperatur_{t-1}$
Erste Ableitung der relativen Luftfeuchte	$Luftfeuchte_t - Luftfeuchte_{t-1}$
Erste Ableitung des relativen Luftdrucks	$Luftdruck_t - Luftdruck_{t-1}$
Wasserdampf-Verhältnis	$0{,}622 \ast Partialdruck_{H2O}/(Luftdruck - Partialdruck_{H2O})$[50]
Anteil Anfahrvorgänge an Verkehrsstärke	Anfahrvorgänge/Verkehrsstärke*100
Schwerverkehr	Bus+SNF2+SNF3
Schwerverkehrsanteil	Schwerverkehr/Verkehrsstärke*100
Schwerverkehr auf nahem Fahrstreifen	$Bus_{FS1} + SNF2_{FS1} + SNF3_{FS1}$
NO_X-Emissionen	nach HBEFA mit Anfahrvorgang="Stop&Go", Durchfahrt ="LSA2"[51]
$PM_{2,5}$-Emissionen	nach HBEFA mit Anfahrvorgang="Stop&Go", Durchfahrt ="LSA2"
Verschiedene logarithmierte Kenngrößen	LogN(X)
Verschiedene trendbereinigte Kenngrößen	$X_t - X_{Trend,t}$
Verschiedene logarithmierte, trendbereinigte Kenngrößen	$LogN(X_t) - LogN(X_{Trend,t})$

---

[50] Nach Wanner [2006] bezeichnet „Partialdruck" den Partialdruck des Wasserdampfs.

[51] Zweck dieser abgeleiteten Kenngröße ist nicht die Abschätzung konkreter Emissionsmengen. Vielmehr sollen die Einflüsse der unterschiedlichen Fahrzeuge unter Berücksichtigung der Verkehrssituation mit einem plausiblen Gewicht zueinander in einer Kenngröße erfasst werden.

A 4.2 Korrektur fehlerhafter Daten

Die im Testfeld Bremerhaven erhobenen NO_X-Zeitreihen und in der zweiten Messwoche im Testfeld Hamburg erhobenen PM_X- und NO_X-Zeitreihen können durch Abgleich der in der Parallelmessung erhobenen Daten zusätzlich auf Plausibilität geprüft werden. Sofern die parallel erhobenen Zeitreihen plausible Datensätze in einer ähnlichen Größenordnung aufweisen, wird eine maßgebende Zeitreihe aus den Mittelwerten der beiden Zeitreihen ermittelt. Sofern wegen Rechnerausfall o.ä. nur eine Messreihe vorliegt, werden deren Messwerte als maßgebend angesetzt. Für die PM_X-Werte ist dies wegen eines Defekts des zweiten Messgerätes nicht möglich.

A 5 Datenanalyse

A 5.1 Statistische Kennwerte der erhobenen und aufbereiteten Daten

Die Einheiten in der Spalte Kenngrößen beziehen sich auf die Kennwerte Mittelwert sowie 5. und 95. Perzentil. Alle weiteren Kennwerte sind einheitslos.

A 5.1.1 Bremerhaven

Kenngröße	Mess-woche	Mittel-wert	Varianz	Perzentile 5	Perzentile 95	Ände-rungs-rate	Auto-korre-lation
NO_x [µg/m³]	BH01	110,47	3928,27	43,14	216,58	0,244	0,77
	BH02	79,85	3761,31	14,90	208,48	0,256	0,85
NO_x-Hintergrund [µg/m³]	BH01	35,20	340,35	8,00	68,00	0,000	0,91
	BH02	33,81	596,56	10,00	77,00	0,000	0,93
NO_2 [µg/m³]	BH01	51,62	294,58	27,46	79,74	0,153	0,78
	BH02	40,83	392,11	11,04	72,49	0,165	0,88
NO_2-Hintergrund [µg/m³]	BH01	38,39	260,23	12,00	65,00	0,044	0,93
	BH02	33,65	167,54	14,00	56,00	0,061	0,92
PM_{10} [µg/m³]	BH01	27,06	248,12	8,60	57,48	0,136	0,92
	BH02	26,33	130,98	10,19	47,23	0,089	0,95
PM_{10}-Hintergrund [µg/m³]	BH01	12,69	39,03	3,31	24,14	0,088	0,92
	BH02	24,08	65,54	12,46	39,60	0,066	0,88
$PM_{2,5}$ [µg/m³]	BH01	19,83	119,51	7,21	38,30	0,092	0,95
	BH02	21,22	103,31	7,99	41,13	0,065	0,97
PM_1 [µg/m³]	BH01	20,62	71,20	7,77	32,30	0,063	0,97
	BH02	16,33	114,57	4,03	37,51	0,063	0,99
$PM_{2,5-10}$ [µg/m³]	BH01	7,23	52,62	0,05	23,74	0,291	0,86
	BH02	5,10	10,58	0,95	11,47	0,243	0,83
Temperatur [°C]	BH01	2,59	3,99	-1,01	5,55	0,055	0,98
	BH02	4,89	2,66	1,77	7,49	0,031	0,98
relative Luftfeuchte [%]	BH01	79,01	205,34	54,92	97,18	0,009	0,99
	BH02	87,17	40,50	77,29	97,10	0,008	0,98
Luftdruck [hPa]	BH01	1027,71	18,71	1020,11	1033,96	0,000	0,88
	BH02	1023,22	50,77	1013,06	1032,49	0,001	0,95
Windgeschwindigkeit [m/s]	BH01	1,25	0,20	0,53	2,05	0,152	0,82
	BH02	1,96	1,18	0,72	4,05	0,140	0,94
Windrichtung (vektorisiert) [-]	BH01	-0,08	0,25	-0,75	0,85	-2,688	0,84
	BH02	-0,16	0,20	-0,83	0,75	-1,139	0,85
Verkehrsstärke [Kfz/h]	BH01	766,90	58507,87	340,57	1131,71	0,119	0,86
	BH02	774,37	66624,15	267,43	1147,43	0,130	0,85
Verkehrsstärke SV [Kfz/h]	BH01	39,52	258,07	17,14	68,57	0,401	0,23
	BH02	38,59	252,29	16,76	62,86	0,411	0,19
Anfahrvorgänge [Kfz/h]	BH01	128,26	13155,29	5,71	366,00	0,458	0,73
	BH02	136,75	15326,62	5,71	402,29	0,425	0,80
Durchfahrten [Kfz/h]	BH01	638,64	37882,59	304,57	962,00	0,121	0,84
	BH02	637,62	42377,65	251,43	1000,00	0,132	0,82

A 5.1.2 Hamburg

Kenngröße	Mess-woche	Mittel-wert	Varianz	Perzentile 5	Perzentile 95	Ände-rungs-rate	Auto-korre-lation
NO_x [µg/m³]	HH01	161,68	3082,04	87,39	264,71	0,197	0,99
	HH02	300,76	22281,08	93,12	580,54	0,220	0,93
NO_x-Hintergrund [µg/m³]	HH01	39,90	493,51	9,00	88,00	0,036	0,92
	HH02	15,80	43,85	9,00	28,00	0,005	0,99
NO_2 [µg/m³]	HH01	89,92	618,99	53,91	132,38	0,167	0,99
	HH02	98,94	1142,49	50,39	157,58	0,179	0,96
NO_2-Hintergrund [µg/m³]	HH01	33,45	386,48	7,00	75,00	0,000	0,95
	HH02	11,60	9,46	7,00	15,00	0,000	0,97
PM_{10} [µg/m³]	HH01	29,59	92,35	18,16	46,66	0,079	0,96
	HH02	41,39	114,46	25,39	60,68	0,078	0,80
PM_{10}-Hintergrund [µg/m³]	HH01	22,04	45,57	14,00	31,00	0,000	0,82
	HH02	18,60	13,07	14,00	23,00	0,000	0,97
$PM_{2,5}$ [µg/m³]	HH01	22,52	50,58	15,32	39,91	0,058	0,98
	HH02	22,26	51,89	12,33	35,37	0,071	0,98
PM_1 [µg/m³]	HH01	9,60	14,90	6,50	18,83	0,058	0,99
	HH02	19,87	111,43	5,51	37,64	0,082	1,00
$PM_{10-2,5}$ [µg/m³]	HH01	7,09	22,77	1,00	16,64	0,295	1,00
	HH02	19,13	17,97	12,42	25,45	0,099	0,57
Temperatur [°C]	HH01	24,78	17,24	16,80	31,12	0,017	0,79
	HH02	14,48	5,83	10,00	18,17	0,019	0,88
Luftfeuchte [%]	HH01	45,64	152,40	31,34	68,44	0,020	0,90
	HH02	66,65	169,43	48,55	90,49	0,016	0,53
Luftdruck [hPa]	HH01	1013,37	5,32	1009,00	1016,00	0,000	0,85
	HH02	1020,42	59,14	1012,00	1032,00	0,000	0,83
Windgeschwindigkeit [m/s]	HH01	1,07	0,40	0,05	2,11	0,410	0,96
	HH02	1,04	0,08	0,60	1,54	0,129	0,59
Windgeschwindigkeit (über Dach) [m/s]	HH01	2,26	0,85	1,13	4,21	0,123	0,57
	HH02	2,23	0,64	1,03	3,80	0,126	0,50
Windrichtung (vektorisiert) [-]	HH01	0,51	0,04	0,13	0,83	0,299	0,45
	HH02	0,17	0,20	-0,70	0,79	1,037	0,76
Windrichtung (ü. Dach) [-]	HH01	-0,01	0,25	-0,83	0,90	0,400	0,70
	HH02	0,28	0,49	-0,83	0,97	0,413	0,62
Verkehrsstärke [Kfz/h]	HH01	1314,38	47867,92	976,00	1710,92	0,101	0,58
	HH02	1408,18	44840,39	1078,40	1769,60	0,108	0,99
Verkehrsstärke SV [Kfz/h]	HH01	82,24	1343,52	24,00	144,00	0,334	0,93
	HH02	81,46	1396,08	24,00	145,60	0,369	0,92
Anfahrvorgänge [Kfz/h]	HH01	315,00	13880,39	96,00	472,00	0,176	0,99
	HH02	330,65	14022,44	128,00	488,00	0,206	0,99
Durchfahrten [Kfz/h]	HH01	1004,00	40857,44	648,80	1368,00	0,121	0,96
	HH02	1077,64	41150,68	744,00	1408,96	0,133	0,95

A 5.2 Fourier Transformation

Die Fourier-Transformation (FT) ist ein Verfahren zur Darstellung und Approximation von Zeitreihen. Die FT nutzt dabei trigonometrische Funktionen als Darstellungsform. Bei der FT werden Daten aus dem Zeitbereich auf den Frequenzbereich abgebildet. Das Ergebnis ist eine Menge von Fourier-Koeffizienten, die als diskretes Spektrum bezeichnet werden. Jeder Fourier-Koeffizient repräsentiert dabei die Amplitude der Welle zu einer bestimmten Frequenz. Durch Vernachlässigung der Koeffizienten für höhere Frequenzen ergibt sich eine Glättung der Kurve. Mittels der inversen Fourier-Transformation können die Koeffizienten wieder in den Zeitbereich rücktransformiert werden.

Das Approximationspolynom für eine Zeitreihe $x_{t(0)}$, $x_{t(1)}$, ..., $x_{t(N-1)}$ wird durch die folgende Auswertungsfunktion $p(t)$ mit den Fourier Koeffizienten a_i und b_i, und der Wellenzahl k definiert:

$$p(t) = \frac{1}{n}\left(\sum_{t=0}^{n-1} a_i \cos\left(\frac{2\pi nk}{N}\right) + \sum_{t=0}^{n-1} a_i \sin\left(\frac{2\pi nk}{N}\right)\right)$$

Die Koeffizienten a_i und b_i ergeben sich aus

$$a_i = \sum_{k=0}^{n-1} x(t_k)\cos\left(\frac{2\pi nk}{N}\right)$$

und

$$b_i = \sum_{k=0}^{n-1} x(t_k)\sin\left(\frac{2\pi nk}{N}\right)$$

A 5.3 Kovarianz und Kreuzkovarianz

Analog zum Begriff der Varianz bezeichnet die Kovarianz die gemeinsame Streuung zweier Variablen. Im Gegensatz zur Varianz kann die Kovarianz auch ein negatives Vorzeichen besitzen, je nachdem, ob die Werte der Variablen gleichgerichtet oder gegenläufig auftreten (VOß [2004]).

Die Kovarianz berechnet sich zu

$$Cov(X,Y) = \frac{1}{n}\sum_{i=1}^{n}(x_i - \bar{x})(y_i - \bar{y})$$

Die Normierung der Kovarianz cov(X,Y) mit dem Produkt der Standardabweichungen von X und Y führt zum Korrelationskoeffizienten.

Analog zur Kreuzkorrelation werden bei Kreuzkovarianz die Variablen X und Y bei zeitlicher Verschiebung gegeneinander untersucht.

A 5.4 Korrelationsanalyse

A 5.5 Statistische Voraussetzungen für die Anwendung der Korrelationsanalyse

1. Vorliegen zweier Stichproben mit gleichem Stichprobenumfang n (möglichst mit n>30) und gleichem Bezug der Datenpaare.

   Die erste Voraussetzung wird von den erhobenen Zeitreihen erfüllt.

2. Unabhängigkeit der Daten innerhalb der Stichprobe

   Die zweite Voraussetzung ist für einen Großteil der Zeitreihen aufgrund von Autokorrelation nicht erfüllt. In diesem Fall ist zur Vermeidung der Überschätzung der Signifikanz eine Korrektur der Freiheitsgrade ϕ der Zeitreihen in Abhängigkeit der Autokorrelationskoeffizienten r_{A1} und r_{A2} der beiden Zeitreihen wie nachfolgend dargestellt erforderlich (Schönwiese [2006]).

$$\phi_r = \phi \frac{1 - r_{A1} r_{A2}}{1 + r_{A1} r_{A2}}$$

3. Normalverteilung der Stichproben

   Die dritte Voraussetzung wird nur von einem Teil der Zeitreihen erfüllt. Einige der nicht-normalverteilten Stichproben werden durch Logarithmierung an die Normalverteilung angenähert, sofern dies nicht der Fall ist, sind verteilungsfreie Verfahren zur Ermittlung der Korrelation anzuwenden. Ein gängiges Verfahren die Rangkorrelationsrechnung nach Spearman:

$$r_R = 1 - \frac{6 \sum D_i^2}{n^3 - n}$$

   Dabei sind Di die Rangplatzdifferenzen einer numerisch aufsteigenden Rangfolge der Stichprobenwerte im Vergleich zur ursprünglichen (zeitlichen) Rangordnung.

4. Linearer Zusammenhang zwischen den untersuchten Stichproben

   Die vierte Voraussetzung ist nur in Ausnahmefällen gegeben. Auch hier führt die Logarithmierung bei einigen Zeitreihen zur Linearisierung der Zusammenhänge. Grundsätzlich wird bei nichtlinearen Zusammenhängen die Korrelation unterschätzt, so dass die hier durchgeführte Abschätzung auf der sicheren Seite liegt.

5. Unabhängigkeit gegenüber anderen Vorgängen bzw. Datenreihen.

   Die fünfte Voraussetzung wird ebenfalls nur in Ausnahmefällen von den erhobenen Zeitreihen erfüllt. Soweit möglich (d. h. sofern die beeinflussenden dritten, vierten usw. Größen überhaupt erhoben wurden), wird dies durch die partielle Korrelationsanalyse berücksichtigt.

A 5.6 Merkmalsselektion im Rahmen der Regressionsanalyse

Bremerhaven - niederfrequenter Ansatz

	Schrittweise	Rückwärts	Vorwärts
NO$_X$	Windgeschwindigkeit	Windgeschwindigkeit	Windgeschwindigkeit
	Windrichtung-Vektor	Windrichtung-Vektor	Windrichtung-Vektor
	Temperatur (Lag-Var)	Temperatur (Lag-Var)	Temperatur (Lag-Var)
	Wasserdampf-Verhältnis	Wasserdampf-Verhältnis	Wasserdampf-Verhältnis
	Verkehrsstärke SV	Verkehrsstärke SV	Verkehrsstärke SV
	Durchfahrten	Durchfahrten	Durchfahrten
PM$_{10}$	Windgeschwindigkeit	Windgeschwindigkeit	Windgeschwindigkeit
	Windrichtung-Vektor	Windrichtung-Vektor	Windrichtung-Vektor
	Windvektor	Windvektor	Windvektor
	Luftdruck	Luftdruck	Luftdruck
	PM$_{10}$-Hintergrund	PM$_{10}$-Hintergrund	PM$_{10}$-Hintergrund
	Verkehrsstärke	Verkehrsstärke	Verkehrsstärke
		Verkehrsstärke SV	
PM$_{2,5}$	Windgeschwindigkeit	Windgeschwindigkeit	Windgeschwindigkeit
	Windrichtung-Vektor	Windrichtung-Vektor	Windrichtung-Vektor
	Windvektor	Windvektor	Windvektor
	Luftdruck	Luftdruck	Luftdruck
	Wasserdampf-Verhältnis	Wasserdampf-Verhältnis	Wasserdampf-Verhältnis
	PM$_{10}$-Hintergrund	PM$_{10}$-Hintergrund	PM10-Hintergrund
	Verkehrsstärke SV	Verkehrsstärke SV	Verkehrsstärke SV
	Durchfahrten	Durchfahrten	Durchfahrten
PM$_{10-2,5}$		Windgeschwindigkeit	
	Windrichtung-Vektor	Windrichtung-Vektor	Windrichtung-Vektor
	Windvektor	Windvektor	Windvektor
	Luftfeuchte	Temperatur (Lag-Var.)	Luftfeuchte
		Temperatur-Steigung	
	Wasserdampf-Verhältnis	Wasserdampf-Verhältnis	
		Luftdruck	
	PM$_{10}$-Hintergrund	PM$_{10}$-Hintergrund	PM$_{10}$-Hintergrund
		Verkehrsstärke	
	Verkehrsstärke SV	Verkehrsstärke SV	
	SV-Anteil		SV-Anteil

Bremerhaven - hochfrequenter Ansatz

	Schrittweise	Rückwärts	Vorwärts
NO$_X$	Windrichtung-Vektor	Windrichtung-Vektor	Windrichtung-Vektor
		Windvektor	
	Verkehrsstärke	Verkehrsstärke	Verkehrsstärke
	Verkehrsstärke SV	Verkehrsstärke SV	Verkehrsstärke SV
PM$_{10}$	Windvektor	Windvektor	Windvektor
	Windrichtung-Vektor	Windrichtung-Vektor	Windrichtung-Vektor
PM$_{2,5}$	Windvektor	Windvektor	Windvektor
PM$_{10-2,5}$	Windrichtung-Vektor	Windrichtung-Vektor	Windrichtung-Vektor
	Windvektor	Windvektor	Windvektor

Hamburg - niederfrequenter Ansatz

	Schrittweise	Rückwärts	Vorwärts
	Windgeschwindigkeit	Windgeschwindigkeit	Windgeschwindigkeit
	Temperatur		Temperatur
	Luftdruck	Luftdruck	Luftdruck
		Luftfeuchte	Luftfeuchte
NO$_X$	Ozon	Ozon	Ozon
	Globalstrahlung	Globalstrahlung	Globalstrahlung
		Wasserdampf-Verhältnis	Wasserdampf-Verhältnis
	Anfahrvorgänge	Anfahrvorgänge	Anfahrvorgänge/Verkehrsstärke
	Anfahrvorgänge SV	Anfahrvorgänge/Verkehrsstärke	Anfahrvorgänge SV
		Verkehrsstärke SV	
PM$_{10}$	Windrichtung-Vektor	Windrichtung-Vektor	Windrichtung-Vektor
	Luftfeuchte	Luftfeuchte	Luftfeuchte
	Luftdruck	Luftdruck	Luftdruck
	Wasserdampf-Verhältnis	Wasserdampf-Verhältnis	Wasserdampf-Verhältnis
	PM$_{10}$-Hintergrund	PM$_{10}$-Hintergrund	PM$_{10}$-Hintergrund
PM$_{2,5}$	Luftfeuchte	Luftfeuchte	Luftfeuchte
	Luftdruck	Luftdruck	Luftdruck
	Ozon	Ozon	Ozon
	PM$_{10}$-Hintergrund	PM$_{10}$-Hintergrund	PM10-Hintergrund
	Wasserdampf-Verhältnis	Wasserdampf-Verhältnis	Wasserdampf-Verhältnis
PM$_{10-2,5}$	PM$_{10}$-Hintergrund	PM$_{10}$-Hintergrund	PM10-Hintergrund
		Durchfahrten SV	
		Verkehrsstärke SV	

Hamburg - hochfrequenter Ansatz

	Schrittweise	Rückwärts	Vorwärts
NO_X	Windgeschwindigkeit	Windgeschwindigkeit	Windgeschwindigkeit
	Windvektor	Windvektor	Windvektor
	Anfahrvorgänge	Anfahrvorgänge	Anfahrvorgänge
	Verkehrsstärke SV FS1	Verkehrsstärke SV FS1	Verkehrsstärke SV FS1
PM_{10}		Windgeschwindigkeit	
	Windvektor	Windvektor	Windvektor
	Anfahrvorgänge	Anfahrvorgänge	Anfahrvorgänge
$PM_{2,5}$	Windgeschwindigkeit	Windgeschwindigkeit	Windgeschwindigkeit
	Windvektor	Windvektor	Windvektor
	Verkehrsstärke SV FS1	Verkehrsstärke	Verkehrsstärke SV FS1
		Verkehrsstärke SV	
		SV-Anteil	
$PM_{10\text{-}2,5}$	Windrichtung-Vektor	Windrichtung-Vektor	Windrichtung-Vektor

A 5.7 Statistische Kennwerte zu den Erklärungsmodellen

Niederfrequentes NO_X-Modell Bremerhaven:

Mess-woche	Prädiktor	Koeffizient	stand. Koeffizient	Signifikanz	90,0% Konfidenzintervall		Toleranz
					Unter-grenze	Ober-grenze	
BH01	(Konstante)	1,699	0,000	0,037	0,370	3,028	0,000
	Windgeschwindigkeit	-0,362	-0,264	0,002	-0,544	-0,181	0,791
	Windrichtung Vektor	0,640	0,315	0,000	0,353	0,928	0,695
	Wasserdampf-Verhältnis	-0,591	-0,337	0,000	-0,823	-0,360	0,797
	Ozon-Hintergrund	-0,176	-0,316	0,000	-0,254	-0,098	0,705
	Durchfahrten	0,376	0,236	0,004	0,166	0,585	0,801
	(Lag-Variable)	0,630	0,398	0,000	0,439	0,820	0,959
BH02	(Konstante)	4,394	0,000	0,000	2,477	6,312	0,000
	Windgeschwindigkeit	-0,756	-0,548	0,000	-0,970	-0,542	0,326
	Windrichtung Vektor	0,964	0,290	0,000	0,556	1,372	0,522
	Wasserdampf-Verhältnis	-1,380	0,192	0,006	0,575	2,185	0,625
	Ozon-Hintergrund	-0,192	-0,244	0,002	-0,290	-0,093	0,501
	Durchfahrten	0,187	0,080	0,195	-0,051	0,426	0,766
	(Lag-Variable)	0,515	0,231	0,000	0,307	0,723	0,903

Hochfrequentes NO$_X$-Modell Bremerhaven:

Mess-woche	Prädiktor	Koeffizient	stand. Koeffizient	Signifikanz	90,0% Konfidenzintervall Untergrenze	90,0% Konfidenzintervall Obergrenze	Toleranz
BH01	(Konstante)	0,001	,000	0,964	-0,025	0,027	0,000
	Windgeschwindigkeit	-0,074	-0,051	0,322	-0,197	0,049	0,987
	Windrichtung (Vektor)	0,325	0,147	0,005	0,135	0,515	0,971
	Verkehrsstärke	0,493	0,244	0,000	0,322	0,665	0,991
	(Lag-Variable)	0,375	0,362	0,000	0,286	0,463	0,970
BH02	(Konstante)	-0,011	0,000	0,508	-0,038	0,016	0,000
	Windgeschwindigkeit	-0,277	-0,145	0,001	-0,414	-0,140	0,993
	Windrichtung (Vektor)	1,009	0,358	0,000	0,806	1,212	0,984
	Verkehrsstärke	0,711	0,285	0,000	0,532	0,889	0,993
	(Lag-Variable)	0,497	0,420	0,000	0,412	0,582	0,983

Niederfrequentes NO$_X$-Modell Hamburg:

Mess-woche	Prädiktor	Koeffizient	stand. Koeffizient	Signifikanz	90,0% Konfidenzintervall Untergrenze	90,0% Konfidenzintervall Obergrenze	Toleranz
HH01	(Konstante)	267,130		0,005	115,183	419,077	
	Windgeschwindigkeit	-0,096	-0,225	0,035	-0,169	-0,022	0,414
	Temperatur	-0,364	-0,206	0,230	-0,867	0,139	0,154
	Luftdruck	-38,245	-0,241	0,006	-60,130	-16,361	0,654
	Globalstrahlung	-0,006	-0,021	0,909	-0,094	0,082	0,130
	Ozon	0,036	0,070	0,559	-0,067	0,139	0,309
	Verkehrsstärke SV	0,316	0,470	0,000	0,180	0,452	0,305
	Anfahrten	0,414	0,666	0,000	0,311	0,517	0,455
	(Lag-Variable)	0,201	0,081	0,274	-0,105	0,507	0,829
HH02	(Konstante)	186,203		0,000	142,409	229,997	
	Windgeschwindigkeit	-0,362	-0,199	0,021	-0,616	-0,109	0,532
	Temperatur	-1,093	-0,468	0,000	-1,496	-0,690	0,348
	Luftdruck	-26,220	-0,459	0,000	-32,471	-19,968	0,862
	Globalstrahlung	0,104	0,393	0,008	0,041	0,167	0,184
	Ozon	-0,130	-0,342	0,000	-0,187	-0,072	0,450
	Verkehrsstärke SV	0,295	0,285	0,003	0,137	0,454	0,444
	Anfahrten	0,445	0,359	0,000	0,286	0,605	0,624
	(Lag-Variable)	0,482	0,237	0,000	0,271	0,693	0,960

Hochfrequentes NO$_X$-Modell Hamburg:

Mess-woche	Prädiktor	Koeffizient	stand. Koeffizient	Signifikanz	90,0% Konfidenzintervall Untergrenze	90,0% Konfidenzintervall Obergrenze	Toleranz
HH01	(Konstante)	-0,004		0,722	-0,021	0,014	
	Windgeschwindigkeit	-0,085	-0,198	0,000	-0,117	-0,052	0,958
	Windrichtung (Vektor)	-0,016	-0,004	0,928	-0,307	0,275	0,978
	SV-Verkehrsstärke	0,158	0,222	0,000	0,104	0,212	0,955
	Anfahrvorgänge	0,281	0,390	0,000	0,225	0,337	0,923
	(Lag-Variable)	0,285	0,226	0,000	0,189	0,380	0,963
HH02	(Konstante)	0,007		0,554	-0,012	0,026	
	Windgeschwindigkeit	-0,725	-0,421	0,000	-0,833	-0,617	0,977
	Windrichtung (Vektor)	-0,724	-0,229	0,000	-0,921	-0,526	0,980
	SV-Verkehrsstärke	0,096	0,119	0,002	0,045	0,146	0,974
	Anfahrvorgänge	0,142	0,155	0,000	0,084	0,200	0,970
	(Lag-Variable)	0,309	0,256	0,000	0,234	0,384	0,989

Niederfrequentes PM$_{10}$-Modell Bremerhaven:

Mess-woche	Prädiktor	Koeffizient	stand. Koeffizient	Signifikanz	90,0% Konfidenzintervall Untergrenze	90,0% Konfidenzintervall Obergrenze	Toleranz
BH01	(Konstante)	-59,542	0,000	0,459	-193,031	73,947	0,000
	Windvektor	0,715	0,447	0,000	0,499	0,931	0,753
	Luftdruck	8,816	0,057	0,447	-10,431	28,063	0,875
	PM10-Hintergrund	0,235	0,240	0,004	0,103	0,368	0,754
	SV-Anteil	0,291	0,233	0,004	0,128	0,454	0,811
	Lag-Variable	0,591	0,381	0,000	0,403	0,780	0,930
BH02	(Konstante)	-142,719	0,000	0,000	-194,523	-90,914	0,000
	Windvektor	0,585	0,549	0,000	0,468	0,702	0,579
	Luftdruck	20,808	0,297	0,000	13,316	28,300	0,612
	PM10-Hintergrund	0,276	0,186	0,001	0,146	0,406	0,916
	SV-Anteil	0,106	0,116	0,034	0,025	0,188	0,885
	Lag-Variable	0,714	0,394	0,000	0,560	0,869	0,961

Hochfrequentes PM$_{10}$-Modell Bremerhaven:

Mess-woche	Prädiktor	Koeffizient	stand. Koeffizient	Signifikanz	90,0% Konfidenzintervall Untergrenze	90,0% Konfidenzintervall Obergrenze	Toleranz
BH01	(Konstante)	0,010	0,000	0,383	-0,009	0,029	0,000
BH01	Windvektor	0,411	0,421	0,000	0,340	0,482	0,981
BH01	Verkehrsstärke (Lag-Variable)	0,224	0,128	0,004	0,098	0,349	0,989
BH01	(Lag-Variable)	0,581	0,502	0,000	0,497	0,664	0,991
BH02	(Konstante)	0,007	0,000	0,341	-0,005	0,019	0,000
BH02	Windvektor	0,203	0,396	0,000	0,167	0,239	0,987
BH02	Verkehrsstärke (Lag-Variable)	0,161	0,148	0,001	0,084	0,237	0,984
BH02	(Lag-Variable)	0,645	0,558	0,000	0,564	0,726	0,996

Niederfrequentes PM$_{10}$-Modell Hamburg:

Mess-woche	Prädiktor	Koeffizient	stand. Koeffizient	Signifikanz	90,0% Konfidenzintervall Untergrenze	90,0% Konfidenzintervall Obergrenze	Toleranz
HH01	(Konstante)	362,045		0,000	223,040	501,050	
HH01	Windrichtung Vektor	-0,253	-0,081	0,384	-0,738	0,232	0,718
HH01	Luftdruck	-51,995	-0,438	0,000	-72,059	-31,932	0,615
HH01	PM10-Hintergrund (LogN)	0,434	0,535	0,000	0,301	0,566	0,658
HH01	Durchfahrten SV	0,072	0,166	0,104	-0,001	0,144	0,626
HH01	Lag-Variable	0,671	0,367	0,000	0,418	0,925	0,914
HH02	(Konstante)	63,416		0,000	39,146	87,686	
HH02	Windrichtung Vektor	-0,146	-0,134	0,051	-0,268	-0,024	0,838
HH02	Luftdruck	-9,065	-0,288	0,000	-12,572	-5,558	0,850
HH02	PM10-Hintergrund (LogN)	0,979	0,826	0,000	0,855	1,103	0,969
HH02	Durchfahrten SV	0,105	0,202	0,002	0,050	0,160	0,949
HH02	Lag-Variable	0,189	0,087	0,165	-0,036	0,413	0,976

Hochfrequentes PM_{10}-Modell Hamburg:

Mess-woche	Prädiktor	Koeffizient	stand. Koeffizient	Signifikanz	90,0% Konfidenzintervall		Toleranz
					Unter-grenze	Ober-grenze	
HH01	(Konstante)	0,003	0,000	0,523	-0,005	0,012	0,000
	Wind-geschwindigkeit	-0,020	-0,110	0,047	-0,036	-0,003	0,979
	Windrichtung-Vektor	-0,071	-0,046	0,408	-0,211	0,070	0,976
	Durchfahrten	-0,005	-0,007	0,895	-0,068	0,058	0,975
	(Lag-Variable)	0,448	0,455	0,000	0,358	0,537	0,976
HH02	(Konstante)	0,003	0,000	0,485	-0,004	0,009	0,000
	Wind-geschwindigkeit	-0,253	-0,373	0,000	-0,290	-0,216	0,958
	Windrichtung-Vektor	-0,259	-0,207	0,000	-0,326	-0,191	0,968
	Durchfahrten	0,097	0,102	0,002	0,045	0,148	0,951
	(Lag-Variable)	0,629	0,556	0,000	0,569	0,690	0,998

Niederfrequentes $PM_{2,5}$-Modell Bremerhaven:

Mess-woche	Prädiktor	Koeffizient	stand. Koeffizient	Signifikanz	90,0% Konfidenzintervall		Toleranz
					Unter-grenze	Ober-grenze	
BH01	(Konstante)	-36,702	0,000	0,618	-159,031	85,627	0,000
	Windvektor	0,581	0,369	0,000	0,392	0,770	0,674
	Luftfeuchte	0,847	0,307	0,000	0,535	1,159	0,761
	Luftdruck	4,958	0,033	0,639	-12,602	22,517	0,722
	PM10-Hintergrund	0,336	0,348	0,000	0,222	0,450	0,696
	SV-Anteil	0,165	0,134	0,043	0,032	0,299	0,829
	Lag-Variable	0,694	0,417	0,000	0,524	0,863	0,936
BH02	(Konstante)	-194,009	0,000	0,000	-277,641	-110,376	0,000
	Windvektor	0,528	0,460	0,000	0,349	0,708	0,342
	Luftfeuchte	0,429	0,066	0,394	-0,406	1,263	0,512
	Luftdruck	27,918	0,370	0,000	16,188	39,648	0,348
	PM10-Hintergrund	0,275	0,172	0,004	0,122	0,427	0,924
	SV-Anteil	0,066	0,066	0,287	-0,037	0,168	0,786
	Lag-Variable	0,747	0,459	0,000	0,594	0,900	0,951

Hochfrequentes PM$_{2,5}$-Modell Bremerhaven:

Mess-woche	Prädiktor	Koeffizient	stand. Koeffizient	Signifikanz	90,0% Konfidenzintervall		Toleranz
					Unter-grenze	Ober-grenze	
BH01	(Konstante)	0,007	0,000	0,347	-0,006	0,020	0,000
	Windvektor	0,212	0,315	0,000	0,164	0,260	0,984
	Verkehrsstärke (Lag-Variable)	0,225	0,187	0,000	0,139	0,310	0,984
	(Lag-Variable)	0,643	0,562	0,000	0,561	0,724	0,988
BH02	(Konstante)	0,002	0,000	0,666	-0,006	0,011	0,000
	Windvektor	0,126	0,304	0,000	0,099	0,152	0,988
	Verkehrsstärke (Lag-Variable)	0,078	0,090	0,021	0,022	0,133	0,981
	(Lag-Variable)	0,770	0,689	0,000	0,699	0,842	0,991

Niederfrequentes PM$_{2,5}$-Modell Hamburg:

Mess-woche	Prädiktor	Koeffizient	stand. Koeffizient	Signifikanz	90,0% Konfidenzintervall		Toleranz
					Unter-grenze	Ober-grenze	
HH01	(Konstante)	188,337	0,000	0,007	78,413	298,262	0,000
	Windrichtung Vektor	0,096	0,033	0,669	-0,280	0,472	0,677
	Luftfeuchte	0,304	0,397	0,000	0,200	0,409	0,597
	Luftdruck	-27,176	-0,242	0,007	-43,037	-11,316	0,557
	PM10-Hintergrund	0,383	0,500	0,000	0,278	0,489	0,584
	Verkehrsstärke SV	0,092	0,211	0,023	0,027	0,157	0,495
	Lag-Variable	0,608	0,280	0,000	0,369	0,848	0,917
HH02	(Konstante)	113,734	0,000	0,000	86,538	140,930	0,000
	Windrichtung Vektor	-0,107	-0,078	0,161	-0,234	0,019	0,860
	Luftfeuchte	-0,002	-0,001	0,986	-0,149	0,146	0,807
	Luftdruck	-16,508	-0,417	0,000	-20,413	-12,603	0,750
	PM10-Hintergrund	1,247	0,836	0,000	1,110	1,383	0,872
	Verkehrsstärke SV	0,058	0,083	0,109	-0,002	0,117	0,992
	Lag-Variable	0,169	0,063	0,231	-0,065	0,402	0,948

Hochfrequentes $PM_{2,5}$-Modell Hamburg:

Messwoche	Prädiktor	Koeffizient	stand. Koeffizient	Signifikanz	90,0% Konfidenzintervall Untergrenze	90,0% Konfidenzintervall Obergrenze	Toleranz
	(Konstante)	0,006	0,000	0,138	-0,001	0,013	0,000
HH01	Windgeschwindigkeit	-0,031	-0,218	0,000	-0,043	-0,018	0,965
	Windrichtung-Vektor	-0,013	-0,011	0,848	-0,125	0,099	0,968
	Verkehrsstärke SV	0,031	0,140	0,012	0,011	0,051	0,984
	(Lag-Variable)	0,335	0,318	0,000	0,239	0,432	0,973
	(Konstante)	0,001	0,000	0,845	-0,006	0,007	0,000
HH02	Windgeschwindigkeit	-0,201	-0,303	0,000	-0,237	-0,165	0,980
	Windrichtung-Vektor	-0,222	-0,183	0,000	-0,287	-0,157	0,988
	Verkehrsstärke SV	0,027	0,086	0,008	0,010	0,043	0,998
	(Lag-Variable)	0,655	0,590	0,000	0,595	0,714	0,992

Niederfrequentes $PM_{10-2,5}$-Modell Bremerhaven:

Messwoche	Prädiktor	Koeffizient	stand. Koeffizient	Signifikanz	90,0% Konfidenzintervall Untergrenze	90,0% Konfidenzintervall Obergrenze	Toleranz
	(Konstante)	21,433	0,000	0,608	-48,006	90,871	0,000
	Windrichtung-Vektor	0,057	0,053	0,535	-0,095	0,209	0,784
BH01	Luftfeuchte	-0,922	-0,706	0,000	-1,103	-0,741	0,832
	Luftdruck	-2,501	-0,035	0,676	-12,473	7,470	0,822
	SV-Anteil	0,112	0,191	0,028	0,029	0,194	0,790
	Lag-Variable	0,580	0,420	0,000	0,397	0,763	0,909
	(Konstante)	77,468	0,000	0,000	45,861	109,076	0,000
	Windrichtung-Vektor	0,235	0,519	0,003	0,109	0,361	0,354
BH02	Luftfeuchte	-0,443	-0,315	0,006	-0,704	-0,181	0,791
	Luftdruck	-10,883	-0,669	0,000	-15,370	-6,395	0,361
	SV-Anteil	0,014	0,067	0,567	-0,027	0,055	0,733
	Lag-Variable	0,506	0,430	0,000	0,310	0,702	0,986

Hochfrequentes $PM_{10-2,5}$-Modell Bremerhaven:

Mess-woche	Prädiktor	Koeffizient	stand. Koeffizient	Signifikanz	90,0% Konfidenzintervall Untergrenze	90,0% Konfidenzintervall Obergrenze	Toleranz
BH01	(Konstante)	0,000	0,000	0,996	-0,067	0,068	0,000
BH01	Windrichtung-Vektor	1,784	0,291	0,000	1,298	2,270	0,986
BH01	SV-Anteil	0,215	0,107	0,026	0,056	0,373	0,991
BH01	(Lag-Variable)	0,469	0,456	0,000	0,388	0,551	0,986
BH02	(Konstante)	-0,004	0,000	0,842	-0,042	0,033	0,000
BH02	Windrichtung-Vektor	1,448	0,406	0,000	1,169	1,727	0,996
BH02	SV-Anteil	0,043	0,037	0,429	-0,047	0,133	0,999
BH02	(Lag-Variable)	0,430	0,372	0,000	0,339	0,520	0,997

Residualprüfung des niederfrequenten NO_X-Erklärungsmodells Bremerhaven:

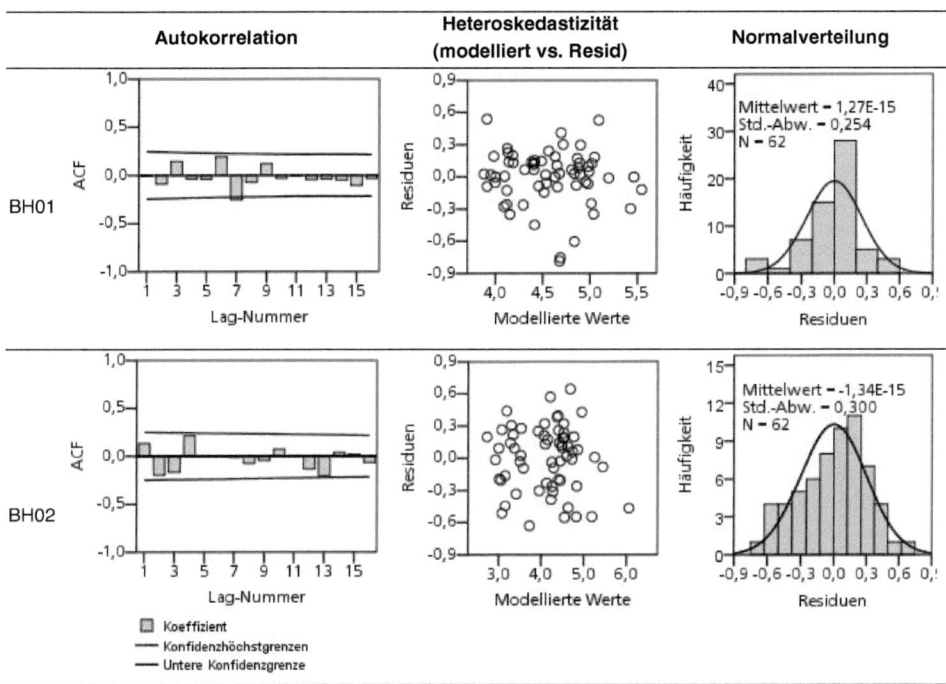

Residualprüfung des hochfrequenten NO_X-Erklärungsmodells Bremerhaven:

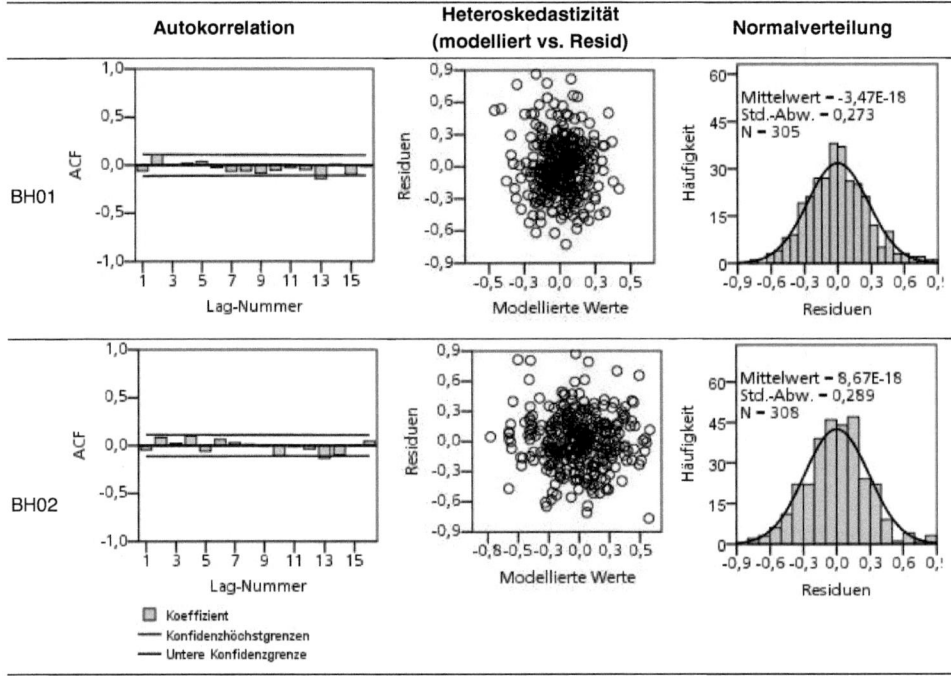

Residualprüfung des niederfrequenten NO$_X$-Erklärungsmodells Hamburg:

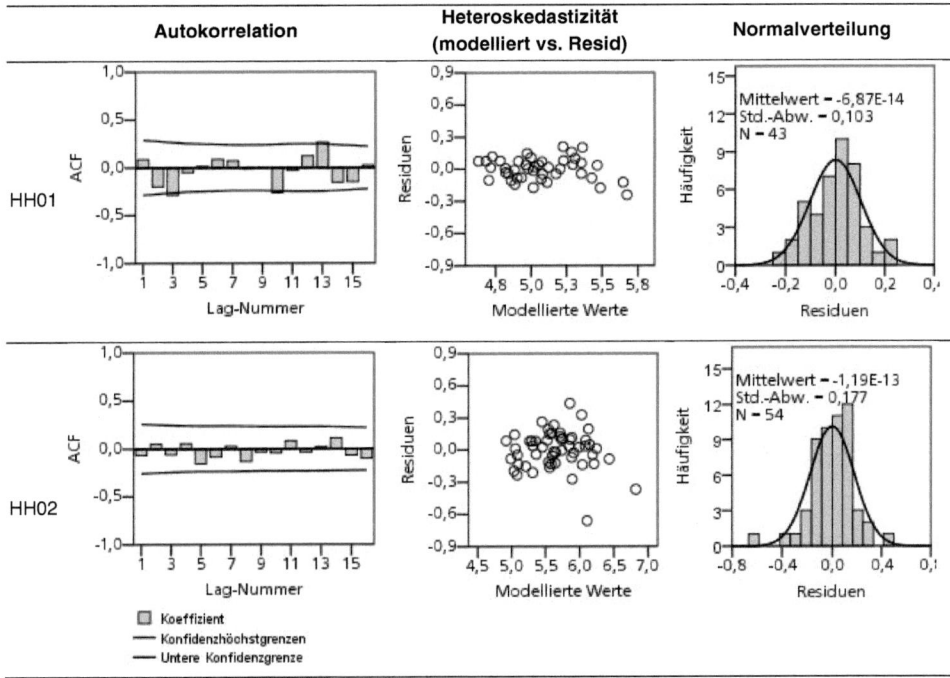

Residualprüfung des hochfrequenten NO_X-Erklärungsmodells Hamburg:

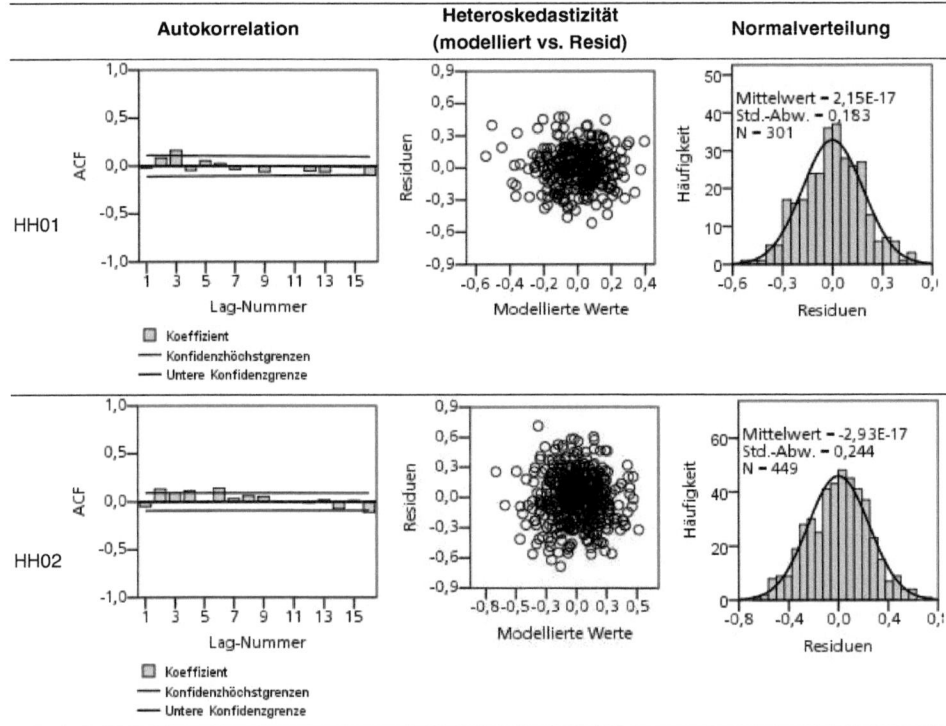

Residualprüfung des niederfrequenten PM_{10}-Erklärungsmodells Bremerhaven:

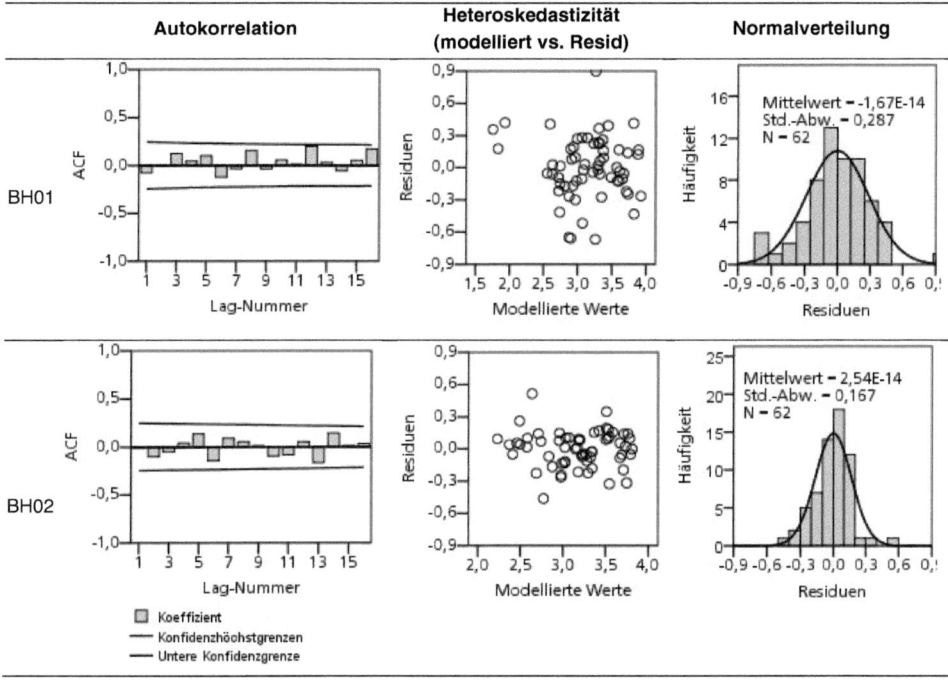

Residualprüfung des hochfrequenten PM$_{10}$-Erklärungsmodells Bremerhaven:

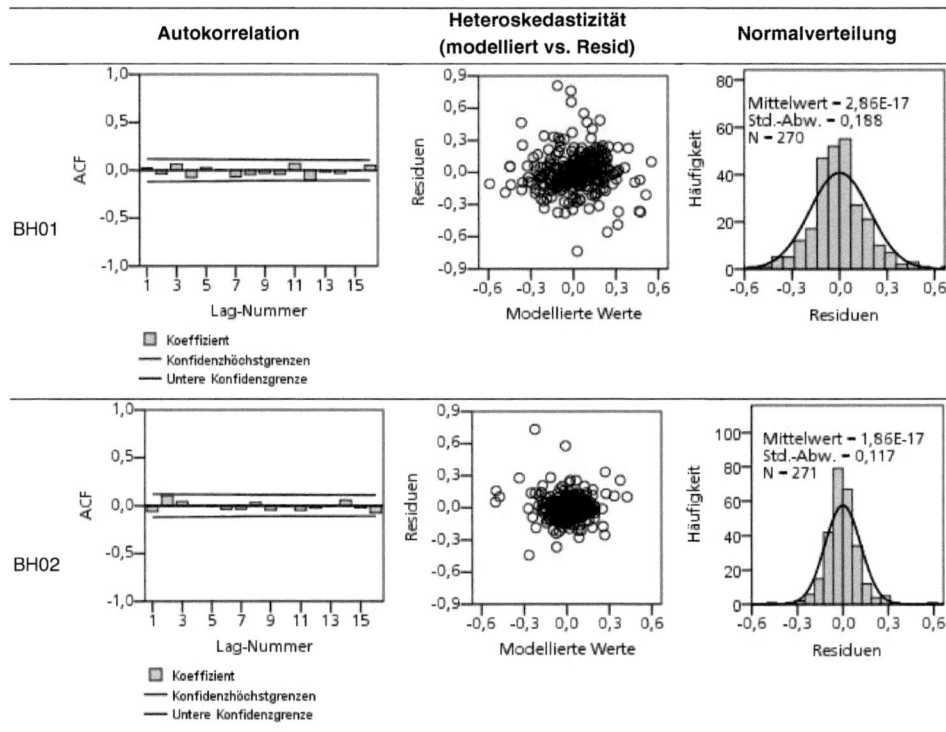

Residualprüfung des niederfrequenten PM_{10}-Erklärungsmodells Hamburg:

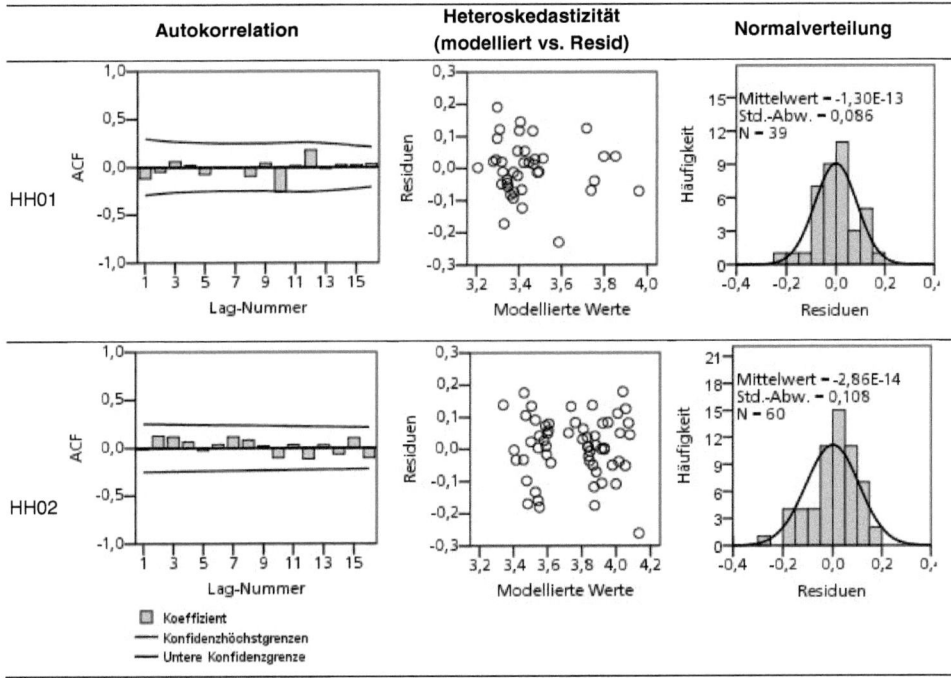

Residualprüfung des hochfrequenten PM$_{10}$-Erklärungsmodells Hamburg:

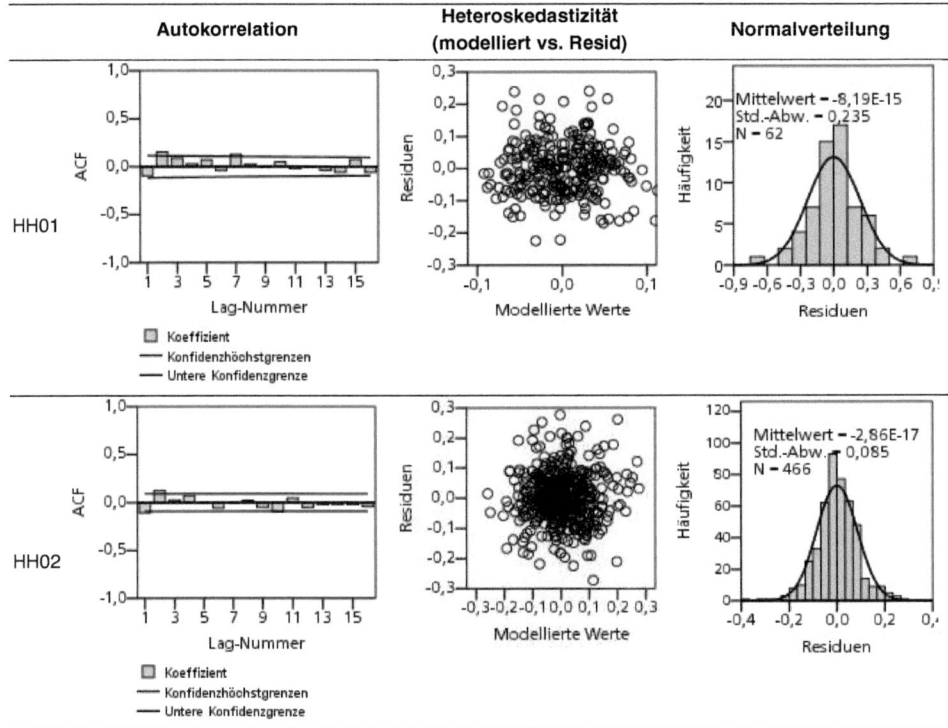

Residualprüfung des niederfrequenten PM$_{2,5}$-Erklärungsmodells Bremerhaven:

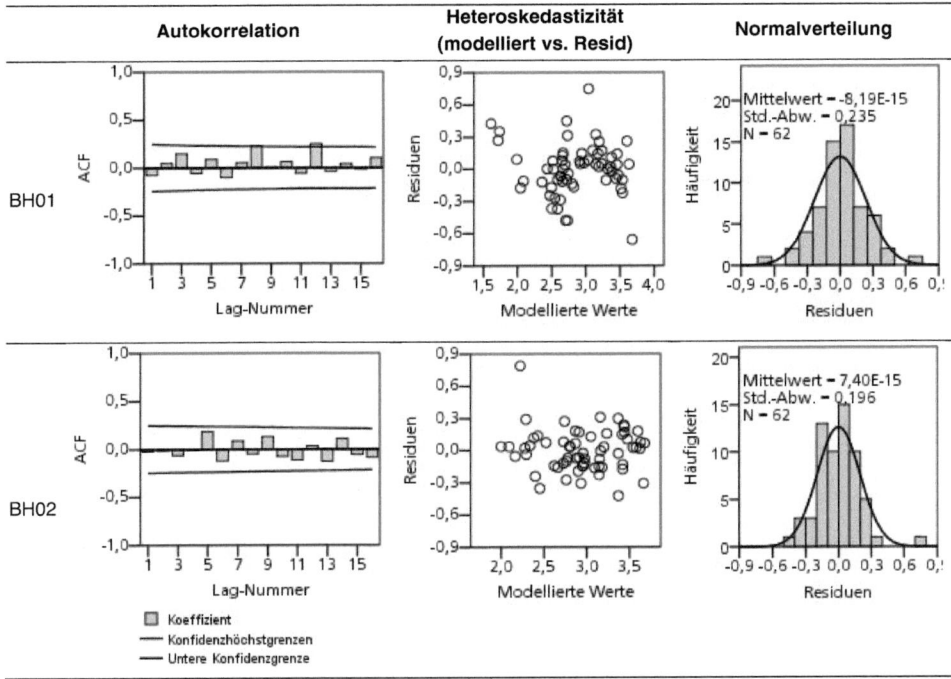

Residualprüfung des hochfrequenten PM$_{2,5}$-Erklärungsmodells Bremerhaven:

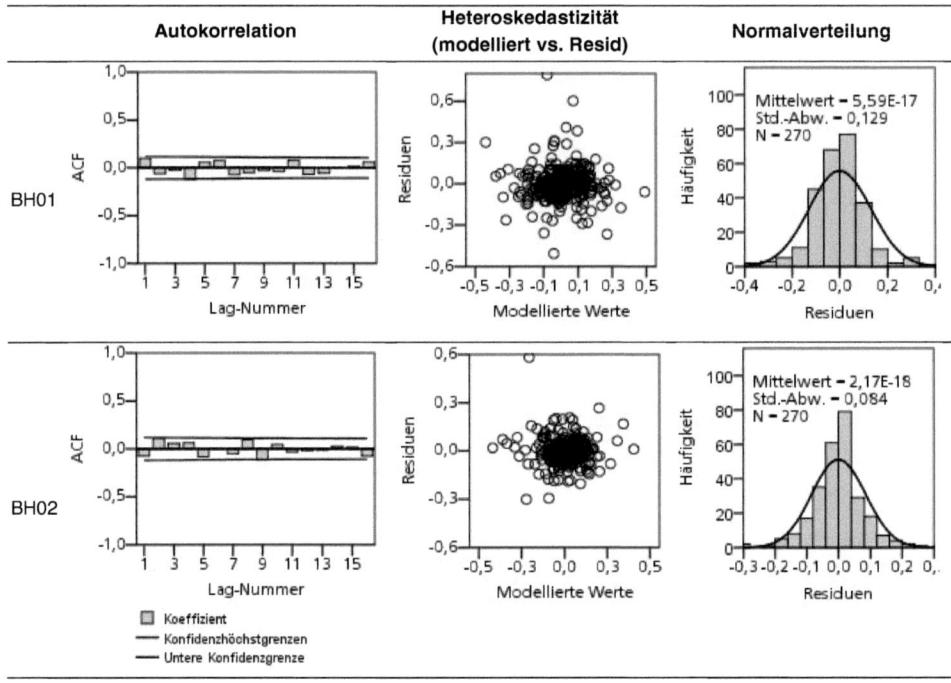

Residualprüfung des niederfrequenten $PM_{2,5}$-Erklärungsmodells Hamburg:

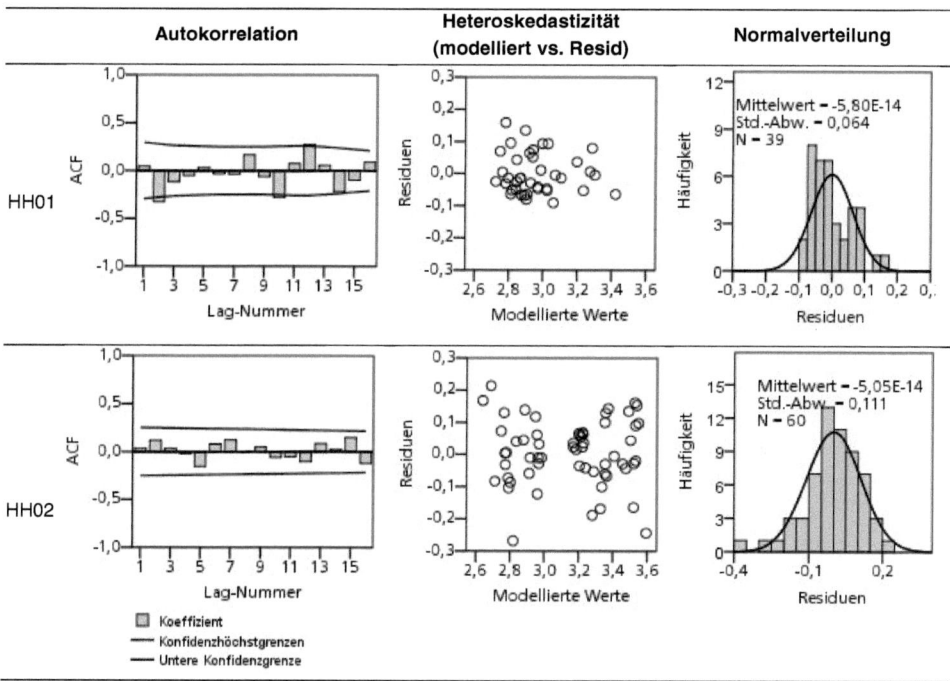

Residualprüfung des hochfrequenten $PM_{2,5}$-Erklärungsmodells Hamburg:

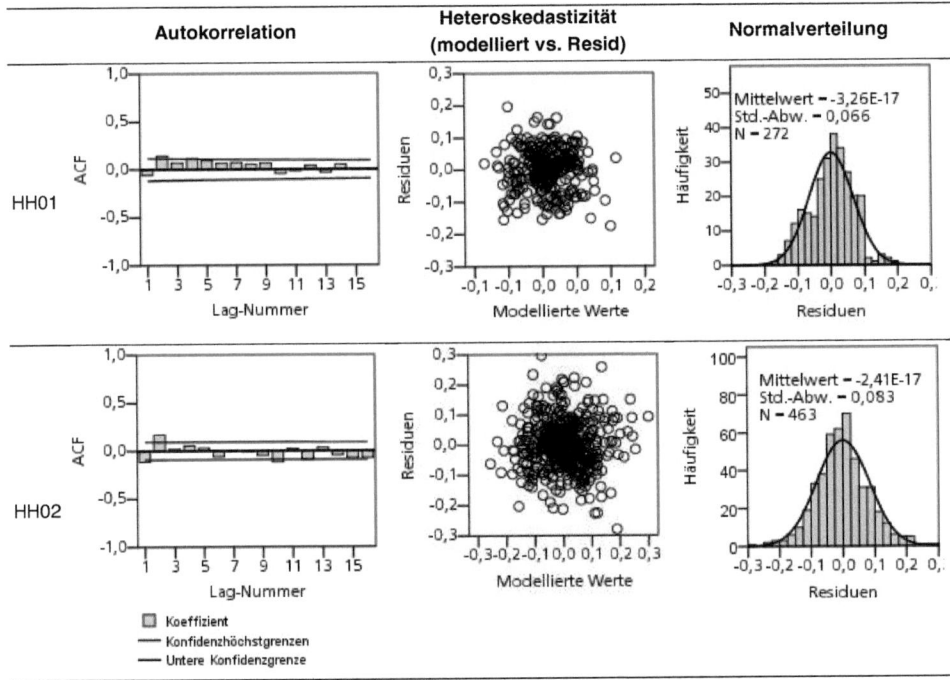

Residualprüfung des niederfrequenten $PM_{10-2,5}$-Erklärungsmodells Bremerhaven:

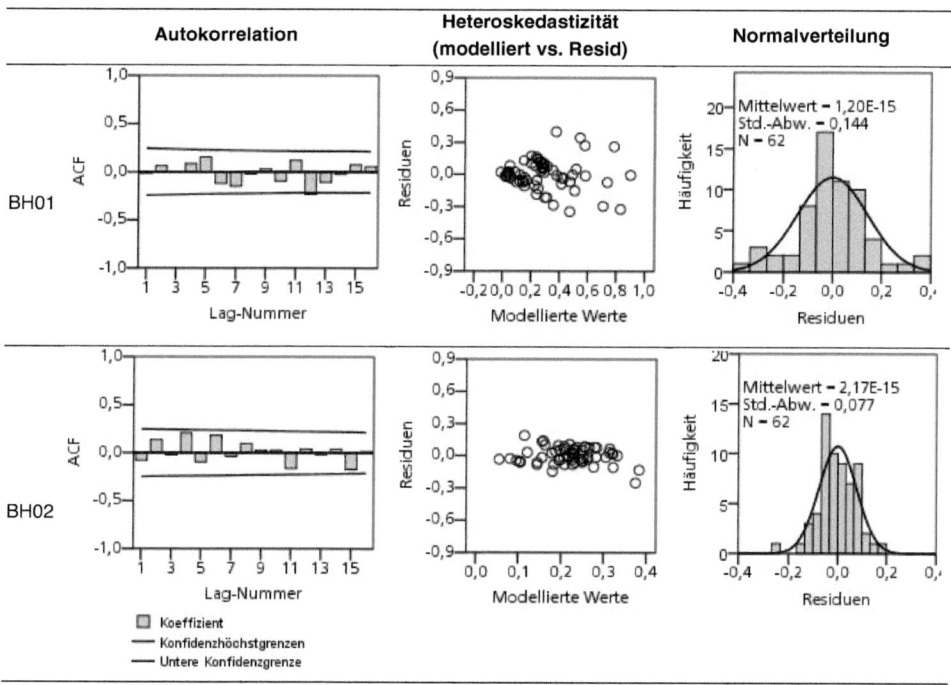

Residualprüfung des alternatives Erklärungsmodell (Linearer Ansatz)

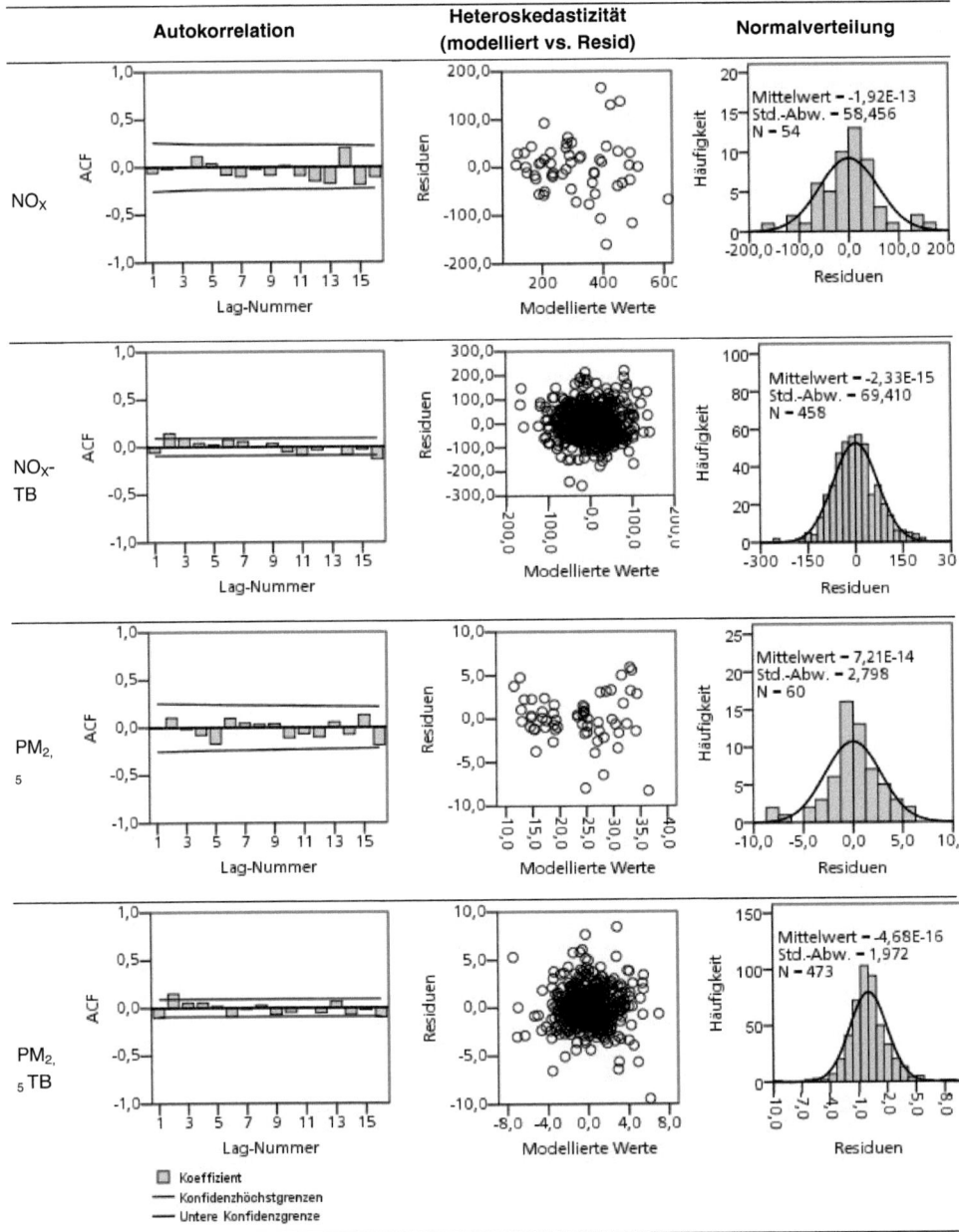

A 5.8 Ermittlung der Stichprobengröße für multiple Fragestellungen

Nach SCHUBÖ, HAAGEN, OBERHÖFER [1987] ermittelt sich die Stichprobengröße in Abhängigkeit des Signifikanzniveaus α, der erwarteten multiplen Korrelation R, der Anzahl der Prädiktoren K sowie der Teststärke $1-\beta$ (wobei β die Wahrscheinlichkeit für einen Fehler 2. Art ist) wie folgt:

$$N = \frac{L}{f^2} + K + 1$$

mit

$$L = c + \sqrt{dK - e}$$

$$f^2 = \frac{R^2}{1 - R^2}$$

Die Koeffizienten c, d und e ergeben sich aus der Teststärke und dem vorgegebenen Signifikanzniveau und können dem Tabellenwerk der oben genannten Quelle entnommen werden.

I want morebooks!

Buy your books fast and straightforward online - at one of world's fastest growing online book stores! Environmentally sound due to Print-on-Demand technologies.

Buy your books online at
www.morebooks.shop

Kaufen Sie Ihre Bücher schnell und unkompliziert online – auf einer der am schnellsten wachsenden Buchhandelsplattformen weltweit! Dank Print-On-Demand umwelt- und ressourcenschonend produziert.

Bücher schneller online kaufen
www.morebooks.shop

KS OmniScriptum Publishing
Brivibas gatve 197
LV-1039 Riga, Latvia
Telefax: +371 686 204 55

info@omniscriptum.com
www.omniscriptum.com

Printed by Books on Demand GmbH, Norderstedt / Germany